はじめての フーリエ解析・ ラプラス変換

山林 由明

共立出版

はじめに

「費用対効果」を意味する「コストパフォーマンス（コスパ）」というビジネス用語がいつの間にか一般生活にも浸透してきたかと思う間もなく、日本では「時間対効果」を意味する「タイムパフォーマンス（タイパ）」なる言葉が生まれ、若い人たちの間ではこれも劣らず重要だと考えられているようです。国際的にみても低いとされる「労働生産性」を向上させるためには仕事に時間をかけすぎないことが求められるため、タイパを重視することは、そのような現在の要請にもマッチしているのでしょう。

本書は、公立千歳科学技術大学理工学部の2年生に向けた選択必修科目「工学基礎数学」のテキストとして使用してきた配布資料がもとになっています。大学レベルの「教科書」が先生の「講義ノート」をベースにして執筆されることは一般的なのかもしれませんが、数学の場合、先生にとってはあたりまえの式と式との間の論理が読者には不明のままで残るおそれがあるのではないかと、自分の経験と照らし合わせて考えました。もちろん、そこが論理的になぜつながっているといえるのかを考えるのが本来の勉強なのでしょう。しかしそれが多すぎると時間もかかり、疲れてしまいます。タイパが重視される昨今ではなお、結局読み進めるのを諦めてしまうのではないかと心配でした。

そこで本書では、教室で説明する内容を文章として書き留めることで、なるべくすらすらと理解してもらえるように努めました。そのため、式変形も飛ばすことなく記載しましたし、以前のページで登場した定義式や導出の結果なども再掲しましたので、読者はページをめくっていちいち戻る必要はありません。計算過程が間違っていないかをチェックできますので、ぜひご自分でも考えて式の展開を計算してみましょう。そうすれば、定期試験なども恐るるに足らずです。

また、講義などで「よくわからなかった」という項目があれば、そこだけを読めば十分なように配慮しました。しかし逆に、同じ説明を繰り返すことになりましたので、「そこはもうわかった」という読者諸君はどんどん飛ばし読みをしてもらっても構いません。時間を有効に使いつつ理解を深めて、フーリエ解析を身につけていきましょう。

本書では、フーリエ解析で必要となる三角関数や積分、マクローリン展開、複素数などの復習（第1章〜第3章）から始め、直交関係（第4章）、周期関数に対するフーリエ級数展開（第5章、第6章）、孤立波形に対するフーリエ変換（第7章）と進みます。次に、情報理論における重要定理である「標本化定理」を理解するためにデルタ関数とたたみ込み積分を説明します（第8章）。さらに、増大する信号にも適用可能なラプラス変換（第9章）、雑音のような不規則信号をフーリエ解析するための相関関数（第10章）と話を進め、最後に、コンピュータでフーリエ変換を計算する手法である離散フーリエ変換（第11章）で締めくくります。なお、これらの項目間の関係を図「フーリエ／ラプラス変換の位置づけ」に示しますので、参考にしてください。

現代の理工学において「フーリエ解析」は基本中の基本です。単に単位を取るために覚えるので

はなく、将来の研究開発や日常の業務で常識として使いこなせるように体得するお手伝いができれば、著者としては大満足です。

　最後に、本書の出版にご尽力いただいた共立出版株式会社営業部の當山臣人さん、編集で大変お世話になった同社編集部の大谷早紀さんに深甚なる感謝を申し上げます。

令和7年1月

山林　由明

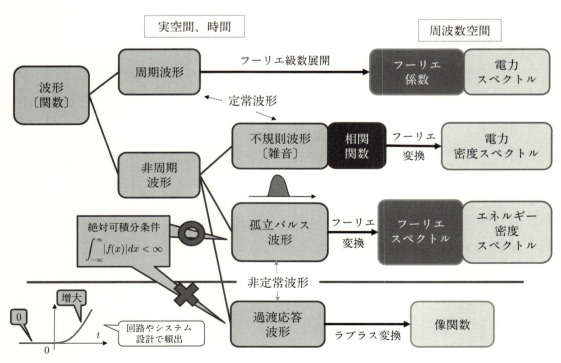

フーリエ／ラプラス変換の位置づけ

目　次

三角関数の確認事項と奇関数・偶関数

この章では、フーリエ数学で重要となる基礎事項を復習します。まず、三角関数の重要ポイントを押さえた上で、三角関数の合成にもふれたあと、偶関数と奇関数の概念とその性質も紹介します。

1.1 三角関数

図 1-1-1 に示すように、サイン（正弦）関数は、単位円（半径が 1）の点 P を y 軸に射影したときの値 b で、コサイン（余弦）関数は x 軸に射影したときの値 a です。単位円の半径を斜辺とする直角三角形にピタゴラスの定理（三平方の定理）を適用すると、斜辺の長さは単位円の半径に等しく 1 ですから、

$$a^2 + b^2 = \cos^2 \theta + \sin^2 \theta = 1 \tag{1-1-1}$$

となるのでした。これは「超」がつくほど重要な公式です。ここで大切なことは、サインもコサインも単位円周上の点 P を互いに直交する x 方向 y 方向それぞれに射影して得られた関数にすぎず、もとは点 P の円運動であるということです（図 1-1-2）。この事実は複素指数関数を学ぶとはっきり現れてきます。

ここで、三角関数は周回するごとに、つまり変数 θ が 2π ごとに三角関数値は元に戻って繰り返すという**周期性**も重要です（式 (1-1-2)）。k を整数として、次式が成り立ちます。

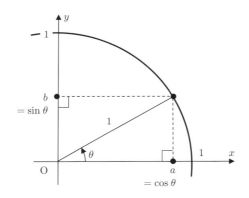

図 1-1-1 正弦関数と余弦関数

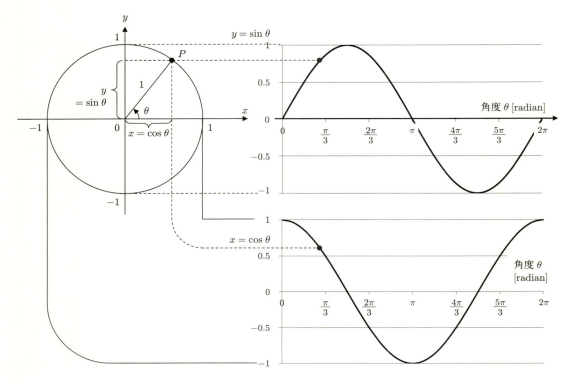

図 1-1-2　サイン（正弦）／コサイン（余弦）関数
もともと単位円上の回転を縦や横から見たものにすぎないことを理解しよう。

$$\sin(\theta \pm k2\pi) = \sin\theta, \quad \cos(\theta \pm k2\pi) = \cos\theta. \tag{1-1-2}$$

さらに、整数 k が偶数 $2m$ か、奇数 $2m+1$ か（ただし、m も整数）で次式 (1-1-3) のように簡単になることも重要です。図 1-1-3 を見て理解しましょう。π の整数倍の角度に対して、サインをとるとそれはゼロで、偶数奇数の区別はありません。しかし、コサインのほうは偶数倍の π に対しては 1 ですが、奇数倍に対しては -1 になります。式で表すと、

$$\left.\begin{array}{l} \sin 2m\pi = 0 \\ \cos 2m\pi = 1 \\ \sin(2m+1)\pi = 0 \\ \cos(2m+1)\pi = -1 \end{array}\right\} \tag{1-1-3}$$

となります。まとめて、奇数も偶数も含む整数 k に対しては、次のようになります。

$$\sin k\pi = 0, \quad \cos k\pi = (-1)^k. \tag{1-1-4}$$

これらは今後頻繁に現れますから間違えないようにしっかり理解しておきましょう。さらに図 1-1-4 を参考にして、正負の角度 ($\pm\theta$) に対するサイン、コサインの関係も押さえておいてください。

　変数 θ の符号が反転したとき、サインは関数値も反転するのでこれは**奇関数**に分類されるのに

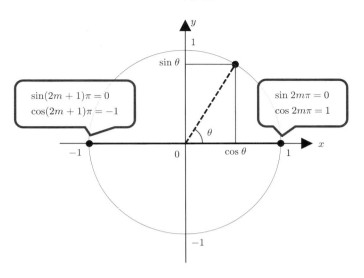

図 1-1-3 三角関数の周期性 π の整数倍の変数 θ に対して、サインはゼロ、コサインは ±1。

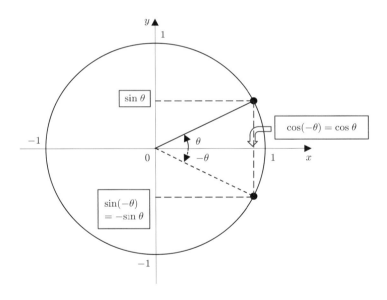

図 1-1-4 サインとコサインの関係 (1)

対して、コサインは反転しないので**偶関数**とよばれます。

$$\sin(-\theta) = -\sin\theta, \quad \cos(-\theta) = \cos\theta. \tag{1-1-5}$$

グラフ化すると、サイン（正弦）関数は、原点に関して点対称になり、コサイン（余弦）関数は y 軸に関して線対称になります。この関係は、今後たびたび登場します。

　次は、角度 θ を ±π/2 あるいは ±π だけシフトしたときの関係です。これらの公式はときどき登場します。頭から覚えるのでなく、単位円に小さい角度 θ を描き込んだ図を用いて導けるようにしておいた方が間違えにくくてよいでしょう。図 1-1-5 を見て以下の式 (1-1-6) を理解しましょ

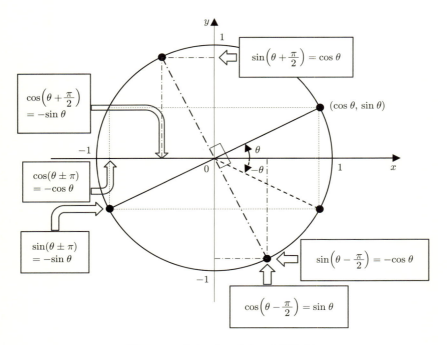

図 1-1-5　サインとコサインの関係 (2)

う（複号同順）。

$$\sin\left(\theta \pm \tfrac{\pi}{2}\right) = \pm\cos\theta, \quad \cos\left(\theta \pm \tfrac{\pi}{2}\right) = \mp\sin\theta,$$
$$\sin\left(\theta \pm \pi\right) = -\sin\theta, \quad \cos\left(\theta \pm \pi\right) = -\cos\theta. \tag{1-1-6}$$

$\pi/2$ あるいは π から θ を足したり引いたりする場合は図 1-1-6 で確認しましょう。

$$\sin\left(\tfrac{\pi}{2} \pm \theta\right) = \cos\theta, \quad \cos\left(\tfrac{\pi}{2} \pm \theta\right) = \mp\sin\theta,$$
$$\sin\left(\pi \pm \theta\right) = \mp\sin\theta, \quad \cos\left(\pi \pm \theta\right) = -\cos\theta. \tag{1-1-7}$$

　さらに、いくつかの公式を復習しておきましょう。サイン／コサインの比をとると、タンジェント（正接）が定義されます（図 1-1-7）。

$$\tan\theta = \frac{b}{a} = \frac{\sin\theta}{\cos\theta} \quad (a \neq 0). \tag{1-1-8}$$

この分母の $a \neq 0$ という条件は、$\tan\theta$ が $\theta = (n \pm 1/2)\pi$（n は整数）で不連続であることを意味します。これを図 1-1-8 に示しますので、$\pm\pi/2, \pm 3\pi/2, \ldots$ で不連続になっていることを確認しましょう。

　また、この逆関数は**アークタンジェント** (arctangent) とよばれ、a が正のとき、

$$\theta = \operatorname{Arctan}\frac{b}{a} = \tan^{-1}\frac{b}{a} \tag{1-1-9}$$

です。「Arctan」と A が大文字になっているのは、**主値**といって原点を通る関数（図 1-1-9）を意味します。「Arctan」と「$\tan^{-1}$」の表記は、一般的にはどちらも用いられますが、本書では、タ

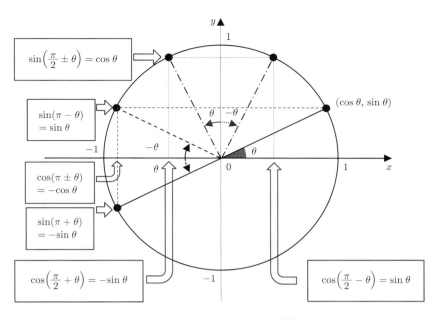

図 **1-1-6** サインとコサインの関係 (3)

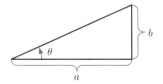

図 **1-1-7** $\tan \theta = b/a$

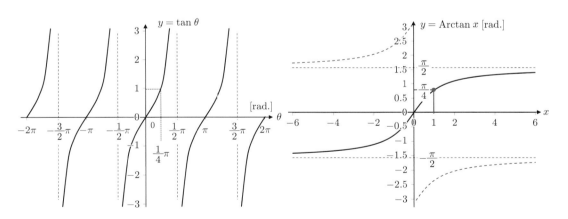

図 **1-1-8** タンジェント（正接）   図 **1-1-9** アークタンジェント（正接の逆関数）

ンジェントの逆数 $1/\tan\theta$ と区別するために「$\tan^{-1}$」は使わないことにします。よく出てくる値としては、$\theta = \pi/4$ のタンジェントは 1、あるいは 1 のアークタンジェントは $\pi/4$ があります。式で書くと、複号同順で

$$\tan\left(\pm\frac{\pi}{4}\right) = \pm 1, \quad \mathrm{Arctan}(\pm 1) = \pm\frac{\pi}{4} \tag{1-1-10}$$

となります。

次に「三角関数と三角関数を加えるとまた三角関数になる」という重要公式をみていきます。

$$a\cos\theta + b\sin\theta = c\cos(\theta + \phi) \tag{1-1-11}$$

とするときの c と ϕ を求めてみましょう。右辺に加法定理を適用すると

$$a\cos\theta + b\sin\theta = c\cos(\theta + \phi) = c\left(\cos\theta\cos\phi - \sin\theta\sin\phi\right)$$
$$= c\cos\phi\cos\theta - c\sin\phi\sin\theta$$

となりますが、左辺と右辺 2 行目の各項を比較すると

$$a = c\cos\phi, \quad b = -c\sin\phi$$

ですから、

$$a^2 + b^2 = (c\cos\phi)^2 + (c\sin\phi)^2 = c^2(\cos^2\phi + \sin^2\phi) = c^2, \quad \frac{b}{a} = \frac{-c\sin\phi}{c\cos\phi} = -\tan\phi$$

となり、

$$c = \sqrt{a^2 + b^2} \geq 0, \quad \tan\phi = -\frac{b}{a}$$

と求まります。ここで注意すべきことは、図 1-1-10 に示す例のように a も b も正の場合、角度 ϕ は第 I 象限にありますが、a が負で b が正の場合は第 II 象限にあることです。同様に、a が正で b が負の場合は第 IV 象限にあります。これについてはのちほど詳しく説明します。

図 1-1-9 で明らかなように、アークタンジェントは奇関数 $(\arctan(-x) = -\arctan(x))$ なので、結局、次の公式が得られます。

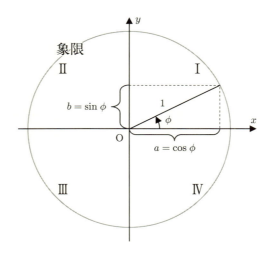

図 1-1-10　角度と象限

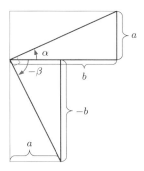

図 1-1-11 $\arctan(a/b)$ と $\arctan(-b/a)$ の関係

$$a\cos\theta + b\sin\theta = \sqrt{a^2+b^2}\cos\left(\theta + \arctan\left(-\frac{b}{a}\right)\right) \tag{1-1-12}$$

$$= \sqrt{a^2+b^2}\cos\left(\theta - \arctan\frac{b}{a}\right). \tag{1-1-13}$$

同様に、式 (1-1-11) で右辺にコサインではなくサイン関数をおくと、次の公式も導くことができるでしょう。

$$a\cos\theta + b\sin\theta = \sqrt{a^2+b^2}\sin\left(\theta + \arctan\frac{a}{b}\right). \tag{1-1-14}$$

式 (1-1-11) でのコサインがサインに替わるとアークタンジェントの変数が逆数になることについて、少し具体的に説明します。図 1-1-11 を見てください。ここで、角度 $\arctan(a/b) = \alpha$ とします。すると、$\arctan\left(\frac{-b}{a}\right) = -\beta$ は第 IV 象限にあり、$-\beta$ は α とは $\pi/2$ だけ離れていること ($\alpha = -\beta + \pi/2$) がわかります。つまり、式 (1-1-6) の公式の一つが以下のように確認できます。

$$\sin(\theta + \alpha + \beta) = \sin\left(\theta + \frac{\pi}{2}\right) = \cos\theta. \tag{1-1-15}$$

さて、式 (1-1-12)〜(1-1-14) でアークタンジェントが主値 (Arctan) になっておらず、小文字の $\arctan(x)$ になっていることに注意しましょう。これは、主値ではとれる値域（角度）が $\pm\pi/2$ 以内、つまり第 I 象限と第 IV 象限に限られるのに対して、図 1-1-12 に示すように、a が負で b が正の場合は第 II 象限にある上の枝の角度が対応するのに対し、a が負で b も負の場合は第 III 象限の下の枝の角度が対応するので、Arctan 関数では表しきれないためです。アークタンジェントの変数として a/b と比をとって負の値になったときに a, b どちらが負であったのかがわからなくなってしまうのですが、実はそれぞれの符号が重要なのです。

【例 1-1-1】 具体的な数値例に取り組んでみましょう。

$$-\cos\theta + \sqrt{3}\sin\theta = c\sin(\theta + \phi_{\sin}) = c\cos(\theta - \phi_{\cos}) \tag{1-1-16}$$

としたときの c と $\phi_{\sin}, \phi_{\cos}$ を求めます。公式 (1-1-13), (1-1-14) における a, b はそれぞれ次のようになり、$c = \sqrt{a^2+b^2}$ は容易に求まります。$a = -1$, $b = \sqrt{3}$ ですから、以下の通りです。

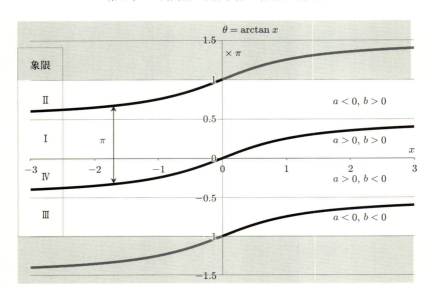

図 1-1-12 a, b の符号と角度象限の対応

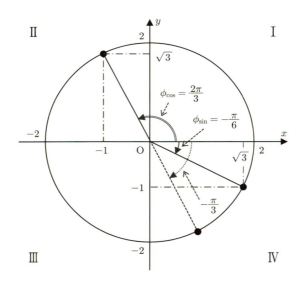

図 1-1-13 $a = -1, \ b = \sqrt{3}$ のときの偏角 $\phi_{\sin}$ と $\phi_{\cos}$

$$c = \sqrt{a^2 + b^2} = \sqrt{1^2 + \sqrt{3}^2} = \sqrt{1 + 3} = 2. \qquad (1\text{-}1\text{-}17)$$

　ここで、アークタンジェントをとって位相を求めようとすると、図 1-1-13 と図 1-1-14 のようになります。サイン関数として合成した場合の位相（角度）は $\phi_{\sin} = \arctan(a/b) = \arctan(-1/\sqrt{3})$ となり、図 1-1-13 に示すように $\phi_{\sin}$ は第 IV 象限にあり、$\phi_{\sin} = -\pi/6$ であることがわかります。これは関数電卓で求まる Arctan 値と一致します。一方、a が負であるときの $\phi_{\cos} = \arctan(b/a)$ $= \arctan(\sqrt{3}/(-1))$ は、関数電卓で計算すると $-\pi/3$ が得られますが、図 1-1-13 に示すように $\phi_{\cos}$ は第 II 象限にあるはずですから、図 1-1-14 にも示すように上の枝の角度 "$2\pi/3$" でなければ

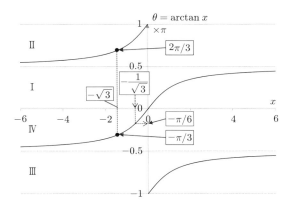

図 1-1-14 $\arctan(-\sqrt{3})$ と $\arctan(-1/\sqrt{3})$

なりません。まとめると、位相角は次式のようになります。

$$\phi_{\sin} = \arctan\left(\frac{a}{b}\right) = \arctan\left(\frac{-1}{\sqrt{3}}\right) = -\frac{\pi}{6}, \quad \phi_{\cos} = \arctan\left(\frac{b}{a}\right) = \arctan\left(\frac{\sqrt{3}}{-1}\right) = \frac{2\pi}{3}.$$

$$(1\text{-}1\text{-}18)$$

結局、合成した結果は次のようになります。

$$-\cos\theta + \sqrt{3}\sin\theta = 2\sin\left(\theta - \frac{\pi}{6}\right) = 2\cos\left(\theta - \frac{2\pi}{3}\right). \tag{1-1-19}$$

このサインの値とコサインの値が同じであることを、$\theta = 0$ とした場合の図 1-1-15 でご確認ください。これはまた、公式 (1-1-6) で確認することもできます。

$$\sin\left(\theta - \frac{\pi}{6}\right) = \sin\left(\theta - \left\{\frac{2\pi}{3} - \frac{\pi}{2}\right\}\right) = \sin\left(\theta - \frac{2\pi}{3} + \frac{\pi}{2}\right)$$

と変形すると、公式 (1-1-6) $\sin(\varphi + \pi/2) = \cos\varphi$ において $\varphi = \theta - 2\pi/3$ として

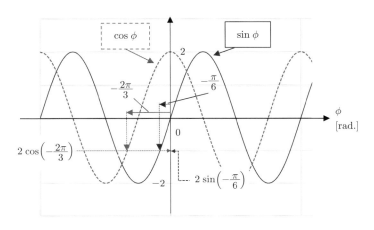

図 1-1-15 三角関数の合成結果 $(\theta = 0)$

式 (1-1-19) において、位相の異なるサインとコサインが同じ値をとることに注意。

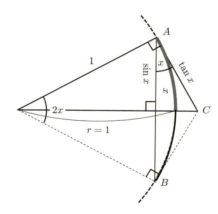

図 1-1-16　円弧上の 2 点 AB 間の 3 つの経路長を比較すること
で、$(\sin x)/x \to 1$ であることを求める。

$$\sin\left(\theta - \frac{\pi}{6}\right) = \sin\left(\theta - \frac{2\pi}{3} + \frac{\pi}{2}\right) = \cos\left(\theta - \frac{2\pi}{3}\right) \tag{1-1-20}$$

となり、前式 (1-1-18) と同じ結果が得られました。

　　ここで、一つの重要な公式を確認しておきます。それは、角度 θ が無限に小さいとき $\sin\theta/\theta$ は
1 に収束する、つまり

$$\lim_{\theta \to 0} \frac{\sin\theta}{\theta} = 1 \tag{1-1-21}$$

という関係です。これは、図 1-1-16 に示すように半径 1 の円弧上の点 A と点 B を結ぶ経路の長
さを比べると証明することができます。円弧に沿って考えると、$0 < x < \pi/2$ である角度 $2x$ に対
する**弧** AB の長さは、弧度法によれば $2x$ でした。一方、点 A と点 B を直線的に結ぶ**弦** AB の長
さは $2\sin x$ ですね。さらに、A, B 両点における接線の交点を C とするときにこれを経由して A
から B へ向かう経路長は $2\tan x$ となります。これら 3 通りの A から B への経路長を比較すると
次のようになることは明らかです[1]。

$$0 < \sin x < x < \tan x. \tag{1-1-22}$$

これは正の数どうしの関係ですから、逆数をとると大小関係が反転して

$$\frac{1}{\sin x} > \frac{1}{x} > \frac{\cos x}{\sin x} \tag{1-1-23}$$

となり、各辺に $\sin x > 0$ を掛けると

$$1 > \frac{\sin x}{x} > \cos x$$

となり、目指す $\sin x/x$ を真ん中に挟んだ関係が得られます。ここで、x をゼロに近づけると右辺
は $\cos x \to 1$ ですから、真ん中の辺 $\sin x/x$ も 1 に収束して

---

1)　髙木貞治 著,『解析概論〔改訂第 3 版〕』, p. 21, 岩波書店 (1983).

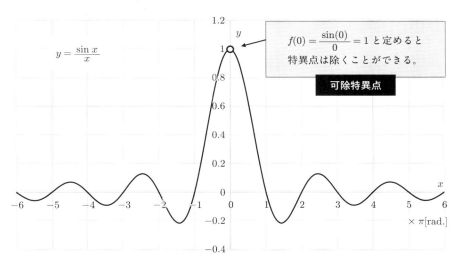

$y = \dfrac{\sin x}{x}$

$f(0) = \dfrac{\sin(0)}{0} = 1$ と定めると
特異点は除くことができる。

可除特異点

図 1-1-17 （非正規型）シンク関数 $y = \sin x/x$ のグラフ

横軸の x 値は π 倍されていることに注意。

$$\lim_{x \to 0} \frac{\sin x}{x} = 1 \tag{1-1-24}$$

であることが示されました。これは今後何度も登場する重要な関係ですからよく覚えておきましょう。$-6\pi \leq x \leq 6\pi$ の範囲における $\sin x/x$ のグラフを図 1-1-17 に示します。この関数の x がゼロでの極限値は本書でもしばしば登場する重要な関係です。

ここで、式 (1-1-21) に出てきた $(\sin\theta)/\theta$ について少し説明をします。当然ですが、変数は式 (1-1-24) のように x でも θ でも同じですので、ここでは x を用います。サイン関数をその変数で割る $(\sin x)/x$ 型の関数は **（非正規型）シンク (sinc) 関数** とよばれます。さらに、変数を π 倍した $(\sin\pi x)/\pi x$ は正規化シンク関数とよばれ、情報理論の分野において重要な標本化定理で中心的な役割を果たすため、**標本化関数** ともよばれます。

分子の $\sin x$ がゼロになる点、つまり変数 x が π の整数倍となるところでシンク関数もゼロになります。また、$x = 0$ では 0/0 型となり、定義されませんが、上で求めたように 1 に収束します。注意深い人は、図 1-1-17 において $x = 0$ での値が白丸（○）になっていることに気がついたと思います。これは、分母がゼロとなるために関数値を数として与えられない特異点であることを意味していますが、$x = 0$ で $(\sin x)/x = 1$ と定義すれば、連続性も確保できて問題なくなります。このような容易に除くことができる特異点は**可除特異点**[2]とよばれており、専門書では断りなく「$x = 0$ で $(\sin x)/x = 1$」として扱われています。

ただ、Excel などの表計算ソフトで $y = \sin x/x$ を計算すると、図 1-1-18 のように $x = 0$ では「分母がゼロのエラー」となることがあり、その場合、Excel ではその仕様に従って $y = 0$ 【#DIV0!】が出力されます。分母がゼロとなってエラーとなる点（特異点）では本来関数値は定義されませんが、Excel ではこのように表示されます。これを一般の定義と合わせるためには

---

2)　一石 賢 著，『物理学のための数学』，第 7-5 節 特異点，pp. 159-160，ベレ出版 (2015).

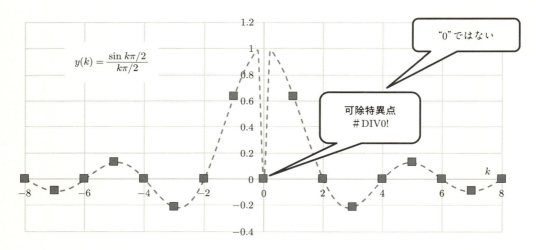

図 **1-1-18**　$y(k) = \frac{\sin(k\pi/2)}{k\pi/2}$ を Excel で計算すると $x = 0$ でエラーとなり $y = 0$ が出力される。これは改めて「$x = 0$ で $y = 1$」と定義する必要がある。

「$x = 0$ で $y = 1$」と改めて定義する必要があります。こうすればシンク関数 $\sin x/x$ は原点でも連続となります。

　なお、MATLAB のような科学技術計算用のソフトでは、この問題は自動的に処理されていますので、ユーザが意識する必要はありません。また、このシンク関数は多くの専門書でも目にしますが、すべてこの可除特異点は取り除くように式 (1-1-24) は織り込み済みとして扱われています。ただ、この点を理解しておくことが必要です。

1.2　偶関数と奇関数

　ここで、偶関数と奇関数について紹介しておきます。フーリエ解析などでは重要な概念ですので、よく理解しておきましょう。

　関数 $f(x)$ が**偶関数** (even function: f_e) であるとは、どんな変数 x に対しても

$$f_e(-x) = f_e(x) \tag{1-2-1}$$

が成立することです。このことは、グラフを描いたときに y 軸に関して線対称になることに相当します。つまり偶関数は y 軸を折り目にして折り返したときに重なる関数といえます。よって、定数関数 $f(x) = c$ や 2 次関数 $f(x) = ax^2$、4 次関数 $f(x) = ax^4$ などの偶数次数関数（図 1-2-1）や、図 1-2-2 のコサイン関数 $f(x) = A\cos x$ も偶関数で、偶関数どうしを加減算しても偶関数です。

　一方、関数 $f(x)$ が**奇関数** (odd function: f_o) であるとは、どんな変数 x に対しても

$$f_o(-x) = -f_o(x) \tag{1-2-2}$$

が成立することです。このことは、グラフを描いたときに原点に関して点対称になることに相当し

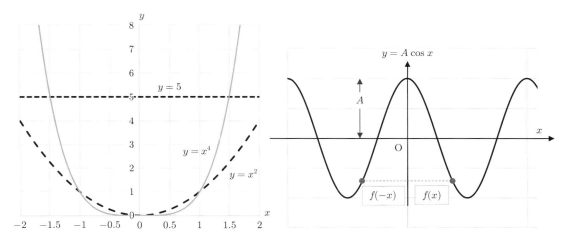

図 **1-2-1** 偶関数の例（定数関数と偶数次数関数）　　　　図 **1-2-2** コサイン関数（偶関数）

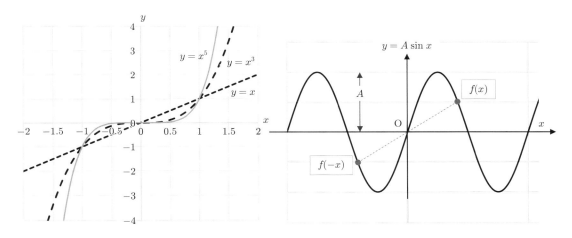

図 **1-2-3** 奇関数の例（奇数次数関数）　　　　図 **1-2-4** サイン関数（奇関数）

ます。よって、1 次関数 $f(x) = ax$、3 次関数 $f(x) = ax^3$ などの奇数次数関数（図 1-2-3）や、図 1-2-4 のサイン関数 $f(x) = A \sin x$ も奇関数です。奇関数どうしを加減算しても奇関数です。

　また、偶関数と奇関数を掛けると奇関数に、奇関数どうしを掛けると偶関数になります。図 1-2-5 は奇関数 $y = x$ と奇関数 $y = \sin(\pi x)$ の積が偶関数になる例を示し、図 1-2-6 は偶関数 $y = x^2$ と奇関数 $y = \sin(\pi x)$ の積が奇関数となる例を示していますので、眼でも確認しておきましょう。まとめると、表 1-2-1 のようになります。

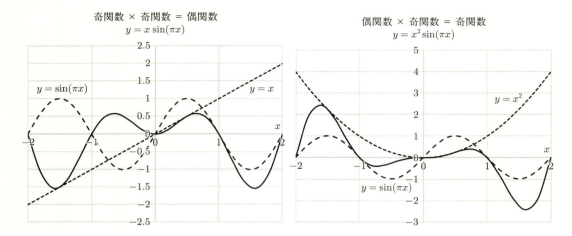

図 **1-2-5**　奇関数と奇関数の積の例　　　　　図 **1-2-6**　偶関数と奇関数の積の例

表 **1-2-1**　奇関数と偶関数の関係

奇関数	×	奇関数	=	偶関数
ax		bx		abx^2
$\sin x$		$\sin x$		$\sin^2 x = \frac{1}{2}(1 - \cos 2x)$
$\sin ax$		$\sin bx$		$\sin(ax) \cdot \sin(bx) = \frac{1}{2}\{\cos(a-b)x - \cos(a+b)x\}$

奇関数	×	偶関数	=	奇関数
ax		bx^2		abx^3
$\sin x$		$\cos x$		$\sin x \cos x = \frac{1}{2}(\sin 2x)$
$\sin ax$		$\cos bx$		$\sin(ax) \cdot \cos(bx) = \frac{1}{2}\{\sin(a-b)x + \sin(a+b)x\}$

偶関数	×	偶関数	=	偶関数
ax^2		bx^2		abx^4
$\cos x$		$\cos x$		$\cos^2 x = \frac{1}{2}(1 + \cos 2x)$
$\cos ax$		$\cos bx$		$\cos(ax) \cdot \cos(bx) = \frac{1}{2}\{\cos(a-b)x + \cos(a+b)x\}$

　ここで、これら奇関数と偶関数の対称区間での定積分について考えると、それぞれ特徴的なことがわかります。まず、図 1-2-7 で示すような奇関数の例をみてみましょう。奇関数を対称区間で積分すると、答えはゼロです。

【**例 1-2-1**】　次の定積分を求めます（ただし k は正整数）。

$$I = \int_{-\pi}^{\pi} x \cos kx \, dx. \tag{1-2-3}$$

部分積分を用いて定積分を計算します。

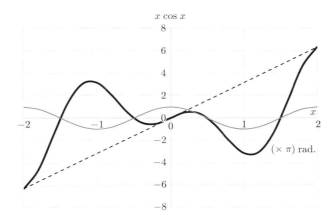

図 **1-2-7** 奇関数の場合

$$
\begin{aligned}
I &= \int_{-\pi}^{\pi} x \cos kx \, dx = \int_{-\pi}^{\pi} x \left(\frac{\sin kx}{k} \right)' dx = \frac{1}{k} \left\{ [x \sin kx]_{-\pi}^{\pi} - \int_{-\pi}^{\pi} (x)' \sin kx \, dx \right\} \\
&= \frac{1}{k} \left\{ [\pi \sin(k\pi) - (-\pi) \sin(-k\pi)] - \int_{-\pi}^{\pi} 1 \sin kx \, dx \right\} \\
&= \frac{1}{k} \left\{ [\pi \cdot 0 - (-\pi) \cdot 0] - \int_{-\pi}^{\pi} \left(-\frac{\cos kx}{k} \right)' dx \right\} = \frac{1}{k^2} \int_{-\pi}^{\pi} (\cos kx)' \, dx \\
&= \frac{1}{k^2} [\cos kx]_{-\pi}^{\pi} = \frac{1}{k^2} [\cos k\pi - \cos(-k\pi)] = \frac{1}{k^2} [\cos k\pi - \cos(k\pi)] = 0
\end{aligned}
\tag{1-2-4}
$$

これはこの関数に限らず奇関数 f_o 一般に成立します。いま、その原始関数を F_o と書くと

$$
F_o'(x) = f_o(x)
\tag{1-2-5}
$$

の関係があります。

まず、対称な変数区間 $[-a, a]$ を負の部分と正の部分に分けて、次のように書きます。

$$
\int_{-a}^{a} f_o(x) dx = \int_{-a}^{0} f_o(x) dx + \int_{0}^{a} f_o(x) dx.
\tag{1-2-6}
$$

右辺第一の積分における負の部分の変数符号を $t = -x$ と逆転させて、式 (1-2-2) の関係 $f_0(-x) = -f_o(x)$ を適用すると、定積分値がゼロであることが次のように示されます。

$$
\begin{aligned}
I_o &= \int_{-a}^{a} f_o(x) \, dx = \int_{-a}^{0} f_o(x) \, dx + \int_{0}^{a} f_o(x) \, dx = \int_{a}^{0} f_o(-t) \, (-dt) + \int_{0}^{a} f_o(x) \, dx \\
&= -\int_{0}^{a} f_o(t) \, dt + \int_{0}^{a} f_o(x) \, dx = -[F_o(a) - F_o(0)] + [F_o(a) - F_o(0)] = 0.
\end{aligned}
\tag{1-2-7}
$$

この「奇関数を対称区間で積分するとゼロになる」事情は図 1-2-8 を見ればすぐに納得できると思います。負の変数部分の関数値と正の部分の関数値の符号が逆転して積分されるときに互いに相殺しているのです。またここで、最後に定積分を実行した際に、t と x の積分変数の違いが解消されていることに気がつきます。

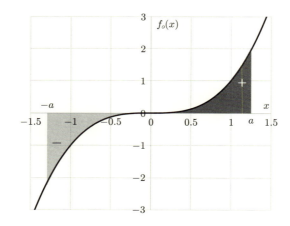

図 1-2-8　奇関数の対称区間での定積分

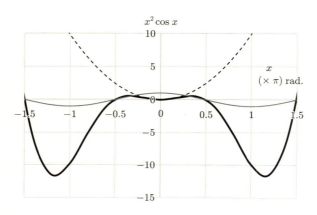

図 1-2-9　偶関数の場合

　奇関数を対称区間で積分すると積分値はゼロでしたが、偶関数の場合はどうなるでしょうか。次に、図 1-2-9 で示すような偶関数の例を見てみましょう。

【例 1-2-2】　次の定積分を求めます（ただし k は正整数）。

$$I = \int_{-\pi}^{\pi} x^2 \cos kx \, dx. \tag{1-2-8}$$

まず、被積分関数が偶関数 × 偶関数で偶関数であることを確認しましょう。さて、部分積分を用いて定積分を計算します。

$$I = \int_{-\pi}^{\pi} x^2 \cos kx \, dx = \int_{-\pi}^{\pi} x^2 \left(\frac{\sin kx}{k} \right)' dx = \frac{1}{k} \left\{ \left[x^2 \sin kx \right]_{-\pi}^{\pi} - \int_{-\pi}^{\pi} \left(x^2 \right)' \sin kx \, dx \right\}$$

$$= \frac{1}{k} \left\{ \left[\pi^2 \sin (k\pi) - (-\pi)^2 \sin (-k\pi) \right] - 2 \int_{-\pi}^{\pi} x \sin kx \, dx \right\}$$

$$= \frac{1}{k} \left\{ \left[\pi^2 \cdot 0 - \pi^2 \cdot 0 \right] - 2 \int_{-\pi}^{\pi} x \left(-\frac{\cos kx}{k} \right)' dx \right\}$$

$$= \frac{2}{k^2} \int_{-\pi}^{\pi} x \left(\cos kx \right)' dx = \frac{2}{k^2} \left\{ \left[x \cos kx \right]_{-\pi}^{\pi} - \int_{-\pi}^{\pi} x' \cos kx \, dx \right\}$$

$$= \frac{2}{k^2} \left\{ \left[\pi \cos k\pi - (-\pi) \cos(-k\pi) \right] - \int_{-\pi}^{\pi} 1 \cdot \cos kx \, dx \right\}$$

$$= \frac{2}{k^2} \left\{ \left[\pi \cos k\pi + \pi \cos(k\pi) \right] - \left[\frac{1}{k} \sin kx \right]_{-\pi}^{\pi} \right\}$$

$$= \frac{2}{k^2} \left\{ 2\pi \cos k\pi - \frac{1}{k} \left[\sin k\pi - \sin(-k\pi) \right] \right\}$$

$$= \frac{2}{k^2} \left\{ 2\pi (-1)^k - \frac{1}{k} \left[0 - 0 \right] \right\} = \frac{4\pi}{k^2} (-1)^k \tag{1-2-9}$$

と、こちらはゼロにはなりません。

一般に、偶関数 f_e を y 軸に関して対称な変域 $[-a, a]$ で積分すると、正の変域部分での積分の 2 倍になります。奇関数の場合と同様、積分を負の変数部分と正の部分に分けて、第一の積分で $x = -t$ の変数変換をした上で、偶関数の定義 $f_e(-x) = f_e(x)$ を思い出すと

$$\int_{-a}^{a} f_e(x) dx = \int_{a}^{0} f_e(-t) \left(-dt \right) + \int_{0}^{a} f_e(x) dx = \int_{0}^{a} f_e(t) dt + \int_{0}^{a} f_e(x) dx = 2 \int_{0}^{a} f_e(x) dx \tag{1-2-10}$$

となります。つまり偶関数の対称区間 $[-a, a]$ での積分は、半分の区間 $[0, a]$ での積分を計算して 2 倍すればよいことになり、計算はずいぶん楽になります。

これらは重要な性質です。なにせ、積分区間に注目すれば積分が楽になったり（偶関数）、積分計算する必要がなくなったり（奇関数）するのですから。図 1-2-8 と図 1-2-10 を見て感覚的にも理解しておきましょう。

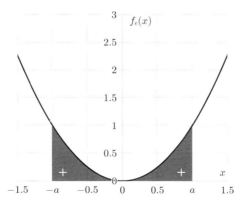

図 1-2-10 偶関数の対称区間での定積分

展開序論

2.1 「展開する」とは：マクローリン展開

　いま、何らかの関数 $f(x)$ の挙動を知りたいとしましょう。ただし、すべての x の変域である必要はなく、限られた領域で良いとします。それは例えば「明日の全国の気圧分布」でなく、「我がまちの気圧」とか、自分に関係するところだけがわかれば十分である場合がけっこう多いからです。出かけるときに傘を持っていく必要があるかどうかに、遠い地方の天気は関係ないですからね。

　関数 $f(x)$ の $x = 0$ 付近（これを近傍といいます）での振る舞いを

$$g(x) = a + bx + cx^2 + dx^3 + \cdots \tag{2-1-1}$$

というように、x の 0 乗 a、1 乗 bx、2 乗 cx^2 などの和で表すのを冪級数近似とよびます。冪（または巾）とは「ある一つの数どうしを繰り返し掛け合わせる」ことで、この場合は x の冪数列の和で表しています。数列の和は級数とよばれるので、「x の冪級数 $g(x)$」で元の関数 $f(x)$ を似せようとしているのです。この「似せる」ことを近似するといいます。『広辞苑（第6版）』によれば、近似とは「ものことが非常によく似通っていること。へだたりがほとんどないこと」とあります。要するに、わかりやすい関数で与えられた関数 $f(x)$ を似せてやろうとしているのです。

　例えば、簡単な例として二次関数 $y = x^2$ を見てみましょう。図 2-1-1 (a) はそれを $x = 0 \sim 8$ の範囲でプロットした（描いた）ものです。いま、例として $x = 4$ のところを拡大して図 2-1-1 (b)

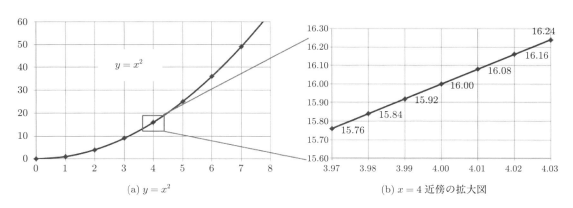

(a) $y = x^2$　　　　　　　　　(b) $x = 4$ 近傍の拡大図

図 2-1-1　二次関数 $y = x^2$ (a) とその $x = 4$ 近傍の拡大図 (b)

に示しましょう。図 2-1-1 (a) では $y = x^2$ は明らかに曲線だったのに、(b) では直線に見えません
か。この「直線」の傾き a を左右両端の 2 点の座標から求めてみると

$$a = \frac{16.24 - 15.76}{4.03 - 3.97} = \frac{0.48}{0.06} = 8$$

となります。一方、解析学では関数 $y = x^2$ の $x = 4$ での傾きは、y を x で微分して $x = 4$ を代入
すればよい、と学びました。つまり、

$$\text{元の関数}\quad\cdots\cdots\quad y = x^2$$

$$x\ \text{で微分}\quad\cdots\cdots\quad y' = \frac{dy}{dx} = 2x$$

$$x = 4\ \text{を代入}\cdots\cdots\quad y'|_{x=4} = 2 \cdot 4 = 8$$

で、さきほどの値と一致します。元の関数は $x = 4$ で $y = 4^2 = 16$ を通るものですから、これは

$$y = 8(x - 4) + 16$$

で表される直線が $x = 4$ 近傍での $y = x^2$ の**近似関数**であることを意味します。これは簡単な例で
すが、複雑な挙動の関数でも狭い変数 x の範囲では簡単な関数で近似できるという意味がわかる
と思います。

　では、2 階微分の項は何を意味するのでしょうか。関数を微分すると傾きの関数（導関数）が得
られるのでした。すると 2 階微分すれば、「傾きの変化」の関数が得られることになります。

　いま、これが一定値をとる場合を考えてみましょう。つまり $f''(x) = b$ ですから、傾き関数はこ
れを 1 階積分して

$$f'(x) = \int f''(x)dx = bx + a \tag{2-1-2}$$

が得られます。ここで a はご存じ積分定数ですが、今の場合は「一定の傾き成分」を意味します。
関数 $f(x)$ はこれをさらに積分すれば求められますから

$$f(x) = \int f'(x)dx = \int (bx + a)dx = \frac{1}{2}bx^2 + ax + C \tag{2-1-3}$$

と求まります（C は積分定数）。ここで、x の自乗の項に 1/2 という係数がついていることに気が
つきます。

　さらに 3 階微分 $f^{(3)}$ が一定値 c をとるとして考えてみましょう。これを積分すると「傾きの変
化の関数 $f^{(2)} = f''$」が得られるのですから、

$$f''(x) = \int f^{(3)}(x)dx = cx + b \tag{2-1-4}$$

です。これをもう一度積分すると導関数が求まります。

$$f'(x) = \int f''(x)dx = \frac{1}{2}cx^2 + bx + a. \tag{2-1-5}$$

　ここまでくれば、あとは簡単ですね。もう一度積分すると関数 $f(x)$ が求まります。つまり、

$$f(x) = \int f'(x)dx = \int \left(\frac{1}{2}cx^2 + bx + a \right) dx = \frac{1}{2} \cdot \frac{1}{3}cx^3 + \frac{1}{2}bx^2 + ax + C \qquad (2\text{-}1\text{-}6)$$

です。この右辺第一項の係数は

$$\frac{1}{2} \cdot \frac{1}{3} = \frac{1}{3 \cdot 2 \cdot 1} = \frac{1}{3!}$$

となっていることに気がつきます。

　この考えを推し進めるとテイラー展開が得られます。これは、任意の（n 回以上微分できる）連続関数の $x = a$ 近傍での振る舞いを n 次関数までの和で近似するものです。

$$f(x) \cong f(a) + \frac{f'(a)}{1!}(x-a) + \frac{f''(a)}{2!}(x-a)^2 + \frac{f'''(a)}{3!}(x-a)^3 + \cdots + \frac{f^{(n)}(a)}{n!}(x-a)^n.$$
$$(2\text{-}1\text{-}7)$$

特に、原点 $x = 0$ まわりでの展開 $(a = 0)$ を**マクローリン展開**とよんでいます。

$$f(x) \cong f(0) + \frac{f'(0)}{1!}x + \frac{f''(0)}{2!}x^2 + \frac{f'''(0)}{3!}x^3 + \cdots + \frac{f^{(n)}(0)}{n!}x^n. \qquad (2\text{-}1\text{-}8)$$

　例として指数関数 $f(x) = e^x$ を考えると、原点 $x = 0$ まわりの展開は以下のように求まります。

$$f(x) = e^x = \exp(x) \qquad\qquad f(0) = e^0 = \exp(0) = 1$$
$$f'(x) = e^x \qquad\qquad\qquad f'(0) = e^0 = 1$$
$$f''(x) = e^x \qquad\qquad\qquad f''(0) = e^0 = 1$$
$$f'''(x) = e^x \qquad\qquad\qquad f'''(0) = e^0 = 1$$

ここで重要なことは、e^x は微分しても同じ e^x になる特別な関数だということです。この「e」はネイピア数などとよばれる重要な数ですが、詳しくは 3.5 節で説明します。これらを式 (2-1-8) に代入すると

$$f(x) = e^x = 1 + \frac{1}{1!}x + \frac{1}{2!}x^2 + \frac{1}{3!}x^3 + \frac{1}{4!}x^4 + \frac{1}{5!}x^5 + \cdots$$
$$= 1 + x + \frac{1}{2}x^2 + \frac{1}{6}x^3 + \frac{1}{24}x^4 + \frac{1}{120}x^5 + \cdots \qquad (2\text{-}1\text{-}9)$$

が得られます。近似次数 1 次から 4 次までを書き下すと

$$1\,次：e^x \cong 1 + x$$
$$2\,次：e^x \cong 1 + x + \frac{1}{2}x^2$$
$$3\,次：e^x \cong 1 + x + \frac{1}{2}x^2 + \frac{1}{6}x^3$$
$$4\,次：e^x \cong 1 + x + \frac{1}{2}x^2 + \frac{1}{6}x^3 + \frac{1}{24}x^4$$

となり、5 次以上も同様に考えられます。マクローリン展開は $x = 0$ の近傍での話になります。

　図 2-1-2 に 6 次近似まで示しました。近似次数が進むにつれて元の関数 $f(x) = e^x$（破線）と重なる部分が、原点付近から両側にどんどん広がっていくことに気がつくでしょう。近似次数を上げていくと近似される領域が増えていくのです。これが、「テイラー展開とは関数 $f(x)$ のある一部

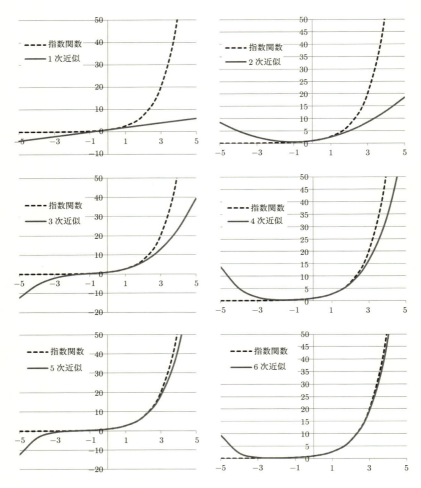

図 **2-1-2**　指数関数のマクローリン展開（1 次から 6 次）

分について**接触的に近似していく形の表現である**」ということの意味です。

次にコサイン (cos) の例を見ていきます。

【例 2-1-1】　$f(x) = \cos x$ のマクローリン展開

まず 1 階から 7 階までの微分をして、$x = 0$ を代入して原点近傍の振る舞いを見てみましょう。

$$f(x) = \cos x \qquad\qquad f(0) = \cos 0 = 1$$
$$f'(x) = -\sin x \qquad\qquad f'(0) = -\sin 0 = 0$$
$$f''(x) = -\cos x \qquad\qquad f''(0) = -\cos 0 = -1$$
$$f'''(x) = \sin x \qquad\qquad f'''(0) = \sin 0 = 0$$
$$f^{(4)}(x) = \cos x \qquad\qquad f^{(4)}(0) = \cos 0 = 1$$
$$f^{(5)}(x) = -\sin x \qquad\qquad f^{(5)}(0) = -\sin 0 = 0$$
$$f^{(6)}(x) = -\cos x \qquad\qquad f^{(6)}(0) = -\cos 0 = -1$$

$$f^{(7)}(x) = \sin x \qquad\qquad f^{(7)}(0) = \sin 0 = 0$$

あとは、定義（式 (2-1-8)）に代入するだけです。

$$f(x) = \cos x = 1 + \frac{f'(0)}{1!}x + \frac{f''(0)}{2!}x^2 + \frac{f'''(0)}{3!}x^3 + \frac{f^{(4)}(0)}{4!}x^4 + \frac{f^{(5)}(0)}{5!}x^5 + \cdots$$
$$= 1 + \frac{0}{1!}x + \frac{-1}{2!}x^2 + \frac{0}{3!}x^3 + \frac{1}{4!}x^4 + \frac{0}{5!}x^5 + \frac{-1}{6!}x^6 + \frac{0}{7!}x^7 + \cdots \qquad (2\text{-}1\text{-}10)$$
$$= 1 - \frac{1}{2!}x^2 + \frac{1}{4!}x^4 - \frac{1}{6!}x^6 + \cdots = 1 - \frac{1}{2}x^2 + \frac{1}{24}x^4 - \frac{1}{720}x^6 + \cdots$$

と x の偶数乗 x^{2k} ($k = 0, 1, 2, \ldots$) の項だけで構成されていることがわかります。初項 1 は x の 0 乗 ($x^0 = 1$) と考えればよいでしょう、次数でいえば、「0 次展開」に相当します。これも 10 次展開まで図 2-1-3 に示します。これも、0 次近似（直線近似）の場合、$x = 0$ の一点でしか合っていないのに対して、次数を増やせば増やすほど近似される領域が増えていくことが確認できます。これはつまり、無限次数の近似では、コサイン関数が完全に冪級数でマクローリン展開近似できることを意味しています。

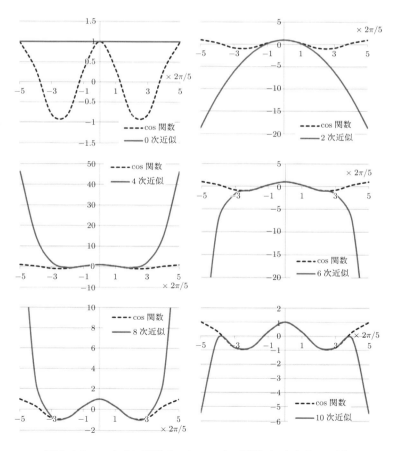

図 2-1-3　コサイン関数のマクローリン展開（0 次から 10 次）

同様にサイン (sin) 関数も計算しておきましょう。

【例 2-1-2】 $f(x) = \sin x$ のマクローリン展開

$$f(x) = \sin x \qquad\qquad f(0) = \sin 0 = 0$$
$$f'(x) = \cos x \qquad\qquad f'(0) = \cos 0 = 1$$
$$f''(x) = -\sin x \qquad\qquad f''(0) = -\sin 0 = 0$$
$$f^{(3)}(x) = -\cos x \qquad\qquad f^{(3)}(0) = -\cos 0 = -1$$
$$f^{(4)}(x) = \sin x \qquad\qquad f^{(4)}(0) = \sin 0 = 0$$
$$f^{(5)}(x) = \cos x \qquad\qquad f^{(5)}(0) = \cos 0 = 1$$
$$f^{(6)}(x) = -\sin x \qquad\qquad f^{(6)}(0) = -\sin 0 = 0$$
$$f^{(7)}(x) = -\cos x \qquad\qquad f^{(7)}(0) = -\cos 0 = -1$$

$$f(x) = \sin x = f(0) + \frac{f'(0)}{1!}x + \frac{f''(0)}{2!}x^2 + \frac{f'''(0)}{3!}x^3 + \frac{f^{(4)}(0)}{4!}x^4 + \frac{f^{(5)}(0)}{5!}x^5 + \cdots$$
$$= \frac{1}{1!}x + \frac{0}{2!}x^2 + \frac{-1}{3!}x^3 + \frac{0}{4!}x^4 + \frac{1}{5!}x^5 + \frac{0}{6!}x^6 + \frac{-1}{7!}x^7 + \cdots \qquad (2\text{-}1\text{-}11)$$
$$= x - \frac{1}{3!}x^3 + \frac{1}{5!}x^5 - \frac{1}{7!}x^7 + \cdots = x - \frac{1}{6}x^3 + \frac{1}{120}x^5 - \frac{1}{5040}x^7 + \cdots$$

と、今度は奇数次数項 x^{2k+1} $(k = 0, 1, 2, \ldots)$ だけで展開されていることがわかります。ここで大切なことは、サインもコサインも何回微分してもサインとコサインを繰り返すだけで無限に微分できるため、これらのマクローリン級数展開は無限に続けることができ、そして無限大の極限ではこれらの冪級数（マクローリン展開）はサインやコサインに完全に一致するということです。

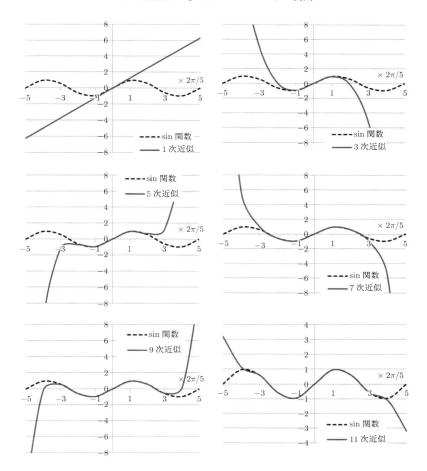

図 **2-1-4** サイン関数のマクローリン展開（1 次から 11 次）

複素数

3.1 複素数とは

　二次方程式 $x^2 + 1 = 0$ に解はない、と中学校では習ったと思います。しかし、これに解がある
とすると虚数が登場します。自乗して -1 になる数 x があれば、$x^2 + 1 = -1 + 1 = 0$ で方程式は
満たされます。これを普通「i」と書きます[3]。つまり、$i^2 = -1$ です。

　虚数があれば十分かというとそうではありません。例えば次の方程式の解を考えましょう。

$$x^2 + x + 1 = 0. \tag{3-1-1}$$

これに二次方程式の「解の公式」をそのまま当てはめて、虚数単位 i を使うと

$$x = \frac{-1 \pm \sqrt{-3}}{2} = \frac{-1 \pm i\sqrt{3}}{2} \tag{3-1-2}$$

となります。念のために、これが方程式 (3-1-1) の解になっていることを代入して確認しておきま
しょう。

$$x + x + 1\big|_{x=\frac{-1\pm\sqrt{-3}}{2}} = \left(\frac{-1\pm i\sqrt{3}}{2}\right)^2 + \frac{-1\pm i\sqrt{3}}{2} + 1 = \frac{1\mp 2i\sqrt{3}-3}{4} + \frac{-1\pm i\sqrt{3}}{2} + 1$$

$$= \frac{-1\mp i\sqrt{3}}{2} + \frac{-1\pm i\sqrt{3}}{2} + 1 = 0$$

となり、間違いなく解でした（複号同順）。そうすると、式 (3-1-2) の x のような実数と純虚数の
和の形の数を考える必要が出てきます。このような数を**複素数** (complex number) とよんでいま
す。

　普通、複素数は「z」と表記され、実部と虚部の和で $z = a + bi$ と表します（図 3-1-1）。実部 a
も虚部 b も実数であることに注意してください。図 3-1-1 の平面は**複素平面（ガウス平面）**とよば
れています。縦軸が虚部を表すことを強調するため「iy」として、虚軸であることを強調していま
すが、この表現は一般的ではなく、縦軸は本来「y」です。そして、図 3-1-2 に示すように虚部の
符号を反転させたもの $z^* = a - ib$ を z の**複素共役**(complex conjugate) とよび、z と z^* との積

$$z \cdot z^* = (a + ib)(a - ib) = a^2 + iab - iab + b^2 = a^2 + b^2 \tag{3-1-3}$$

---

3) ただし電気回路論では、電流を「i」として議論を直流からスタートする関係で、交流理論の段階で登場する虚数には「j」
　 をあてますので注意してください。

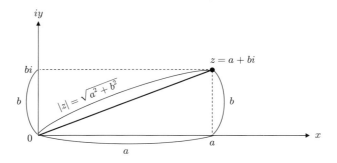

図 3-1-1　複素数の直交座標表示

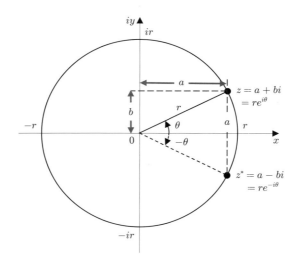

図 3-1-2　複素数 z とその複素共役

の平方根を z の**絶対値**とよびます。絶対値はゼロか正で、**負の値はとりません**。式で表すと次のようになります。

$$r = |z| = \sqrt{z \cdot z^*} = \sqrt{a^2 + b^2} \geq 0. \tag{3-1-4}$$

【**例 3-1-1**】　次の複素数 z の絶対値 r を求めましょう。

$$z = -\frac{\sqrt{2}}{2} - \frac{\sqrt{2}}{2}i.$$

これを $a + bi$ の形とみると $a = b = -\sqrt{2}/2$ ですから

$$r = |z| = \sqrt{a^2 + b^2} = \sqrt{\left(-\frac{\sqrt{2}}{2}\right)^2 + \left(-\frac{\sqrt{2}}{2}\right)^2} = \sqrt{\frac{1}{2} + \frac{1}{2}} = \sqrt{1} = 1 \tag{3-1-5}$$

と求まります。また、複素共役との積 $z \cdot z^*$ の平方根をとって

$$r = |z| = \sqrt{z \cdot z^*} = \sqrt{\left(-\frac{\sqrt{2}}{2} - \frac{\sqrt{2}}{2}i\right)\left(-\frac{\sqrt{2}}{2} + \frac{\sqrt{2}}{2}i\right)}$$

$$= \sqrt{\left(-\frac{\sqrt{2}}{2}\right)^2 - \left(\frac{\sqrt{2}}{2}i\right)^2 - \frac{\sqrt{2}}{2}\frac{\sqrt{2}}{2}i + \frac{\sqrt{2}}{2}\frac{\sqrt{2}}{2}i} \tag{3-1-6}$$

$$= \sqrt{\left(-\frac{\sqrt{2}}{2}\right)^2 + \left(\frac{\sqrt{2}}{2}\right)^2} = \sqrt{\frac{1}{2} + \frac{1}{2}} = \sqrt{1} = 1$$

としても求まります。式 (3-1-6) の 2 行目に現れる二つの虚数部は互いに打ち消し合うので、結局 $\sqrt{z \cdot z^*} = \sqrt{a^2 + b^2}$ で式 (3-1-5) と同じになるのです。

3.2 直交座標表示と極座標表示

あらためて複素数を図示することを考えます。実部を横軸 (x 軸) に、虚部を縦軸 (y 軸) にとります。すると、$z = a + ib$ は図 3-2-1 のように表示されます。これより、先に述べた**絶対値は原点から z までの距離に相当する**ことがわかります。ということは、絶対値がゼロ ($|z| = 0$) の複素数は $0 = 0 + i0$ つまり原点のみであることになります。また、複素数 $z = a + ib$ の縦軸座標は ib で純虚数ですが、x 軸までの最短距離は実数の b ですので、混乱しないようにしてください。例えば、$z = 1 + 1i$ の絶対値を式 (3-1-3) に従って求めるときに、これは $a = 1,\ b = 1$ の場合に相当しますから、

$$|z| = \sqrt{1^2 + 1^2} = \sqrt{2}$$

であって、

$$\sqrt{1^2 + (i1)^2} = \sqrt{1 - 1} = 0 \cdots \langle 誤り \rangle$$

ではありません。ご用心ください。

では次に、複素数を距離と偏角で表す極座標表示について説明します。図 3-2-1 に見える、底辺が a、高さが b の直角三角形の斜辺の長さ r が絶対値になりますが、その r と角度 θ で複素数 z が極座標で表示できます。つまり、

$$z = a + bi = r \cdot \cos\theta + ir\sin\theta = r(\cos\theta + i\sin\theta) \tag{3-2-1}$$

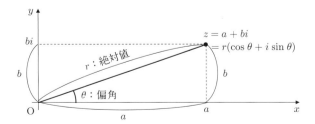

図 3-2-1 複素数の極座標表示

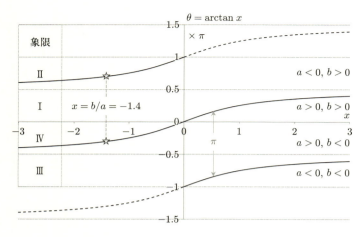

図 **3-2-2**　$\theta = \arctan x$ のグラフと象限

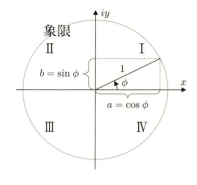

図 **3-2-3**　偏角と象限

となります。ここで、

$$r = \sqrt{a^2 + b^2}, \quad \arg(z) = \theta = \arctan \frac{b}{a} \tag{3-2-2}$$

であることがわかります。ここで、$\arg(z)$ は z の**偏角** (argument) という意味で、**位相**という用語も用います。単位はラジアン [rad.] です。ただし、単純に電卓などで計算すると、アークタンジェントは値域が $\pm\pi/2$ に限られますので、注意が必要です。

　図 3-2-2 に $\theta = \arctan x$ のグラフを示します。すると、原点を通る右上がりの曲線は値域が $\pm\pi/2$ に限られています。象限でいうと第 I 象限と第 IV 象限にしか及んでおらず、第 II 象限と第 III 象限にある角は、単にアークタンジェントを計算するだけでは求められないことがわかります。第 I 象限から第 IV 象限すべてで $\theta = \arctan x$ を描くと、中央の曲線から上下 $\pm\pi$ だけ離れたところに分枝が現れます。変数 x が負の部分には θ 軸方向の $+\pi$ のところに、x が正の部分では $-\pi$ のところにそれぞれ平行移動した曲線です。

　例えば、図 3-2-2 の $x = -1.4$ に複素数の b/a が得られているとします。このときに可能性のあるのは二つの星印 ★ です。このうちどちらをとるべきかを判定する条件は a と b の符号です。図 3-2-3 を見ればわかるように、a と b がともに正であれば第 I 象限、ともに負であれば第 III 象限、a が正で b が負であれば第 IV 象限、その逆符号であれば第 II 象限です。

　$z = a + bi = 1 + 1i$ の例に戻ってみましょう。図 3-2-4 に示すように、これの絶対値は $|z| = \sqrt{1^2 + 1^2} = \sqrt{2}$ ですが、偏角 θ は、a も b も正で 1 ですから

$$\theta = \arctan \frac{b}{a} = \arctan \frac{1}{1} = \arctan(1) = \pi/4$$

と求まります。

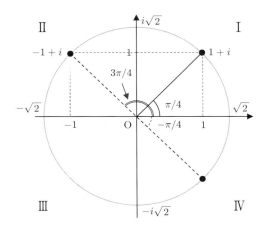

図 3-2-4 $z = 1 + i$ と $z = -1 + i$ の極座標表示

もう一つの例として、$z = -1 + 1i$ を考えます。同じ図 3-2-4 に示します。絶対値は同じですが、偏角 θ は

$$\theta = \arctan \frac{b}{c} = \arctan \frac{1}{-1} = \arctan(-1) = 3\pi/4$$

と求まります。単純に電卓で $\arctan(-1)$ を求めると、"$-\pi/4$" との答えが得られますが、この $z = -1 + 1i$ の偏角は図 3-2-4 を見てわかるように第 II 象限にありますから、π を加えて

$$\theta = -\frac{\pi}{4} + \pi = \frac{3\pi}{4}$$

となります。

3.3 複素数の積と商

複素数の和と差は簡単です。実部と虚部それぞれを加算または減算すればよいのです。すなわち

$$z_1 = a_1 + b_1 i, \quad z_2 = a_2 + b_2 i$$
$$z_1 \pm z_2 = (a_1 \pm a_2) + (b_1 \pm b_2)i$$
$$\text{(3-3-1)}$$

です（複号同順）。では、次に積を考えましょう。

$$z_1 = a_1 + ib_1, \quad z_2 = a_2 + ib_2$$
$$z_1 \cdot z_2 = (a_1 + ib_1)(a_2 + ib_2) = a_1(a_2 + ib_2) + ib_1(a_2 + ib_2)$$
$$= a_1 a_2 + i a_1 b_2 + i b_1 a_2 + i^2 b_1 b_2 = a_1 a_2 - b_1 b_2 + i(a_1 b_2 + b_1 a_2)$$
$$\text{(3-3-2)}$$

となりますが、極座標表示では三角関数の加法定理が活躍して、

$$z_1 = r_1(\cos\theta_1 + i\sin\theta_1), \quad z_2 = r_2(\cos\theta_2 + i\sin\theta_2)$$

$$
\begin{aligned}
z_1 \cdot z_2 &= r_1(\cos\theta_1 + i\sin\theta_1) \cdot r_2(\cos\theta_2 + i\sin\theta_2) \\
&= r_1 r_2\{\cos\theta_1(\cos\theta_2 + i\sin\theta_2) + i\sin\theta_1(\cos\theta_2 + i\sin\theta_2)\} \\
&= r_1 r_2\{\cos\theta_1\cos\theta_2 + i\cos\theta_1\sin\theta_2 + i\sin\theta_1\cos\theta_2 + i^2\sin\theta_1\sin\theta_2\} \\
&= r_1 r_2\{\cos\theta_1\cos\theta_2 - \sin\theta_1\sin\theta_2 + i(\cos\theta_1\sin\theta_2 + \sin\theta_1\cos\theta_2)\} \\
&= r_1 r_2\{\cos\theta_1\cos\theta_2 - \sin\theta_1\sin\theta_2 + i(\sin\theta_2\cos\theta_1 + \cos\theta_2\sin\theta_1)\} \\
&= r_1 r_2\{\cos(\theta_1 + \theta_2) + i\sin(\theta_2 + \theta_1)\} = R(\cos\Theta + i\sin\Theta)
\end{aligned}
$$

(3-3-3)

$$R = r_1 r_2, \quad \Theta = \theta_1 + \theta_2$$

と計算され、z_1, z_2 の積の結果得られる複素数の絶対値はそれぞれの絶対値の積、その偏角はそれぞれの偏角の和になっていることがわかります。

　ここで、重要な基本的性質を説明します。それは、「複素数に i を掛けると、複素平面上で $+90$ 度回転する」というものです。角度表記では左回り（反時計回り）を正としています。

　複素数 $z_1 = a_1 + b_1 i$ に純虚数 i を掛けると $iz_1 = i(a_1 + b_1 i) = -b_1 + a_1 i$ ですね。これを図に描くと図 3-3-1 のようになります。複素数 iz_1 を斜辺とする直角三角形は、z_1 が作る直角三角形を回転させて直立させたようになっています。これより角度 $z_1 - \mathrm{O} - iz_1$ が 90 度であることは明らかです。「絶対値は原点からの距離」ですから回転前後の三角形の斜辺の長さは同じなので、絶対値は不変です。以上より、複素数に i を掛けると $+90$ 度回転するだけということがわかるかと思います。

　複素数に i を掛けると反時計回りに $+90$ 度回転（「左向け左」）するのであれば、符号が反転した $-i$ を掛けると -90 度回転（「右向け右」）することは自明でしょう。複素数に i を 2 回掛けると「左向け左」を 2 回続けて行うことに相当して、$90 + 90 = 180$ 度回転する、つまり反対方向に向くことになります。おもしろいのは、「右向け右」を 2 回続けても反対方向を向くことです。これは、$i^2 = (-i)^2 = -1$ という数式の意味を表したものといえます。複素数に $i^2 = -1$ を掛けると反転するのは、実数に -1 を掛けると符号が反転することを含んだ事実です。

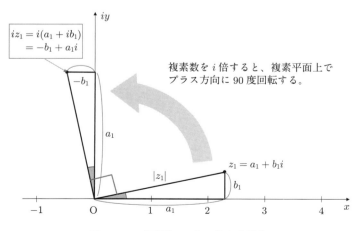

図 3-3-1　複素数 z_1 を i 倍する操作

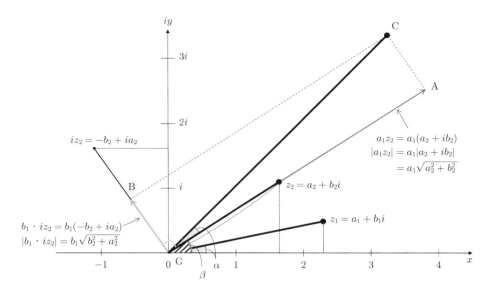

図 3-3-2 直交座標表示での計算で複素数の積を求める

「複素数に i を掛けると、複素平面上で $+90$ 度回転する」という性質を用いて、直交座標表示を用いた計算で複素数の積を求めることができます。z_1 と z_2 の積の結果得られる複素数の絶対値はそれぞれの絶対値の積、その偏角はそれぞれの偏角の和になっていること（式 (3-3-3)）を、極座標表示を用いずに確認しましょう。

図 3-3-2 を見てください。複素数 z_2 に $z_1 = a_1 + b_1 i$ を掛けますが、図を見やすくするため $a_1 > 1$, $0 < b_1 < 1$ であるとします。また、z_1 の偏角を α、z_2 の偏角を β とします。そして、$z_1 \cdot z_2 = (a_1 + b_1 i)z_2 = a_1 z_2 + i b_1 z_2$ と考えます。

第 1 項 $a_1 z_2$ は z_2 を a_1 倍に伸ばした点 A に求まります。第 2 項は一つ前の図 3-3-1 と同じようにして、まず複素数 $z_2 = a_2 + b_2 i$ に純虚数 i を掛けると $iz_2 = i(a_2 + b_2 i) = -b_2 + a_2 i$ で、90 度左回りに回転します。これに 1 より小さい b_1 を掛けると点 B として $ib_1 z_2$ が得られます。このとき、ABO を含む長方形の残りの頂点である点 C が $z_1 \cdot z_2$ に相当することがわかります。

では、点 C の絶対値を計算してみましょう。三平方の定理より、

$$\overline{\mathrm{CO}} = |z_1 \cdot z_2| = \sqrt{\left\{ b_1 \sqrt{a_2^2 + b_2^2} \right\}^2 + \left\{ a_1 \sqrt{a_2^2 + b_2^2} \right\}^2}$$
$$= \sqrt{b_1^2 \left(a_2^2 + b_2^2\right) + a_1^2 \left(a_2^2 + b_2^2\right)} = \sqrt{\left(b_1^2 + a_1^2\right)\left(a_2^2 + b_2^2\right)} \tag{3-3-4}$$
$$= \sqrt{a_1^2 + b_1^2} \sqrt{a_2^2 + b_2^2} = |z_1|\,|z_2|$$

となりますから、これは z_1, z_2 のそれぞれの絶対値の積であることがわかります。かたや偏角 θ については、O を原点としたときの、直角三角形 AOC の原点のところにできる角 θ のタンジェント (tan) を求めると、

$$\tan \theta = \frac{b_1 \sqrt{a_2^2 + b_2^2}}{a_1 \sqrt{a_2^2 + b_2^2}} = \frac{b_1}{a_1} \tag{3-3-5}$$

であることになります。ただこれは z_1 の偏角 α のタンジェントと同じです。すると、点 C の偏角は z_1, z_2 のそれぞれの偏角の和

$$\arg\left(z_1 \cdot z_2\right) = \alpha + \beta = \arg\left(z_1\right) + \arg\left(z_2\right) \tag{3-3-6}$$

であることがわかります。結局、式 (3-3-3) と同じ結論が得られました。

　複素数 z_1, z_2 の積についてまとめておきましょう。図 3-3-3 を見てください。実軸上の「1」の点と複素数 z_1 と原点の 3 点が作る三角形と、複素数 z_2 と積 $z_1 \cdot z_2$ と原点が作る三角形は、「2 組の辺の比が等しく、その間の角が等しい」という条件を満たしており、相似になることがわかります。z_1 の三角形では x 軸上で長さが 1 だった辺が、$z_1 \cdot z_2$ の三角形では角度が $\beta = \arg(z_2)$ だけ回転し、長さが $r_2 = |z_2|$ に引き延ばされています。大切なことは、複素数の積 $z_1 \cdot z_2$ では、絶対値は積 $r_1 \cdot r_2$、偏角は和 $\theta_1 + \theta_2$ になるということです。

　では、複素数の割り算（商）はどうなるでしょうか？　極座標表示で、実際に計算して確認しておきましょう。

$$z_1 = r_1(\cos\theta_1 + i\sin\theta_1), \quad z_2 = r_2(\cos\theta_2 + i\sin\theta_2)$$

とおいて、商を計算します。

$$\frac{z_1}{z_2} = \frac{r_1(\cos\theta_1 + i\sin\theta_1)}{r_2(\cos\theta_2 + i\sin\theta_2)}. \tag{3-3-7}$$

このような場合によく使う方法として、分母を有理化します。そのために、分子と分母両方に分母 z_2 の複素共役 $z_2^* = r_2(\cos\theta_2 - i\sin\theta_2)$ を掛けます。すると分母は z_2 の絶対値 r_2 の自乗になります。ただ、分子と分母に同じものを掛けるということは 1 を掛けるのと同じですから結果に変化はありません。

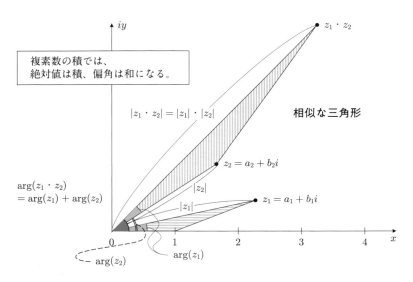

図 3-3-3　複素数の積

$$\begin{aligned}
\frac{z_1}{z_2} &= \frac{r_1(\cos\theta_1 + i\sin\theta_1)}{r_2(\cos\theta_2 + i\sin\theta_2)} = \frac{r_1(\cos\theta_1 + i\sin\theta_1) \cdot r_2(\cos\theta_2 - i\sin\theta_2)}{r_2(\cos\theta_2 + i\sin\theta_2) \cdot r_2(\cos\theta_2 - i\sin\theta_2)} \\
&= \frac{r_1 r_2(\cos\theta_1\cos\theta_2 - i\cos\theta_1\sin\theta_2 + i\sin\theta_1\cos\theta_2 - i^2\sin\theta_1\sin\theta_2)}{r_2 r_2(\cos\theta_2\cos\theta_2 - i\cos\theta_2\sin\theta_2 + i\sin\theta_2\cos\theta_2 - i^2\sin\theta_2\sin\theta_2)} \\
&= \frac{r_1 r_2\{\cos\theta_1\cos\theta_2 + \sin\theta_1\sin\theta_2 - i(\cos\theta_1\sin\theta_2 - \sin\theta_1\cos\theta_2)\}}{r_2^2\{(\cos\theta_2)^2 + (\sin\theta_2)^2\}} \\
&= \frac{r_1 r_2\{\cos(\theta_1-\theta_2) - i\sin(\theta_2-\theta_1)\}}{r_2^2} = \frac{r_1}{r_2}\{\cos(\theta_1-\theta_2) + i\sin(\theta_1-\theta_2)\}.
\end{aligned}$$

(3-3-8)

これより、複素数の商では、絶対値は商 r_1/r_2、偏角は差 $\theta_1 - \theta_2$ になるということがわかります。

3.4 複素共役

本章の最初にも少し述べましたが、複素数を $z = x + iy = r \cdot e^{i\theta}$ と表したとき、この虚数単位「i」の符号を反転させたものを**複素共役** z^* とよびます。つまり $z^* = x - iy = r \cdot e^{-i\theta}$ です。図で示すと図 3-4-1 のようになります。虚部 ib の符号が反転しているのですから、ある複素数 z と複素共役な複素数 z^* は実軸（x 軸）に関して線対称な位置にあるのです。絶対値 r は複素共役では変わりません。極座標表示では偏角「θ」が反対符号「$-\theta$」になります。直交座標表示でも虚部 ib の符号を反転したものが複素共役です。

$$z = a + ib = re^{i\theta}, \quad z^* = a - ib = re^{-i\theta}.$$

図 3-4-1 で確認しましょう。

では、複素数の積の複素共役をとるとどうなるでしょうか。二つの複素数 z_1, z_2 を以下のようにおきます。

$$z_1 = r_1 \cdot e^{i\theta_1}, \quad z_1^* = r_1 \cdot e^{-i\theta_1},$$
$$z_2 = r_2 \cdot e^{i\theta_2}, \quad z_2^* = r_2 \cdot e^{-i\theta_2}.$$

まず、z_1, z_2 の積を計算すると、

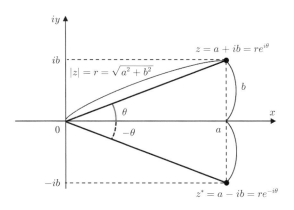

図 3-4-1 ある複素数 z と複素共役な複素数 z^*

$$z_1 \cdot z_2 = r_1 e^{i\theta_1} \cdot r_2 e^{i\theta_2} = r_1 r_2 e^{i(\theta_1 + \theta_2)} \tag{3-4-1}$$

ですから、これの複素共役は

$$(z_1 \cdot z_2)^* = r_1 r_2 e^{-i(\theta_1 + \theta_2)} \tag{3-4-2}$$

となります。一方、z_1, z_2 それぞれの複素共役をとってから積をとると

$$z_1^* \cdot z_2^* = r_1 e^{-i\theta_1} \cdot r_2 e^{-i\theta_2} = r_1 r_2 e^{-i(\theta_1 + \theta_2)} \tag{3-4-3}$$

となり、式 (3-4-2) と同じ結果を得ます。つまり、それぞれの「複素共役の積は、積の複素共役と同じ」ということで、これは積をいくつとっても同じです。

また、複素数 z の絶対値 $|z|$ は複素数 z とその複素共役 z^* の積の平方根として求められます。

$$\begin{aligned} z \cdot z^* &= (a + ib)(a - ib) = a^2 + iab - iab + b^2 = a^2 + b^2, \\ |z| &= \sqrt{z \cdot z^*} = \sqrt{a^2 + b^2}. \end{aligned} \tag{3-4-4}$$

式 (3-1-3) のところでも述べた事実ですが、重要なので繰り返しました。

3.5 ネイピア数 e

この節ではネイピア数 e について説明します。まず、図 3-5-1 に示すような指数関数 $f(x) = a^x$ （a は正の定数、$a \neq 1$）の導関数を、定義に従って求めてみます。

$$f'(x) = \lim_{h \to 0} \frac{f(x + h) - f(x)}{h} = \lim_{h \to 0} \frac{a^{x+h} - a^x}{h} = \lim_{h \to 0} a^x \frac{a^h - 1}{h} = a^x \lim_{h \to 0} \frac{a^h - 1}{h}. \tag{3-5-1}$$

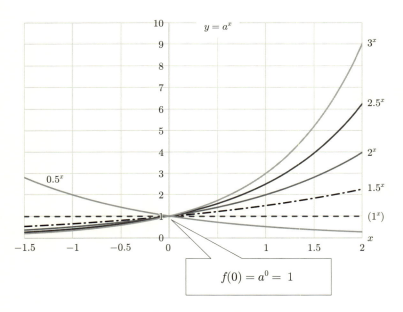

図 3-5-1　指数関数

ここで、この式の最後に現れた極限値に着目します。図 3-5-1 の中央に示すように $a^0 = 1$ ですから、

$$\lim_{h \to 0} \frac{a^h - 1}{h} = \lim_{h \to 0} \frac{a^h - a^0}{h}$$

となり、これは $f(x) = a^x$ の $x = 0$ における微係数 $f'(0)$ に他なりません。$f'(0) = k$ とすると

$$f'(x) = (a^x)' = k \cdot a^x \tag{3-5-2}$$

と書くことができます。解析学では「k が 1 となる指数関数」が重要になります。このときの a を特別に「e」と書くことにします。そうすると、変数が x か h かによらず

$$k = \lim_{h \to 0} \frac{e^h - 1}{h} = \lim_{x \to 0} \frac{e^x - 1}{x} = 1 \tag{3-5-3}$$

となるのですから、

$$f'(x) = \lim_{h \to 0} \frac{f(x+h) - f(x)}{h} = \lim_{h \to 0} \frac{e^{x+h} - e^x}{h} = e^x \lim_{h \to 0} \frac{e^h - 1}{h} = e^x \tag{3-5-4}$$

となります。要するに、指数関数 e^x は微分しても形が変わらない、特別な関数であることがわかります。では、その e とはどんな数でしょうか。

式 (3-5-3) を見ると、小さい h に対して $1 \cong (e^h - 1)/h$ なので $h \cong e^h - 1$ です。つまり $h + 1 \cong e^h$ ですから、$e \cong (h+1)^{1/h}$ と表されます。さらに $1/h = n$ とおいて、結局**ネイピア数** e は次のように極限値として定義されます。

$$e = \lim_{h \to 0}(1 + h)^{1/h} = \lim_{n \to \infty}\left(1 + \frac{1}{n}\right)^n = 2.7182818\cdots. \tag{3-5-5}$$

この e は自然対数の底としても使われる超越数[4]です。指数関数 e^x の $x = 0$ での傾きが 1 なので、小さい x に対しては $e^x \cong x + 1$ と近似できることになります。また、指数関数 e^x の指数部分が複雑な式で表される場合や電卓などでは $\exp(x)$ と表記される場合もありますから覚えておきましょう。

3.6 オイラーの公式

ここで、有名な「オイラーの公式」について説明します。これは**実関数であるサイン関数、コサイン関数と虚数を含む指数関数**とを対応づけるもので、とても重要な公式です。図 3-6-1 に複素平面上の単位円を示します。その単位円上の点そのものを表す表現が $e^{i\theta}$ である、というのが**オイラーの公式**で、次のように書かれます。

$$\cos\theta + i\sin\theta = e^{i\theta} = \exp(i\theta). \tag{3-6-1}$$

ここで、「e」は前節で紹介したネイピア数です。式 (3-6-1) を証明するには、2.1 節（「展開する」とは）で説明したマクローリン展開を用います。その結果を引用する形で、コサイン、サイン、そ

---

4) 超越数：有理数係数の代数方程式の解ではない数。なじみ深い超越数としては π もある。

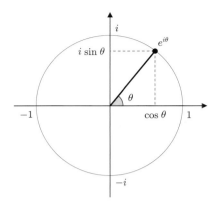

図 3-6-1 複素平面上の単位円

して指数関数のマクローリン展開を列挙します。

$$f(x) = \cos x = 1 + \frac{f'(0)}{1!}x + \frac{f''(0)}{2!}x^2 + \frac{f'''(0)}{3!}x^3 + \frac{f^{(4)}(0)}{4!}x^4 + \frac{f^{(5)}(0)}{5!}x^5 + \cdots$$
$$= 1 + \frac{0}{1!}x + \frac{-1}{2!}x^2 + \frac{0}{3!}x^3 + \frac{1}{4!}x^4 + \frac{0}{5!}x^5 + \frac{-1}{6!}x^6 + \frac{0}{7!}x^7 + \cdots \quad (3\text{-}6\text{-}2)$$
$$= 1 - \frac{1}{2!}x^2 + \frac{1}{4!}x^4 - \frac{1}{6!}x^6 + \cdots,$$

$$f(x) = \sin x = f(0) + \frac{f'(0)}{1!}x + \frac{f''(0)}{2!}x^2 + \frac{f'''(0)}{3!}x^3 + \frac{f^{(4)}(0)}{4!}x^4 + \frac{f^{(5)}(0)}{5!}x^5 + \cdots$$
$$= \frac{1}{1!}x + \frac{0}{2!}x^2 + \frac{-1}{3!}x^3 + \frac{0}{4!}x^4 + \frac{1}{5!}x^5 + \frac{0}{6!}x^6 + \frac{-1}{7!}x^7 + \cdots \quad (3\text{-}6\text{-}3)$$
$$= x - \frac{1}{3!}x^3 + \frac{1}{5!}x^5 - \frac{1}{7!}x^7 + \cdots,$$

$$f(x) = e^x = 1 + \frac{1}{1!}x + \frac{1}{2!}x^2 + \frac{1}{3!}x^3 + \frac{1}{4!}x^4 + \frac{1}{5!}x^5 + \cdots. \quad (3\text{-}6\text{-}4)$$

これらを見て気がつくことは、コサインの展開式は x の偶数乗項だけで構成され、サインの展開式は x の奇数乗項だけで構成されているのに対して、指数関数の展開式にはすべての整数の冪乗項 x^n が並んでいることです。ただし、コサインもサインも係数の符号が $+$, $-$ と反転しながら並んでいるのに対して、指数関数の展開項はすべて $+$ の符号で揃っています。そこで、式 (3-6-4) の指数関数の変数を実数の x から純虚数の ix に替えてみます。すると、

$$e^{ix} = 1 + \frac{1}{1!}ix + \frac{1}{2!}(ix)^2 + \frac{1}{3!}(ix)^3 + \frac{1}{4!}(ix)^4 + \frac{1}{5!}(ix)^5 + \frac{1}{6!}(ix)^6 + \frac{1}{7!}(ix)^7 + \cdots$$
$$= 1 + \frac{1}{1!}ix - \frac{1}{2!}x^2 - \frac{1}{3!}ix^3 + \frac{1}{4!}x^4 + \frac{1}{5!}ix^5 - \frac{1}{6!}x^6 - \frac{1}{7!}ix^7 + \cdots$$
$$= \left(1 - \frac{1}{2!}x^2 + \frac{1}{4!}x^4 - \frac{1}{6!}x^6 + \cdots\right) + \left(\frac{1}{1!}ix - \frac{1}{3!}ix^3 + \frac{1}{5!}ix^5 - \frac{1}{7!}ix^7 + \cdots\right) \quad (3\text{-}6\text{-}5)$$
$$= \left(1 - \frac{1}{2!}x^2 + \frac{1}{4!}x^4 - \frac{1}{6!}x^6 + \cdots\right) + i\left(\frac{1}{1!}x - \frac{1}{3!}x^3 + \frac{1}{5!}x^5 - \frac{1}{7!}x^7 + \cdots\right)$$
$$= \cos x + i \sin x$$

となり、オイラーの公式が成り立つことが示されました。

ちなみに、式 (3-6-5) の複素共役は次式 (3-6-6) で与えられます。

$$e^{-ix} = \cos(-x) + i\sin(-x) = \cos x - i\sin x. \tag{3-6-6}$$

このオイラーの公式を知っていると、前節で長々と計算した複素数の積と商が簡単に導けます。$z_1 = r_1 e^{i\theta_1}$, $z_2 = r_2 e^{i\theta_2}$ として、積と商がそれぞれ

$$z_1 \cdot z_2 = r_1 e^{i\theta_1} \cdot r_2 e^{i\theta_2} = r_1 r_2 e^{i(\theta_1 + \theta_2)}$$
$$\frac{z_1}{z_2} = \frac{r_1 e^{i\theta_1}}{r_2 e^{i\theta_2}} = \frac{r_1}{r_2} e^{i(\theta_1 - \theta_2)} \tag{3-6-7}$$

でおしまいです。積を計算した式 (3-3-3) や商の式 (3-3-8) と比べてみてください。実関数だけでは面倒な計算が複素数では驚くほど簡単になります。このあっけなさは複素数の御利益を端的に示すものです。

【例 3-6-1】 複素数 z_1 と z_2 の積と商を計算して比較してみましょう。

$$z_1 = \cos\theta + i\sin\theta, \quad z_2 = \cos\varphi + i\sin\varphi,$$
$$z_1 \cdot z_2 = (\cos\theta + i\sin\theta)(\cos\varphi + i\sin\varphi)$$
$$= e^{i\theta} \cdot e^{i\varphi} = e^{i(\theta+\varphi)} = \cos(\theta+\varphi) + i\sin(\theta+\varphi), \tag{3-6-8}$$
$$\frac{z_1}{z_2} = \frac{(\cos\theta + i\sin\theta)}{(\cos\varphi + i\sin\varphi)} = \frac{e^{i\theta}}{e^{i\varphi}} = e^{i\theta}e^{-i\varphi} = e^{i(\theta-\varphi)} = \cos(\theta-\varphi) + i\sin(\theta-\varphi).$$

【例 3-6-2】 もう少し複雑な複素数の絶対値と偏角を求めてみましょう。

$$z = \frac{\sqrt{3} + i}{1 + \sqrt{3}i}. \tag{3-6-9}$$

以下のように、直交座標表示と極座標表示で求められます。

〔直交座標表示〕

そのためには、まず有理化を行い、分子だけに i があるようにしましょう。分母の複素共役を分子と分母の両方に掛けます。これは全体に 1 を掛けるのと同じことですから、前後で値は変わりません。

$$z = \frac{(\sqrt{3}+i)(1-\sqrt{3}i)}{(1+\sqrt{3}i)(1-\sqrt{3}i)} = \frac{\sqrt{3} - (\sqrt{3})^2 i + i - \sqrt{3}i^2}{(1)^2 - i^2(\sqrt{3})^2} = \frac{\sqrt{3} - 3i + i + \sqrt{3}}{1+3} = \frac{2\sqrt{3} - 2i}{4} = \frac{\sqrt{3}-i}{2}. \tag{3-6-10}$$

これを $a + bi$ の形で書くと、$a = \sqrt{3}/2$, $b = -1/2$ ですから

$$\text{絶対値}：|z| = \sqrt{\left(\frac{\sqrt{3}}{2}\right)^2 + \left(\frac{1}{2}\right)^2} = \sqrt{\frac{3}{4} + \frac{1}{4}} = \sqrt{\frac{4}{4}} = 1 \tag{3-6-11}$$

$$\text{偏 角}：\arg(z) = \arctan\left(\frac{-1/2}{\sqrt{3}/2}\right) = \arctan\left(\frac{-1}{\sqrt{3}}\right) = -\frac{\pi}{6} \tag{3-6-12}$$

と第 4 象限に求まります。ではありますが、いま一つ別の方法を紹介しましょう。

〔極座標表示〕

お題の複素数を $z = z_1/z_2$ として、まず、分子と分母それぞれを絶対値と偏角で表してから割り算を実行するのです。

$z_1 = \sqrt{3} + i = a_1 + ib_1$ とすると、$a_1 = \sqrt{3}$, $b_1 = 1$ なので、

$$\text{絶対値}：|z_1| = r_1 = \sqrt{\left(\sqrt{3}\right)^2 + (1)^2} = \sqrt{3+1} = \sqrt{4} = 2$$

$$\text{偏 角}：\arg(z_1) = \theta_1 = \arctan\left(\frac{1}{\sqrt{3}}\right) = \frac{\pi}{6}$$

です。一方、$z_2 = 1 + \sqrt{3}i = a_2 + ib_2$ とすると、$a_2 = 1$, $b_2 = \sqrt{3}$ なので、

$$\text{絶対値}：|z_1| = r_2 = \sqrt{(1)^2 + \left(\sqrt{3}\right)^2} = \sqrt{1+3} = \sqrt{4} = 2$$

$$\text{偏 角}：\arg(z_2) = \theta_2 = \arctan\left(\sqrt{3}\right) = \frac{\pi}{3}$$

です。ここで、式 (3-6-7) を使うと割り算ができます。

$$\frac{z_1}{z_2} = \frac{r_1 e^{i\theta_1}}{r_2 e^{i\theta_2}} = \frac{r_1}{r_2} e^{i(\theta_1 - \theta_2)} = \frac{2}{2} e^{i\left\{\frac{\pi}{6} - \left(\frac{\pi}{3}\right)\right\}} = 1 e^{i\left\{\frac{\pi}{6} - \left(\frac{2\pi}{6}\right)\right\}} = e^{i\left(-\frac{\pi}{6}\right)}. \tag{3-6-13}$$

これは絶対値 1、偏角 $-\pi/6$ を意味しますから、さきほどの結果 (3-6-10), (3-6-11) と一致することがわかります。要するに、絶対値 2 の複素数を絶対値 2 の複素数で割ると絶対値 1 になり、偏角は $\pi/6$ から $\pi/3$ を引いて $-\pi/6$ になるということです。

3.7 ド・モアブルの定理

高校でも習った人がいるかもしれませんが、絶対値 1 の複素数 z の n 乗（ここで n は整数とします）を考えます。オイラーの公式を使うと、面倒な証明に頼らなくても、これは自然に求められます。

$$z = \cos\theta + i\sin\theta = e^{i\theta}, \quad z^n = (\cos\theta + i\sin\theta)^n = \left(e^{i\theta}\right)^n = e^{in\theta} \tag{3-7-1}$$

となりますが、最後の変形は指数法則でしたね。つまり、絶対値 1 の複素数の n 乗は偏角が n 倍になったのと同じ意味になります。式で書くと、

$$z^n = (\cos\theta + i\sin\theta)^n = (e^{i\theta})^n = e^{in\theta} = \cos n\theta + i\sin n\theta \tag{3-7-2}$$

ということになります。これをド・モアブルの定理とよんでいますが、これは重要です。そしてこ

れは、絶対値が 1 でない r の場合の Z にも容易に拡張できて、

$$
\begin{aligned}
Z^n &= \{r(\cos\theta + i\sin\theta)\}^n = r^n(\cos\theta + i\sin\theta)^n \\
&= r^n(e^{i\theta})^n = r^n e^{in\theta} = r^n(\cos n\theta + i\sin n\theta)
\end{aligned}
\tag{3-7-3}
$$

となることが容易に示されます。絶対値は n 乗、偏角は n 倍になるのです。

　以上は、オイラーの公式の威力を示す例で、まずは結果を覚えて自由自在に活用できるようになることが先決です。しかし、近道をとらずに（オイラーの公式によらずに）ド・モアブルの定理を導けることを学んでおくことも重要であるといえます。そのために、まずベクトルを回転させる操作を行列で表すことからはじめます。図 3-7-1 に示すように、まず、原点を始点とし、点 (x, y) を終点とするベクトルが、絶対値 r、偏角 α をもつとします。そして、これを反時計回りに β だけ回転させたベクトルの終点を (x', y') とします。つまり、

$$
r = \sqrt{x^2 + y^2}, \quad r' = \sqrt{x'^2 + y'^2}
\tag{3-7-4}[a]
$$

$$
x = r\cos\alpha, \quad y = r\sin\alpha
\tag{3-7-4}[b]
$$

$$
\begin{aligned}
x' &= r\cos(\alpha+\beta) = r(\cos\alpha\cos\beta - \sin\alpha\sin\beta) \\
y' &= r\sin(\alpha-\beta) = r(\sin\alpha\cos\beta + \cos\alpha\sin\beta)
\end{aligned}
\tag{3-7-5}
$$

の関係が成り立ちます。この式 (3-7-5) に、一つ前の式 (3-7-4)[b] を代入すると

$$
\begin{aligned}
x' &= x\cos\beta - y\sin\beta \\
y' &= y\cos\beta + x\sin\beta = x\sin\beta + y\cos\beta
\end{aligned}
\tag{3-7-6}
$$

となります。これを行列で書くと、次のようになります。

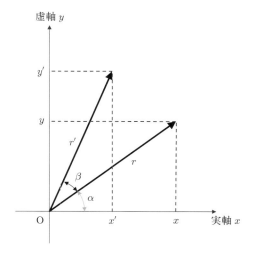

図 3-7-1 ベクトルの回転

$$\begin{bmatrix} x' \\ y' \end{bmatrix} = \begin{bmatrix} \cos\beta & -\sin\beta \\ \sin\beta & \cos\beta \end{bmatrix} \begin{bmatrix} x \\ y \end{bmatrix} = R(\beta) \begin{bmatrix} x \\ y \end{bmatrix} \tag{3-7-7}$$

つまり、$R(\beta)$ はベクトルを正方向に β だけ回転させることを意味する行列で **2 次行列の回転作用素**とよばれます。ちなみに、$\beta = \pi/2\,[\text{rad.}] = 90°$ の場合は

$$R\left(\frac{\pi}{2}\right) = \begin{bmatrix} \cos(\pi/2) & -\sin(\pi/2) \\ \sin(\pi/2) & \cos(\pi/2) \end{bmatrix} = \begin{bmatrix} 0 & -1 \\ 1 & 0 \end{bmatrix} \tag{3-7-8}$$

となり、これは $x + iy$ に i を掛けたときの反時計方向の回転作用素に相当します。図 3-3-1 でも見たように「虚数 i」はベクトルを正方向に 90 度回転させます。そのことが数式でも確認できました。事実、R^2 を計算すると

$$\begin{bmatrix} 0 & -1 \\ 1 & 0 \end{bmatrix}\begin{bmatrix} 0 & -1 \\ 1 & 0 \end{bmatrix} = \begin{bmatrix} -1 & 0 \\ 0 & -1 \end{bmatrix} = -I \quad \text{ここで} \quad I = \begin{bmatrix} 1 & 0 \\ 0 & 1 \end{bmatrix} \tag{3-7-9}$$

「2×2 の単位行列 $I \times (-1)$」になり、これは -1 に相当することがわかります。

　さて、図 3-7-1 の元のベクトルを角度 β だけ回転させ、続いて角度 α の回転を行う操作は次のようになります。

$$\begin{bmatrix} x' \\ y' \end{bmatrix} = R(\alpha)R(\beta)\begin{bmatrix} x \\ y \end{bmatrix}. \tag{3-7-10}$$

また、回転する順序を角度 β, α と入れ替えても、結局回転する角度は $\alpha + \beta$ ですから同じです。よって、この式 (3-7-10) は次のようにも書けることになります。

$$R(\alpha)R(\beta) = R(\beta)R(\alpha) = R(\alpha + \beta). \tag{3-7-11}$$

ということは、n 回連続して角度 β の回転を行うことは $n\beta$ の回転を 1 回行うことと同じになりますから、

$$R^n(\beta) = R(n\beta) \tag{3-7-12}$$

です。R を元に戻して書くと次のようになり、ド・モアブルの定理の行列作用素版が得られます。

$$\begin{bmatrix} \cos\beta & -\sin\beta \\ \sin\beta & \cos\beta \end{bmatrix}^n = \begin{bmatrix} \cos(n\beta) & -\sin(n\beta) \\ \sin(n\beta) & \cos(n\beta) \end{bmatrix}. \tag{3-7-13}$$

　一方、図 3-3-1 や図 3-3-2 で見たように、絶対値が 1 の複素数を掛けると複素数はただ回転するのでしたから、ド・モアブルの定理が得られることになります。

$$(\cos\beta + i\sin\beta)^n = \cos(n\beta) + i\sin(n\beta). \tag{3-7-14}$$

しかし、ベクトルの回転と複素数の積が同じことを意味するといわれても即座には納得できない人もいるでしょう。そのような人のために、もう少し厳密な説明をしましょう。

三平方（ピタゴラス）の定理 $\cos^2 x + \sin^2 x = 1$ を、純虚数 i を使って因数分解します。

$$\cos^2 x + \sin^2 x = (\cos x + i \sin x)(\cos x - i \sin x) = A(x)B(x). \tag{3-7-15}$$

すると、$A(x)$ と $B(x)$ は複素共役ですから

$$A(x)B(x) = 1, \quad A(x) = B^*(x) \tag{3-7-16}$$

ですね。さて、加法定理を用いると、以下を示すことができます。

$$\begin{aligned} A(x)A(y) &= (\cos x + i \sin x)(\cos y + i \sin y) \\ &= \cos x \cos y - \sin x \sin y + i(\sin x \cos y + \cos x \sin y) \\ &= \cos(x+y) + i\sin(x+y) = A(x+y). \end{aligned} \tag{3-7-17}$$

ベクトルの回転のところでも登場したこの関係は**指数法則**とよばれます。ここで $x = y$ とおくと、

$$A(x)A(x) = A^2(x) = A(2x) \tag{3-7-18}$$

となりますから、自然数 n に拡張して、$A(x), B(x)$ に関して次式を得ます。

$$A^n(x) = A(nx), \quad B^n(x) = B(nx). \tag{3-7-19}$$

元に戻してまとめて書くと、ド・モアブルの定理が得られたことになります。

$$(\cos x \pm i \sin x)^n = \cos nx \pm i \sin nx. \tag{3-7-20}$$

念のために、$n = 4$ までのド・モアブルの定理を式 (3-7-21) と図 3-7-2 に表しておきますので確認しておきましょう。

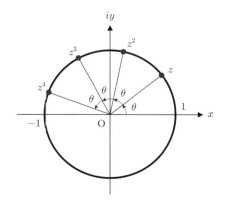

図 3-7-2 ド・モアブルの定理

$$z = (\cos\theta + i\sin\theta)^1 = \cos\theta + i\sin\theta$$
$$z^2 = (\cos\theta + i\sin\theta)^2 = \cos 2\theta + i\sin 2\theta$$
$$z^3 = (\cos\theta + i\sin\theta)^3 = \cos 3\theta + i\sin 3\theta$$
$$z^4 = (\cos\theta + i\sin\theta)^4 = \cos 4\theta + i\sin 4\theta$$
$$\vdots$$
$$z^n = (\cos\theta + i\sin\theta)^n = \cos n\theta + i\sin n\theta$$

(3-7-21)

なお、n が負の場合は回転方向が逆転します。

【例 3-7-1】 次の複素数の 9 乗を考えましょう。

$$z = \frac{1}{\sqrt{2}} - \frac{i}{\sqrt{2}} = \cos\frac{\pi}{4} - i\sin\frac{\pi}{4}. \tag{3-7-22}$$

これの絶対値は明らかに

$$|z| = \sqrt{\left(\frac{1}{\sqrt{2}}\right)^2 + \left(\frac{1}{\sqrt{2}}\right)^2} = \sqrt{\frac{1}{2} + \frac{1}{2}} = \sqrt{1} = 1 \tag{3-7-23}$$

で 1 ですが、偏角はどうでしょう。式 (3-7-21) を $\cos\theta + i\sin\theta$ の形にすると、

$$z = \cos\frac{\pi}{4} - i\sin\frac{\pi}{4} = \cos\left(-\frac{\pi}{4}\right) + i\sin\left(-\frac{\pi}{4}\right) \tag{3-7-24}$$

ですから、偏角は $-\pi/4$ ですね。z を 9 乗すると

$$z^9 = \left\{\cos\left(-\frac{\pi}{4}\right) + \sin\left(-\frac{\pi}{4}\right)\right\}^9 = \cos\left(-\frac{9\pi}{4}\right) + \sin\left(-\frac{9\pi}{4}\right) \tag{3-7-25}$$

となり、この偏角のみを計算すると、

$$-\frac{9\pi}{4} = -\frac{8\pi + \pi}{4} = -\frac{8\pi}{4} - \frac{\pi}{4} = -2\pi - \frac{\pi}{4} \tag{3-7-26}$$

となります。この前半部分、つまり $e^{-i(9\pi/4)} = e^{-i(2\pi)} \cdot e^{-i(\pi/4)}$ のなかの $e^{-i2\pi}$ は単位円を時計回りに一周まわることを意味しているのですから、$e^{-i(2\pi)} = 1$ で、

$$z^9 = \cos\left(-\frac{9\pi}{4}\right) + i\sin\left(-\frac{9\pi}{4}\right) = 1 \cdot e^{-i(\pi/4)} = \cos\frac{\pi}{4} - i\sin\frac{\pi}{4} = z \tag{3-7-27}$$

となり、元に戻っていることがわかります。人によっては、これは図で考えた方が簡単かもしれません。

図 3-7-3 で、z は第 IV 象限にあります。単位円上の点から実軸上に下ろした垂線の足が $\cos(\pi/4)$ で、虚軸に下ろした垂線の足が $-\sin(\pi/4) = \sin(-\pi/4)$ です。原点と z、それに実軸上の垂線の足は直角二等辺三角形を形作ります。斜辺の長さは単位円の半径で 1 ですから、等しい 2 辺の長さは $1/\sqrt{2}$ になります。だから、z は極座標と直交座標で、それぞれ次のように表示されます。

$$z = 1 \cdot e^{-i\frac{\pi}{4}} = \cos\frac{\pi}{4} - i\sin\frac{\pi}{4} = \cos\left(-\frac{\pi}{4}\right) + i\sin\left(-\frac{\pi}{4}\right) = \frac{1}{\sqrt{2}} - \frac{i}{\sqrt{2}}. \tag{3-7-28}$$

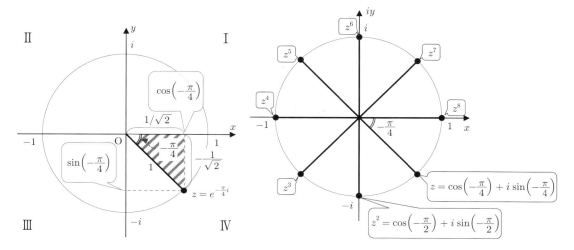

図 **3-7-3** $z = \cos\frac{\pi}{4} - i\sin\frac{\pi}{4}$

図 **3-7-4** $z = \cos\frac{\pi}{4} - i\sin\frac{\pi}{4}$ とその累乗

そしてこれの 9 乗を考えるのですが、さきほどの考察から、偏角は 9 倍になるのでした。z の 1 倍から 8 倍までを図 3-7-4 にプロットしています。

偏角 $-\pi/4$ を n 倍するのですから、これは右回りに増えていきます。2 倍すると偏角は $-\pi/2$ ですから、-90 度で虚軸上に乗ります。同様に倍数を増やしていくと 9 倍、すなわち 9 乗では元の z に重なることがわかるでしょう。これで、式 (3-7-25) と同じ結果が図上でも得られました。

【例 **3-7-2**】 次に絶対値が 1 ではない場合について考えます。次の複素数 z の 5 乗を考えましょう。

$$z = -1 - i\sqrt{3}. \tag{3-7-29}$$

この場合、まず z の絶対値と偏角を求める必要があります。絶対値は、本章の始めに述べたように、z と z の複素共役を掛けて平方根をとれば求まります。つまり、

$$
\begin{aligned}
|z| &= \sqrt{z \cdot z^*} = \sqrt{\left(-1 - i\sqrt{3}\right)\left(-1 - i\sqrt{3}\right)^*} \\
&= \sqrt{\left(-1 - i\sqrt{3}\right)\left(-1 + i\sqrt{3}\right)} = \sqrt{(-1)^2 + \left(\sqrt{3}\right)^2} = \sqrt{1 + 3} = 2
\end{aligned} \tag{3-7-30}
$$

で絶対値は 2 であることがわかりました。すると、絶対値でくくって、z は次のように書かれます。

$$z = -1 - i\sqrt{3} = 2\left(-\frac{1}{2} - i\frac{\sqrt{3}}{2}\right) = 2 \cdot e^{i\theta}. \tag{3-7-31}$$

ここで偏角 θ はどのように求められるでしょうか。式 (3-2-2) の後半を再掲すると

$$\arg(z) = \theta = \arctan\frac{b}{a}$$

でしたから、虚部を実部で割って代入すると

$$\theta = \arctan \frac{-\sqrt{3}/2}{-1/2} = \arctan \sqrt{3} \tag{3-7-32}$$

となり、これを電卓などで計算すると $\theta = 60$ [deg.] つまり $\theta = \pi/3$ [rad.] が出力されますが、これを答えとしてよかったでしょうか。3.2 節でも述べたように、Arctan は $\pm \pi/2$ の値域しかもたないので、第 I 象限と第 IV 象限以外の偏角はそのままでは求まりません。今の場合は、図 3-7-5 からも明らかなように、第 III 象限に z はありますから、π [rad.] 加える必要があります。つまり

$$\theta = \frac{\pi}{3} + \pi = \frac{4\pi}{3} \tag{3-7-33}$$

と求まりました。結局、

$$z = -1 - i\sqrt{3} = 2\left(-\frac{1}{2} - i\frac{\sqrt{3}}{2}\right) = 2 \cdot e^{i\frac{4\pi}{3}} \tag{3-7-34}$$

と極座標表示されます。ここまでくれば、5 乗の計算も楽です。

$$z^5 = \left(-1 - i\sqrt{3}\right)^5 = \left(2 \cdot e^{i\frac{4\pi}{3}}\right)^5 = 2^5 \cdot e^{i\frac{4\pi}{3}\cdot 5}. \tag{3-7-35}$$

偏角は少しややこしいですね。

$$\frac{4\pi}{3}\cdot 5 = \frac{20\pi}{3} = \frac{(18+2)\pi}{3} = 6\pi + \frac{2}{3}\pi \tag{3-7-36}$$

で、やはり 6π という偏角は $2\pi \cdot 3$ で 3 周することを意味しているだけで、結局は元に戻りますから、

$$z^5 = 2^5 \cdot e^{i\frac{4\pi}{3}\cdot 5} = 2^5 \cdot e^{i6\pi} e^{i\frac{2\pi}{3}} = 32 \cdot e^{i\frac{2\pi}{3}} \tag{3-7-37}$$

となり、極座標表示での結果が得られます。直交座標表示では次のようになります。

$$z^5 = 32 \cdot e^{i\frac{2\pi}{3}} = 32\left(-\frac{1}{2} + i\frac{\sqrt{3}}{2}\right) = -16 + 16\sqrt{3}i. \tag{3-7-38}$$

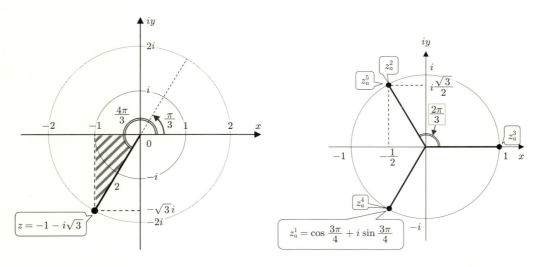

図 3-7-5　$z = -1 - i\sqrt{3}$　　　　　図 3-7-6　偏角のみの 5 乗計算

　直交座標表示に戻すところを解説するために、図でも考えてみましょう。ただし、絶対値の 2 は n 乗するとどんどん大きくなっていきますので、偏角の部分だけを z_a として取り出して考えます。すると、

$$z_a = \cos\frac{4\pi}{3} + i\sin\frac{4\pi}{3} \tag{3-7-39}$$

ですから、これの偏角を 5 倍すると、図 3-7-6 のように回転し、z_a^5 のところに行きつきます。これを読み取ると横軸（実軸）は $-1/2$、縦軸（虚軸）は $i\sqrt{3}/2$ ですから

$$z_a^5 = \cos\frac{2\pi}{3} + i\sin\frac{2\pi}{3} = -\frac{1}{2} + i\frac{\sqrt{3}}{2} \tag{3-7-40}$$

となり、式 (3-7-38) の偏角の項が求まります。よって z^5 は次のように表されます。

$$z^5 = 2^5 \cdot e^{i\frac{4\pi}{3}\cdot 5} = 2^5 \cdot e^{i6\pi}e^{i\frac{2\pi}{3}} = 32\cdot e^{i\frac{2\pi}{3}} = 32\left(-\frac{1}{2} + i\frac{\sqrt{3}}{2}\right) = -16 + 16\sqrt{3}\,i. \tag{3-7-41}$$

三角関数の積分と直交関係

4.1 周期関数

「周期関数」とはその名の通り、周期的に繰り返す関数（波形）です。1 年は 12 か月を周期に繰り返すため、ある場所の気温は 12 か月を周期として変化したりしますね。まずは、基本周期 $L\,(\neq 0)$ の周期関数を、次の式を満たすものと定義します。

$$f(x + L) = f(x). \tag{4-1-1}$$

図 4-1-1 に周期関数の例を示します。基本周期の 2 倍をはじめ整数倍 nL も周期となることがわかります。次に、周期関数の基本的性質です。$f(x), g(x)$ を周期 L の周期関数、α, β を定数とします。

(1) 線形結合 $\alpha f(x) + \beta g(x)$ も周期 L の周期関数である。
(2) 積 $f(x) \cdot g(x)$ や商 $f(x)/g(x)$ も周期 L の周期関数である。

ただし、この周期 L は基本周期とは限りません。例えば、$f(x) = \sin x,\ g(x) = \cos x$ とすると

$$f(x) \cdot g(x) = \sin x \cdot \cos x = \frac{1}{2}\sin 2x \tag{4-1-2}$$

ですから、この積関数 $f(x) \cdot g(x)$ の基本周期は π であることになり、元の $f(x), g(x)$ の基本周期 2π の半分になっていることがわかります。もちろん積関数 $f(x) \cdot g(x)$ において、2π も周期です。

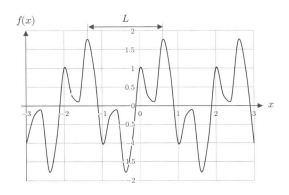

図 4-1-1　周期関数の例

　周期関数の積分については重要な性質があります。まず、a を実数として、数式表現を以下に示しましょう。

$$\int_a^{a+L} f(x)dx = \int_0^L f(x)dx. \tag{4-1-3}$$

　この式は「周期関数を1周期積分するのであれば、始めと終わり（下界と上界）はどこにとっても構わない」と述べています。証明は次のようになります。

$$\int_a^{a+L} f(x)dx = \int_a^L f(x)dx + \int_L^{a+L} f(x)dx \tag{4-1-4}$$

と分割できます。ここで、$x = t + L$ とおくと積分範囲は右表のように対応しますから、

変数	下界	上界
x	L	$a+L$
t	0	a

$$\int_a^{a+L} f(x)dx = \int_a^L f(x)dx + \int_L^{L+a} f(t)dt = \int_a^L f(x)dx + \int_0^a f(t+L)dt \tag{4-1-5}$$

となり、周期関数は周期 L だけずらしても同じ、つまり $f(t+L) = f(t)$ なので

$$\int_a^{a+L} f(x)dx = \int_a^L f(x)dx + \int_0^a f(t)dt = \int_0^L f(x)dx \tag{4-1-6}$$

になります。それを図で説明したのが、図 4-1-2 です。これは非常に重要なので繰り返しますが、**周期関数を1周期積分するならどこから始めても同じ**なのです。

　われわれ技術者がしばしばお世話になっているのは**波動**という周期関数です。特に電波やレーザ光という電磁的波動は通信や放送の最も基本となる要素の一つで**搬送波（キャリア）**とよばれます。時間的な振動を表す式は、$\mathrm{Re}[f]$ で f の実部を表すとして

$$y(t) = A\cos(\omega t + \phi) = \mathrm{Re}\left[Ae^{i(\omega t + \phi)}\right] = A\cos\left(2\pi f t + \phi\right) = A\cos\left(2\pi f\left(t + \frac{\phi}{2\pi f}\right)\right) \tag{4-1-7}$$

となります。ここで、A は振幅 (≥ 0)、ω [rad./s（ラジアン毎秒）] は角周波数、f [Hz = 1/s] は周波数、t [sec., s] は時間、ϕ [rad.] は位相で、周期 $T(s)$ は周波数 f、角周波数 ω と次の逆数関係があります。

$$T = \frac{1}{f} = \frac{2\pi}{\omega}.$$

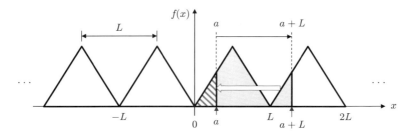

図 4-1-2 周期関数を1周期積分するならどこから始めても同じ

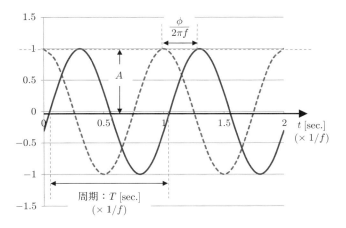

図 **4-1-3** 時間的振動波形

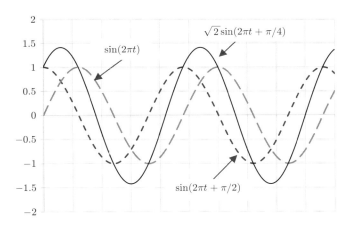

図 **4-1-4** サイン波の和 $(\varphi = \pi/2)$

　また、「振幅」に単位を書いていないのは、いろいろな種類があるからです。例えば、これが音波なら振幅は音圧 [Pa（パスカル）] で、電気的な波形なら電圧振幅 [V] が扱われることが多いでしょう。光を含む電磁波の場合は電界（電場）振幅 [V/m] ですが、詳しくは電磁気学で学びます。

　位相は、「波動のずれ」を表します。周期関数ですから 1 周期 (2π [rad.]) ずれてしまうと元に戻ったのと同じです。図 4-1-3 には実線と破線で二つの正弦波が描かれています。横軸を周期 $1/f$ で規格化して、実線の波形を $\sin(2\pi t)$ とすると、破線波形は $\sin(2\pi t + \pi/2)$ と表されます。破線波形は 1/4 周期 ($\pi/2$ [rad.]) だけ進んでいるので、$\sin(2\pi t + \pi/2)$ なのです。例えば、これらの波形を加算すると、次式 (4-1-8) となり、振幅は $\sqrt{2}$ 倍、位相は 0 と $\pi/2$ の平均値の $\pi/4$ rad. となることがわかります。グラフは図 4-1-4 のようになります。

$$\sin 2\pi t + \sin\left(2\pi t + \frac{\pi}{2}\right) = \sin 2\pi t + \cos 2\pi t = \sqrt{2}\sin\left(2\pi t + \frac{\pi}{4}\right). \tag{4-1-8}$$

　仮に、位相差がゼロのサイン波形を加算すれば、

$$\sin\left(2\pi t\right) + \sin\left(2\pi t\right) = 2\sin\left(2\pi t\right) \tag{4-1-9}$$

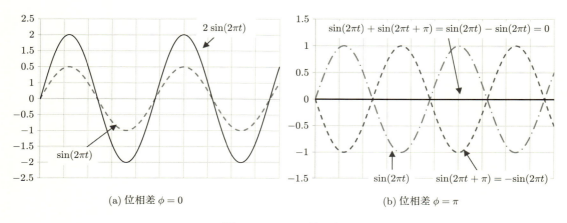

(a) 位相差 $\phi = 0$　　　　　　　　　　(b) 位相差 $\phi = \pi$

図 4-1-5　サイン波の和

と振幅の「山」と「山」が重なるため、図 4-1-5(a) に示すように、振幅は単純に 2 倍になります。さらに、位相差が π の場合は、波形が反転するので、「山」と「谷」が重なることになります。

$$\sin 2\pi t + \sin (2\pi t + \pi) = \sin 2\pi t - \sin 2\pi t = 0. \tag{4-1-10}$$

図 4-1-5(b) に示すように、和の結果はゼロとなります。振幅が 2 倍になったりゼロになったりするこれらの違いは単に位相の違いだけから生じます。だから位相は大切なのです。

4.2　周期

　前節でも述べましたが、基本周期が「時間」量の場合、その逆数を**周波数（振動数）**f とよび、その単位は Hz（ヘルツ）で、時間の逆数の次元をもちます。1 周期を 2π ラジアンとすると、「1 秒間に何ラジアン回転するか」を意味する**角周波数**（あるいは**角振動数**）ω が使われ、その単位は rad./s（ラジアン／秒）です。ここで、「周波数」とよく似た言葉である「振動数」という用語も紹介しておきます。**周波数**は電気、電波、音響などの工学部門で用いられるのに対して、**振動数**は物理現象に対してよく用いられます。どちらも「単位時間（普通は 1 秒）の間に繰り返す数」を示しており、数式で表すと次のようになります。

$$f(t) = \sin (2\pi f t) = \sin \left(2\pi \frac{t}{T}\right) = \sin (\omega t). \tag{4-2-1}$$

　例として $f(x) = \sin (ax)$ の基本周期を考えてみましょう。サイン (sin) 関数の基本周期は 2π [rad.] ですから、

$$\sin (ax) = \sin (ax + 2\pi) = \sin a \left(x + \frac{2\pi}{a}\right) \tag{4-2-2}$$

と変形でき、周期は $2\pi/a$ であることがわかります。

　もう一つの例としてコサイン (cos) 関数について考えてみましょう。

$$f(t) = \cos \left(2\pi \frac{t}{T}\right). \tag{4-2-3}$$

コサインも 2π を周期としていますから、偏角に 2π を加えても同じになるはずです。

$$f(t) = \cos\left(2\pi\frac{t}{T}\right) = \cos\left(2\pi\frac{t}{T} + 2\pi\right) = \cos\left(\frac{2\pi}{T}\left(t + T\right)\right). \tag{4-2-4}$$

これは式 (4-2-4) の形は周期が T であることを意味しています。

　周波数が（すなわち周期も）同じ波形を重ね合わせ（＝加算し）ても、その結果の波形の周波数は変わりません。図 4-1-4 からもわかるように、変わるのは振幅と位相です。では、周波数が異なる波形を加算するとどうなるでしょうか。図 4-2-1 と図 4-2-2 にその例を示します。周波数の異なる $x_1(t)$（周期 T_1）と $x_2(t)$（周期 T_2）とそれらの和の波形 $x_1(t) + x_2(t)$ を示しています。和波形の周期は、$x_1(t)$ と $x_2(t)$ が同時に最大となった瞬間から、次に最大となるまでの時間 T です。それは T_1 と T_2 の最小公倍数に等しいので、整数 n, m を用いて次のように表されます。

$$T = nT_1 = mT_2. \tag{4-2-5}$$

　例を挙げましょう。$x_1(t) = \sin\left(t/3\right)$, $x_2(t) = \cos\left(t/7\right)$ の和の周期を考えます。

$$x_1(t) + x_2(t) = \sin\left(\frac{t}{3}\right) + \cos\left(\frac{t}{7}\right) = \sin\left(2\pi\frac{t}{2\pi\cdot 3}\right) + \cos\left(2\pi\frac{t}{2\pi\cdot 7}\right) \tag{4-2-6}$$

ですから、$T_1 = 3\cdot 2\pi$, $T_2 = 7\cdot 2\pi$ であることがわかります。よって、

$$T = 7\cdot 3\cdot 2\pi = 3\cdot 7\cdot 2\pi = 21\cdot 2\pi = 42\pi \tag{4-2-7}$$

が和波形の周期となります。

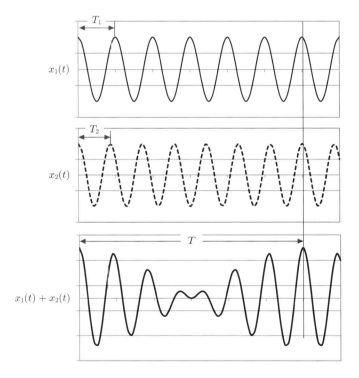

図 4-2-1　波形の和 (1)

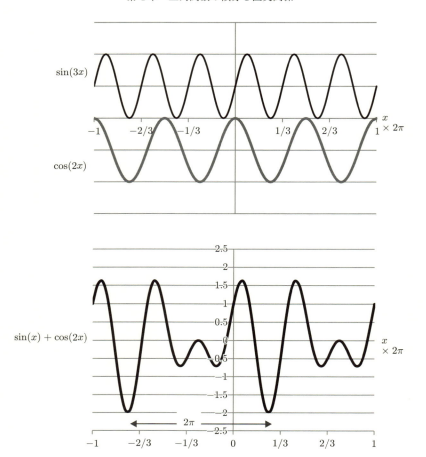

図 4-2-2　波形の和 (2)

もう一つ例を挙げましょう。$y_1(x) = \sin(3x),\ y_2(x) = \cos(2x)$ の和の周期を考えます。

$$y_1(t) + y_2(t) = \sin(3x) + \cos(2x) = \sin\left(2\pi \frac{x}{2\pi/3}\right) + \cos\left(2\pi \frac{x}{2\pi/2}\right) \tag{4-2-8}$$

ですから、$T_1 = 2\pi/3,\ T_2 = 2\pi/2$ であることがわかります。よって、

$$T = 3 \cdot \frac{2\pi}{3} = 2 \cdot \frac{2\pi}{2} = 2\pi \tag{4-2-9}$$

が和波形の周期となります。図 4-2-2 を参照してください。

4.3　周波数、波数、波長

次に、空間的な振動を表現する式を考えましょう。「空間的な振動」とは聞き慣れない言葉かと思いますが、1 次元のものとしては例えばブラインドや簾（すだれ）、トタン屋根などがみせる縞模様がありますね。2 次元の空間的な振動とよべるのは碁盤の目やレンガ積みの壁など、平面上で周期的に繰り返すものが考えられます。ただし、時間的に動かないものとするとき、変数は空間座標のみです。簡単のために 1 次元（x 方向）の縞模様（空間的な振動）を考えましょう。

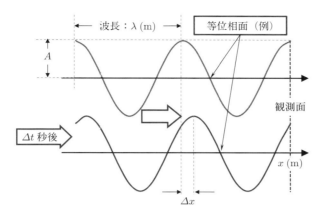

図 4-3-1　空間的な波の時間的な伝搬

$$y(x) = A \cos\left(\frac{2\pi}{\lambda} x + \delta\right) = A \cos\left(kx + \delta\right). \tag{4-3-1}$$

ここで、A は振幅 (≥ 0)、x [m] は空間座標、δ [rad.] は位相で、波長 λ [m] は波数（波長定数）k と $k = 2\pi/\lambda$ の関係があります。水面の波のように空間的な波が時間的に伝搬していく場合について表すと、

$$y(x) = A \cos\left(\frac{2\pi}{\lambda} x - \frac{2\pi}{T} t\right) = A \cos\left(kx - \omega t\right) \tag{4-3-2}$$

となります。このコサインの偏角（位相）$kx - \omega t$ が一定値 φ となるところを考えましょう。これを**等位相面**とよんでいます。一定値は何でもよいので、仮に $\varphi = 0$ のところを考えると

$$kx - \omega t = 0$$
$$kx = \omega t \tag{4-3-3}$$
$$\frac{x}{t} = \frac{\omega}{k} = v_p$$

となり、この最後の式は等位相面が伝搬する速度を示していて、この速度を波の**位相速度** v_p [m/s] とよびます。また、図 4-3-1 に示すように空間に固定された「観測面」でこの波を観測すると、波は一秒間に f 回振動します。これは**振動数** [Hz] あるいは**周波数** [Hz] でした。一方、等位相面（例えば「波頭」）は一秒間に v_p [m] 進みますから、波頭は v_p/λ 回観測されることになります。これは周波数に他なりませんから

$$\frac{v_p}{\lambda} = f, \quad v_p = f \cdot \lambda \tag{4-3-4}$$

という等式が成立することがわかります。「波が進む速度（位相速度）[m/s] は波長 [m] と周波数 [Hz = 1/s] の積」のことを表しており、これは光や音などの波を扱う工学分野では最も基本となる重要な関係です。

【**例 4-3-1**】　周波数 100 [MHz]$(= 100 \times 10^6$ [Hz]$)$ の電波の真空中における波長は何メートルか求めてみましょう。

　真空中の光速 c は 3.0×10^8 [m/s] で、これは光の位相速度 v_p に相当します。したがって、波長 λ [m] は次式で求められます。

$$v_p = f \cdot \lambda,$$

$$\lambda = \frac{v_p}{f} = \frac{3.0 \times 10^8}{100 \times 10^6} = \frac{3.0 \times 10^8}{1 \times 10^8} = 3.0. \tag{4-3-5}$$

この単位はどうなるでしょう。式 (4-3-5) の分母の単位は周波数で「Hz」ですから、これは「1/s」と同じです。一方、分子はというと光速の単位ですから「m/s」です。この割り算を実行すると分子分母に共通の「1/s」が約分されて「m」が残ります。すなわち答えは 3.0 m とわかります。式のように書くと次のようになります。

$$\frac{[\text{m/s}]}{[\text{Hz}]} = \frac{[\text{m/s}]}{[1/\text{s}]} = [\text{m}]. \tag{4-3-6}$$

4.4　三角関数の積分

　ここで、これから先の準備のために三角関数の積分についてまとめておきましょう。繰り返しになりますが、念のために $\sin\theta, \cos\theta$ のグラフを図 4-4-1 に示します。半径 1 の単位円上の点と原点を結ぶ線分が x 軸の正の方向となす角を θ とするとき、その円上の点の x 軸への射影が $\cos\theta$、y 軸への射影が $\sin\theta$ でした（図 1-1-1）。それを 1 周期にわたって積分するとゼロになってしまいます。その理由を確認しましょう。

　まず、数式で表現すると次のようになります。関数 $f(x)$ を積分するとその関数の線と x 軸と積分範囲で囲まれた面積が得られる、というのは被積分関数が正の値をとる場合に限られます。**その関数が負の値をとるときは積分値も負になります。**正と負の値をとる場合は、相殺する（打ち消し合う）ことになります。

　確認してみましょう。サイン関数を 0 から π まで積分した場合（前半部）と π から 2π まで積分した場合（後半部）を比較してみましょう。それぞれ、式 (4-4-1)[a] と式 (4-4-1)[b] に示します。

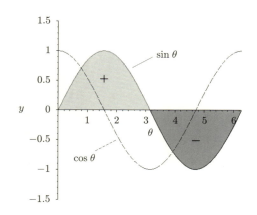

図 4-4-1　サインとコサインの一周期にわたる積分

$$\int_0^\pi \sin\theta d\theta = [-\cos\theta]_0^\pi = -\cos\pi - \cos 0 = -[-1-1] = 2, \qquad (4\text{-}4\text{-}1)[a]$$

$$\int_\pi^{2\pi} \sin\theta d\theta = [-\cos\theta]_\pi^{2\pi} = -[\cos(2\pi) - \cos\pi] = -[1-(-1)] = -2. \qquad (4\text{-}4\text{-}1)[b]$$

0 から π までの積分値（式 (4-4-1)[a]）が +2 であるのに対して、π から 2π までの積分値（式 (4-4-1)[b]）は −2 です。被積分関数が負の値をとる場合は積分値も負になっていることが確認できます。このため、式 (4-4-2)[a] に示すように、0 から 2π まで全領域にわたる積分ではこれらが相殺してゼロになってしまうのです。そしてそれは、式 (4-4-2)[b] でも示されているように、コサインでも同様になります。図 4-4-1 に $\sin\theta$ の $0 \le \theta \le 2\pi$ における積分を図示しています。

$$\int_0^{2\pi} \sin\theta d\theta = [-\cos\theta]_0^{2\pi} = -[\cos(2\pi) - \cos 0] = -[1-1] = 0, \qquad (4\text{-}4\text{-}2)[a]$$

$$\int_0^{2\pi} \cos\theta d\theta = [-\sin\theta]_0^{2\pi} = \sin(2\pi) - \sin 0 = 0 - 0 = 0. \qquad (4\text{-}4\text{-}2)[b]$$

では、例えば $\sin\theta \cdot \cos 2\theta$ や $\sin 2\theta \cdot \cos\theta$ だったらどうでしょうか？　それぞれ、波形を図 4-4-2 (a)、(b) に示します。同じように上に出ている部分の面積と下に出ている部分の面積が同じなので相殺してゼロになりそうです。

実際に計算して確認しておきましょう。被積分関数が三角関数の積ですので、和の形に変形します。そこがよくわからない読者は右の囲みを見て、加法定理からの導出を復習しましょう。その変形を行うと、積分は項別に行えます。

$$
\begin{aligned}
&\sin(\alpha+\beta) = \sin\alpha\cos\beta + \cos\alpha\sin\beta \\
+)\ &\underline{\sin(\alpha-\beta) = \sin\alpha\cos\beta - \cos\alpha\sin\beta} \\
&\sin(\alpha+\beta) + \sin(\alpha-\beta) = 2\sin\alpha\cos\beta
\end{aligned}
$$

$\alpha = \theta,\ \beta = 2\theta$ とおくと

$$\frac{1}{2}[\sin(\theta+2\theta)+\sin(\theta-2\theta)] = \sin\theta\cos 2\theta$$

$$= \frac{1}{2}[\sin(3\theta)+\sin(-\theta)] = \frac{1}{2}[\sin(3\theta)-\sin(\theta)]$$

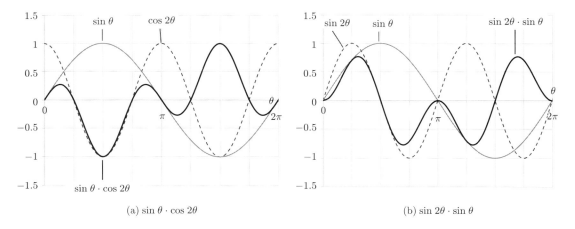

(a) $\sin\theta \cdot \cos 2\theta$ \qquad\qquad (b) $\sin 2\theta \cdot \sin\theta$

図 4-4-2　サイン関数とコサイン関数の積の波形

$$\int_0^{2\pi} \sin\theta \cos 2\theta d\theta = \frac{1}{2}\int_0^{2\pi}(\sin 3\theta - \sin\theta)\,d\theta = \frac{1}{2}\left\{\left[\frac{-\cos 3\theta}{3}\right]_0^{2\pi} - \left[-\cos\theta\right]_0^{2\pi}\right\}$$

$$= \frac{1}{2}\left\{-\left[\frac{\cos(3\times 2\pi)}{3} - \frac{\cos(3\times 0)}{3}\right] + \left[\cos(2\pi) - \cos(0)\right]\right\} \quad (4\text{-}4\text{-}3)$$

$$= \frac{1}{2}\left\{-\left[\frac{\cos 6\pi}{3} - \frac{\cos 0}{3}\right] + [1-1]\right\} = \frac{1}{2}\left\{-\left[\frac{1}{3} - \frac{1}{3}\right] + 0\right\} = 0.$$

結果は予想どおりゼロでした。同様にして $\sin 2\theta \cdot \sin\theta$ も一周期 $(0 \le \theta \le 2\pi)$ で積分してみましょう。やはり、積は和に変形します。

$$\int_0^{2\pi}\sin\theta\sin 2\theta d\theta = \frac{1}{2}\int_0^{2\pi}(\cos\theta - \cos 3\theta)\,d\theta = \frac{1}{2}\left\{[\sin\theta]_0^{2\pi} - \left[\frac{\sin 3\theta}{3}\right]_0^{2\pi}\right\}$$

$$= \frac{1}{2}\left\{[\sin(2\pi) - \sin(0)] - \left[\frac{\sin(3\times 2\pi)}{3} - \frac{\sin(3\times 0)}{3}\right]\right\} \quad (4\text{-}4\text{-}4)$$

$$= \frac{1}{2}\left\{[0-0] - \left[\frac{\sin(6\pi)}{3} - \frac{\sin(0)}{3}\right]\right\} = \frac{1}{2}\left\{0 - [0-0]\right\} = 0.$$

こちらもゼロですね。

では、$\sin\theta \cdot \sin\theta$ や $\cos\theta \cdot \cos\theta$ はどうでしょうか？ 図 4-4-3 を見るとどちらも、自分自身との積（自乗）の波形は正 $(+)$ ですから、積分してもゼロにはならないと思われます。

実際に計算してみましょう。三角関数の公式で積を和に変換します。公式を覚える必要はなく、囲みのように加法定理さえ覚えていれば自在に導けます。サイン関数の自乗を一周期積分すると

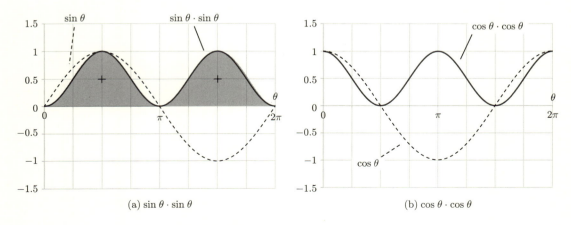

(a) $\sin\theta \cdot \sin\theta$ (b) $\cos\theta \cdot \cos\theta$

図 4-4-3 サイン関数とコサイン関数の自乗の波形

$$\int_0^{2\pi} \sin^2\theta d\theta = \frac{1}{2}\int_0^{2\pi}(1-\cos 2\theta)\,d\theta$$

$$= \frac{1}{2}\left\{[\theta]_0^{2\pi} - \left[\frac{\sin 2\theta}{2}\right]_0^{2\pi}\right\}$$

$$= \frac{1}{2}\left\{[2\pi-0] - \frac{1}{2}[\sin 4\pi - \sin 0]\right\}$$

$$= \frac{1}{2}\left\{2\pi - \frac{1}{2}[0-0]\right\} = \pi \qquad (4\text{-}4\text{-}5)$$

$$\begin{aligned}
\cos(\alpha+\beta) &= \cos\alpha\cos\beta - \sin\alpha\sin\beta\\
-)\quad \cos(\alpha-\beta) &= \cos\alpha\cos\beta + \sin\alpha\sin\beta\\
\hline
\cos(\alpha+\beta)+\cos(\alpha-\beta) &= -2\sin\alpha\sin\beta
\end{aligned}$$

$\alpha=\theta,\ \beta=\theta$ とおくと

$$-\frac{1}{2}\{\cos(\theta+\theta)-\cos(\theta-\theta)\}$$
$$= \sin\theta\sin\theta = \sin^2\theta$$
$$= -\frac{1}{2}(\cos 2\theta - \cos 0) = -\frac{1}{2}(\sin 2\theta - 1)$$

となり、$\sin^2\theta$ を一周期積分すると "π" となることがわかりました。$\cos^2\theta$ も同様に求めてみると、次式 (4-4-6) のように計算されます。

$$\begin{aligned}
\int_0^{2\pi}\cos^2\theta d\theta &= \frac{1}{2}\int_0^{2\pi}(1+\cos 2\theta)\,d\theta = \frac{1}{2}\left\{[\theta]_0^{2\pi} + \left[\frac{\sin 2\theta}{2}\right]_0^{2\pi}\right\}\\
&= \frac{1}{2}\left\{[2\pi-0] + \frac{1}{2}[\sin 4\pi - \sin 0]\right\} = \frac{1}{2}\left\{2\pi + \frac{1}{2}[0-0]\right\} = \pi.
\end{aligned}$$

$$(4\text{-}4\text{-}6)$$

やはり "π" となりました。では、次節でこの関係を一般化してみましょう。

4.5 直交関係

ここでは、0 でない整数 m, n $(m \neq n)$ を用意して

$$\int_0^{2\pi}\cos mx\cdot\sin nx dx\Big|_{m\neq n}=0$$

を考えます。右の囲みのように考えて、これも和の形に変形します。さらに $a\neq 0$ のとき $(\cos ax)' = -a\sin ax$ より $\displaystyle\int\sin ax dx = -\frac{\cos ax}{a}$ (積分定数省略) でしたから、

$$\begin{aligned}
\sin(\alpha+\beta) &= \sin\alpha\cos\beta + \cos\alpha\sin\beta\\
+)\quad \sin(\alpha-\beta) &= \sin\alpha\cos\beta - \cos\alpha\sin\beta\\
\hline
\sin(\alpha+\beta)+\sin(\alpha-\beta) &= 2\sin\alpha\cos\beta
\end{aligned}$$

ここで $\alpha=nx,\ \beta=mx$ とおくと

$$\sin(n+m)x+\sin(n-m)x=2\sin nx\cdot\cos mx$$
$$\sin nx\cdot\cos mx=\frac{1}{2}\{\sin(n+m)x+\sin(n-m)x\}$$

$$\int_0^{2\pi}\cos mx\cdot\sin nx dx\bigg|_{m\neq n}$$

$$= \frac{1}{2}\int_0^{2\pi}\{\sin(m+n)x+\sin(m-n)x\}dx = \frac{1}{2}\left[-\frac{\cos(m+n)x}{m+n}-\frac{\cos(m-n)x}{m-n}\right]_0^{2\pi}$$

$$= -\frac{1}{2}\left[\left\{\frac{\cos((m+n)2\pi)}{m+n}-\frac{\cos((m+n)\cdot 0)}{m+n}\right\}+\left\{\frac{\cos((m-n)2\pi)}{m-n}-\frac{\cos((m-n)\cdot 0)}{m-n}\right\}\right]$$

$$= -\frac{1}{2}\left[\left(\frac{1}{m+n}-\frac{1}{m+n}\right)+\left(\frac{1}{m-n}-\frac{1}{m-n}\right)\right]=0$$

$$(4\text{-}5\text{-}1)$$

となります。では次に、$m=n$ の場合はどうでしょうか？ この場合、

$$\cos mx \cdot \sin mx = \frac{1}{2}\{\sin(m+m)x - \sin(m-m)x\} = \frac{1}{2}\{\sin(2mx) - \sin(0 \cdot x)\} = \frac{1}{2}\sin(2mx)$$

ですから、

$$
\begin{aligned}
\int_0^{2\pi} \cos mx \cdot \sin nx\, dx \Big|_{m=n} &= \int_0^{2\pi} \cos mx \cdot \sin mx\, dx = \frac{1}{2}\int_0^{2\pi} \sin 2mx\, dx \\
&= -\frac{1}{2}\left[\frac{\cos(2mx)}{2m}\right]_0^{2\pi} = -\frac{1}{2}\left[\frac{\cos(2m \cdot 2\pi)}{2m} - \frac{\cos(2m \cdot 0)}{2m}\right] \\
&= -\frac{1}{2}\left[\frac{1}{2m} - \frac{1}{2m}\right] = 0
\end{aligned}
\tag{4-5-2}
$$

となり、やはりゼロとなります。

　では、コサインどうしでやってみましょう。まず、$m \neq n$ のとき

$$
\begin{aligned}
&\int_0^{2\pi} \cos mx \cdot \cos nx\, dx \Big|_{m \neq n} \\
&= \frac{1}{2}\int_0^{2\pi} \{\cos(m+n)x + \cos(m-n)x\}\, dx \\
&= \frac{1}{2}\left[\frac{\sin(m+n)x}{m+n} + \frac{\sin(m-n)x}{m-n}\right]_0^{2\pi} \\
&= \frac{1}{2}\left[\left\{\frac{\sin(m+n)2\pi}{m+n} + \frac{\sin(m-n)2\pi}{m-n}\right\} \right. \\
&\qquad \left. - \left\{\frac{\sin(m+n) \cdot 0}{m+n} + \frac{\sin(m-n) \cdot 0}{m-n}\right\}\right] \\
&= \frac{1}{2}\left[\left(\frac{0}{m+n} + \frac{0}{m-n}\right) - \left(\frac{0}{m+n} + \frac{0}{m-n}\right)\right] \\
&= 0
\end{aligned}
\tag{4-5-3}
$$

$$
\begin{aligned}
\cos(\alpha + \beta) &= \cos\alpha\cos\beta - \sin\alpha\sin\beta \\
+)\quad \cos(\alpha - \beta) &= \cos\alpha\cos\beta + \sin\alpha\sin\beta \\
\hline
\cos(\alpha + \beta) + \cos(\alpha - \beta) &= 2\cos\alpha\cos\beta
\end{aligned}
$$

$\alpha = mx,\ \beta = nx$ とおくと

$$
\begin{aligned}
\cos mx \cdot \cos nx &\\
&= \frac{1}{2}\{\cos(m+n)x + \cos(m-n)x\}
\end{aligned}
$$

$$
\begin{aligned}
\sin A \cdot \sin B &= -\frac{1}{2}\{\cos(A+B) - \cos(A-B)\} \\
\sin A \cdot \cos B &= \frac{1}{2}\{\sin(A+B) + \sin(A-B)\}
\end{aligned}
$$

となり、これもゼロでした。では、$m = n$ のときはどうでしょうか?

$$
\begin{aligned}
\int_0^{2\pi} \cos mx \cdot \cos nx\, dx \Big|_{m=n} &= \int_0^{2\pi} \cos mx \cdot \cos mx\, dx \\
&= \frac{1}{2}\int_0^{2\pi} (\cos 2mx + \cos 0 \cdot x)\, dx = \frac{1}{2}\int_0^{2\pi} \{\cos(2mx) + 1\}\, dx \\
&= \frac{1}{2}\left[\frac{\sin 2mx}{2m} + x\right]_0^{2\pi} = \frac{1}{2}\left[\left\{\frac{\sin(2m2\pi)}{2m} + 2\pi\right\} - \left\{\frac{\sin(2m) \cdot 0}{2m} + 0\right\}\right] \\
&= \frac{1}{2}\left[\left(\frac{0}{2m} + 2\pi\right) - \left(\frac{0}{2m} + 0\right)\right] = \pi
\end{aligned}
\tag{4-5-4}
$$

で、これは "π" となります。

　最後に、サインどうしです。まず、$m \neq n$ のとき

$$\int_0^{2\pi} \sin mx \cdot \sin nx dx \bigg|_{m \neq n}$$

$$= -\frac{1}{2}\int_0^{2\pi} \{\cos(m+n)x - \cos(m-n)x\}\, dx = -\frac{1}{2}\left[\frac{\sin(m+n)x}{m+n} - \frac{\sin(m-n)x}{m-n}\right]_0^{2\pi}$$

$$= -\frac{1}{2}\left[\left\{\frac{\sin(m+n)2\pi}{m+n} - \frac{\sin(m-n)2\pi}{m-n}\right\} - \left\{\frac{\sin(m+n)\cdot 0}{m+n} - \frac{\sin(m-n)\cdot 0}{m-n}\right\}\right]$$

$$= -\frac{1}{2}\left[\left(\frac{0}{m+n} - \frac{0}{m-n}\right) - \left(\frac{0}{m+n} - \frac{0}{m-n}\right)\right] = 0 \tag{4-5-5}$$

となり、やはりゼロでした。では、$m = n$ のときはどうでしょうか?

$$I = \int_0^{2\pi} \sin mx \cdot \sin nx dx \bigg|_{m=n} = \int_0^{2\pi} \sin mx \cdot \sin mx dx = \int_0^{2\pi} \sin^2 mx dx$$

でしたから、次のように計算できます。

$$I = \int_0^{2\pi} \sin^2 mx dx$$

$$= -\frac{1}{2}\int_0^{2\pi} (\cos 2mx - \cos 0 \cdot x)\, dx = -\frac{1}{2}\int_0^{2\pi} (\cos 2mx - 1)\, dx$$

$$= -\frac{1}{2}\left[\frac{\sin 2mx}{2m} - x\right]_0^{2\pi} = -\frac{1}{2}\left[\left\{\frac{\sin(2m\cdot 2\pi)}{2m} - 2\pi\right\} - \left\{\frac{\sin(2m\cdot 0)}{2m} - 0\right\}\right] \tag{4-5-6}$$

$$= -\frac{1}{2}\left[\left(\frac{0}{2m} - 2\pi\right) - \left(\frac{0}{2m} - 0\right)\right] = \pi$$

で、これも "π" という結果でした。

以上の結果は次のようにまとめることができます。つまり、m, n を 0 でない整数とするとき、**クロネッカーの $\boldsymbol{\delta}$** とよばれる記号を用いて次のように表すのが一般的です。

$$\int_0^{2\pi} \cos mx \cdot \sin nx dx = 0$$

$$\int_0^{2\pi} \cos mx \cdot \cos nx dx = \pi\delta_{m,n} \qquad \delta_{m,n} = \begin{cases} 0 & (m \neq n) \\ 1 & (m = n) \end{cases} \tag{4-5-7}$$

$$\int_0^{2\pi} \sin mx \cdot \sin nx dx = \pi\delta_{m,n}$$

ここで $\delta_{m,n}$ は「m と n が等しくないときゼロで、等しいとき 1 となる」という意味です。表にすると表 4-5-1 のようになり、対角成分のみが 1 で、あとはゼロですが、これ以上の m, n でも同様になります。この式 (4-5-7) の関係を**三角関数の直交性**とよんでいます。

同様な関係は複素指数関数でも現れます。オイラーの公式は三角関数と複素指数関数が親戚だとしているのですから、このことを予想している人もいるでしょう。では、二つの複素指数関数の積の一周期 $[\alpha, 2\pi + \alpha]$ にわたる積分がどうなるか考えてみましょう。整数 m, n を用いて、$\exp[imx], \exp[inx]$ の積の積分をします。このとき注意してほしいのは、片方の複素共役をとる、つまり片方の位相をマイナスにするということです。これは複素数の絶対値の自乗をとることに

表 4-5-1　クロネッカーの $\delta_{m,n}$

n＼m	1	2	3	4
1	1	0	0	0
2	0	1	0	0
3	0	0	1	0
4	0	0	0	1

（以下同様）

相当し、その平方根をノルムとよんで[5]、複素数の原点からの距離を表しています。まず、$m \neq n$ のとき

$$
\int_{\alpha}^{2\pi+\alpha} e^{imx} \cdot \left(e^{inx}\right)^* dx \bigg|_{m \neq n} = \int_{\alpha}^{2\pi+\alpha} e^{imx} \cdot e^{-inx} dx = \int_{\alpha}^{2\pi+\alpha} e^{i(m-n)x} dx
$$

$$
= \left[\frac{e^{i(m-n)x}}{i(m-n)}\right]_{\alpha}^{2\pi+\alpha} = \frac{1}{i(m-n)} \left[e^{i(m-n)(2\pi+\alpha)} - e^{i(m-n)\alpha}\right]
$$

$$
= \frac{e^{i(m-n)\alpha}}{i(m-n)} \left[e^{2\pi i(m-n)} - 1\right] = \frac{e^{i(m-n)\alpha}}{i(m-n)} [1-1] = 0 \quad (4\text{-}5\text{-}8)
$$

と、三角関数の場合と同様ゼロでした。一方、$m = n$ のときはどうでしょう。

$$
\int_{\alpha}^{2\pi+\alpha} e^{imx} \cdot \left(e^{inx}\right)^* dx \bigg|_{m=n} = \int_{\alpha}^{2\pi+\alpha} e^{imx} \cdot e^{-imx} dx = \int_{\alpha}^{2\pi+\alpha} e^{i(m-m)x} dx
$$

$$
= \int_{\alpha}^{2\pi+\alpha} e^0 dx = \int_{\alpha}^{2\pi+\alpha} 1 \cdot dx = [t]_{\alpha}^{2\pi+\alpha} = (2\pi+\alpha) - \alpha = 2\pi \quad (4\text{-}5\text{-}9)
$$

となります。やはり、複素指数関数も直交関数系を構成しています。そして、ここで示したように、一周積分のはじめはゼロに限ることはない、とにかく一周であればよいこともわかります。

　少し、話を変えて解説しましょう。我々は 3 次元空間で点の位置を示すのに、互いに直交する x,y,z の 3 本の座標軸を使っています。これを幾何学での**直交座標系**とよびますが、これと同様に、何らかの波形などを、幾何ベクトルでの単位ベクトルに相当する**直交基底**に展開して表すことができます。空間では最大 3 次元ですが、この直交基底は三つに限りません。関数系の場合は無限の基底があってもよいのです（無限次元）。幾何ベクトルは直交するとき「内積がゼロ」となりますし、三角関数系は「内積がゼロの直交関係」とよばれます。三角関数系はこの直交関数系の最も簡単な例で、フーリエ級数展開の基礎をなすものです。直交関数系は三角関数や指数関数以外にも多く知られ、例えば閉区間 $[-1,1]$ におけるルジャンドルの多項式などは有名ですが、ここでは省略します。

---

[5]　森口繁一・宇田川銈久・一松 信 著, 岩波全書『数学公式 II』p.255 の注 1 には次のように述べられている。
「函数解析学においては $\|f\| = \sqrt{N(f)} = (f,f)$ とおき、この $\|f\|$ のほうをノルムとよぶことが多い。」

フーリエ級数展開

5.1 フーリエ級数展開とは

　さて、本節以降、いよいよ「フーリエ級数展開」について説明します。同じ「展開」でも「テイラー（マクローリン）展開」とはまったく違うアプローチでの近似手法です。そしてこれが、工学では重要な「周波数空間で現象を捉える」ことの導入となります。しっかり学びましょう。

　そもそも、発案者であるフーリエ (Jean Baptiste Joseph Fourier, 1768〜1830) はナポレオン時代のフランスの数学者です。日本では、田沼意次の初期資本主義化から松平定信の寛政の改革の時代に相当します。隠居してから、あの精緻な日本地図を実測して描いた伊能忠敬 (1745〜1818) とほぼ同時代人です。

　そんな時代にフーリエは

　ある区間で定義された任意の関数 $f(x)$ は三角関数の級数 $S_n(x)$ で近似することができる

と主張しました。ここで「任意の関数」とは

$$\int_{-\infty}^{\infty} |f(x)|\, dx < \infty$$

の条件を満たすような、デジタル回路などで我々が実際に目にする関数（波形）ならば問題なく、途中に不連続点や折れ曲がり（＝微係数の不連続）があってもかまいません。その意味で非常に便利です。テイラー展開が微分可能な関数に限定されていた当時、これは画期的でした。

　当面、ある区間は $-\pi \leq x \leq \pi$ としましょう。さきほどのフーリエの言明を数式で表すと、次のようになります。

$$
\begin{aligned}
S_n(x) &= A_0 + A_1 \cos x + A_2 \cos 2x + A_3 \cos 3x + \cdots + A_n \cos nx \\
&\quad + B_1 \sin x - B_2 \sin 2x + B_3 \sin 3x + \cdots + B_n \sin nx \\
&= \sum_{k=0}^{n} A_k \cos kx + \sum_{k=1}^{n} B_k \sin kx.
\end{aligned}
\tag{5-1-1}
$$

ここで、A_0 は定数で、$A_k\ (k = 1,2,3,\ldots,n)$ はコサイン関数の係数ですが、コサインの偏角 x もそれぞれ k 倍されています。左側の Σ の意味は「k を 0 から n まで 1 ずつ増やしながら $A_k \cos kx$ の総和を計算する」でしたね。一行目で、A_0 は $A_0 \cos 0x$ と書いてもよいのですが、$\cos 0x = \cos 0 = 1$ なので書いていないだけです。逆に $A_0 \cos 0x$ と書けば、最後の総和（Σ：シグマ）の

式でコサイン関数は $k = 0$ から $k = n$ までの和になって、Σ の中に定数項 A_0 も含んでいることに気がつくでしょう。同様に、右側の Σ は「k を 1 から n まで 1 ずつ増やしながら $B_k \sin kx$ の総和を計算する」です。サイン関数の係数は B_k で、こちらは $\sin 0x = \sin 0 = 0$ であることから $k = 0$ の項はないので、サインの総和 Σ は $k = 1, 2, 3, \ldots, n$ の和です。もちろんサインの偏角 x も k 倍されていますね。

ギリシャ文字の「Σ」で総和を表すなど、われわれはできるだけ数式を簡略化して書くことが多いので、小さく書かれている「$k = 0$（から）」や「n（まで）」などにも注意をしましょう。

5.2　フーリエ係数の導出

多くの教科書では「この係数 A_k, B_k はこうです」と天下り的に提示されるのですが、ここではがんばってこれらを導いてみましょう。以下の導出は A. ゾンマーフェルト著『物理数学』[6] に従って進めます。

我々は式 (5-1-1) で定義された多項式 $S_n(x)$ で、与えられた関数 $f(x)$ を近似しようとしています。よく近似するためには誤差を最小とせねばなりません。誤差 ε は近似次数 n に依存して次式で求まります。

$$\varepsilon_n = f(x) - S_n(x) = f(x) - \left\{ \sum_{k=0}^{n} A_k \cos kx + \sum_{k=1}^{n} B_k \sin kx \right\}. \tag{5-2-1}$$

では、この ε_n の合計を最小にすればよいかというと、それほど単純ではありません。誤差には正の値をとることもあれば負のこともあり、総和をとるとたまたまゼロになってしまうこともあるからです。むしろ誤差を自乗してしまえば、これは負になることはないので、この総和が最小になる条件を探す方がよいのです。これを次式で定義される M とします。誤差 ε_n が自乗されて全区間 $[-\pi, \pi]$ で積分されています。2π で割っているのは、変数 x が $-\pi$ から π までの 2π の幅で変化するためです。

$$M = \frac{1}{2\pi} \int_{-\pi}^{\pi} \varepsilon_n^2 dx \tag{5-2-2}$$

A_k にとって M が最小になる条件は、A_k で微分した導関数がゼロになることですし、B_k についても同様です。つまり、以下の式が成り立てばよいのです。

$$\frac{\partial M}{\partial A_k} = \frac{2}{2\pi} \int_{-\pi}^{\pi} \varepsilon_n \frac{\partial \varepsilon_n}{\partial A_k} dx = 0, \tag{5-2-3}[a]$$

$$\frac{\partial M}{\partial B_k} = \frac{2}{2\pi} \int_{-\pi}^{\pi} \varepsilon_n \frac{\partial \varepsilon_n}{\partial B_k} dx = 0. \tag{5-2-3}[b]$$

まず、誤差 ε_n の偏微分を A_k について計算してみます。

$$\frac{\partial \varepsilon_n}{\partial A_k} = -\cos kx. \tag{5-2-4}$$

---

6)　アーノルド・ゾンマーフェルト 著, 増田秀行 訳,『ゾンマーフェルト理論物理学講座VI　物理数学—偏微分方程式論—』, 第 1 章, 講談社 (1969).

偏微分は、自分がいま注目している変数（この場合は A_k）以外は定数として扱うので、こんな簡単になるのです。よって、式 (5-2-3)[a] は次のようになります。そこで誤差 ε_n を元に戻します。

$$0 = \frac{1}{\pi}\int_{-\pi}^{\pi}\varepsilon_n\cos kx\,dx = -\frac{1}{\pi}\int_{-\pi}^{\pi}\left\{f(x) - \left(\sum_{l=0}^{n}A_l\cos lx + \sum_{l=1}^{n}B_l\sin lx\right)\right\}\cos kx\,dx \quad (5\text{-}2\text{-}5)$$

この両辺に -1 を掛けて、右辺先頭の負号を消しておきます。左辺はゼロですから、マイナスを掛けてもゼロですね。さらに、$\cos kx$ を分配して積分を見やすくします。

$$0 = \frac{1}{\pi}\left\{\int_{-\pi}^{\pi}f(x)\cos kx\,dx - \left(\sum_{l=0}^{n}A_l\int_{-\pi}^{\pi}\cos lx\cos kx\,dx + \sum_{l=1}^{n}B_l\int_{-\pi}^{\pi}\sin lx\cos kx\,dx\right)\right\}$$
$$(5\text{-}2\text{-}6)$$

まず k について、これがゼロの場合 $(k=0)$ と、1 より大きい場合 $(k \geq 1)$ に分けます。

$$0 = \frac{1}{\pi}\left\{\int_{-\pi}^{\pi}f(x)\cos kx\,dx\right.$$
$$\left. - \left(\sum_{\substack{l=0\\k=0}}^{n}A_l\int_{-\pi}^{\pi}\cos lx\cos kx\,dx + \sum_{\substack{l=0\\k\geq 1}}^{n}A_l\int_{-\pi}^{\pi}\cos lx\cos kx\,dx + \sum_{l=1}^{n}B_l\int_{-\pi}^{\pi}\sin lx\cos kx\,dx\right)\right\}$$

B_k については $k \geq 1$ の場合しかないので元のままです。ここで、$\cos 0x = 1$ ですから、

$$\sum_{\substack{l=0\\k=0}}^{n}A_l\cos lx\cos kx\,dx = \sum_{l=0}^{n}A_l\cos lx\,dx$$

ですし、さらに前章の直交性についての結果を思い出します。すると、第 2 の積分はコサインとコサインの積の 1 周期にわたる積分ですから、l と k が等しいときに π で、等しくないときはゼロという結果になり「クロネッカーの δ」が登場します。さらに、最後の B_l に関わる項はサインとコサインの積を 1 周期積分したものですからゼロです。

$$0 = \frac{1}{\pi}\left\{\int_{-\pi}^{\pi}f(x)\cos kx\,dx - \left[\sum_{l=0}^{n}A_l\int_{-\pi}^{\pi}\cos lx\,dx + \sum_{\substack{l=1\\k\geq 1}}^{n}A_l\cdot\pi\delta_{l,k}\right]\right\}. \quad (5\text{-}2\text{-}7)$$

かなりゴールに近づいてきました。ここで、第 2 項に注目しましょう。今度は、l がゼロの場合 $(l=0)$ と 1 以上の場合 $(l \geq 1)$ に分けます。$\cos 0x = 1$ ですから、その 1 周期の積分は 2π ですし、$\cos x, \cos 2x, \ldots$ を 1 周期積分するとこれはゼロですから、式 (5-2-7) は次のようになります。

$$0 = \frac{1}{\pi} \left\{ \int_{-\pi}^{\pi} f(x) \cos kx dx - \left(A_0 \int_{-\pi}^{\pi} \cos 0x dx + \sum_{l=1}^{n} A_l \int_{-\pi}^{\pi} \cos lx dx + \sum_{l=1, k \geq 1}^{n} A_l \cdot \pi \delta_{l,k} \right) \right\}$$

$$= \frac{1}{\pi} \left\{ \int_{-\pi}^{\pi} f(x) \cos kx dx - \left(A_0 \int_{-\pi}^{\pi} 1 dx + \sum_{l=1}^{n} A_l \cdot 0 + \pi \cdot A_{k(k \geq 1)} \right) \right\}$$

$$= \frac{1}{\pi} \left\{ \int_{-\pi}^{\pi} f(x) \cos kx dx - \left(2\pi \cdot A_0 + \pi \cdot A_{k(k \geq 1)} \right) \right\}$$

$$= \frac{1}{\pi} \left\{ \int_{-\pi}^{\pi} f(x) \cos kx dx - 2\pi \cdot A_0 - \pi \cdot A_{k(k \geq 1)} \right\} \tag{5-2-8}$$

ここで、第 3 項のクロネッカーの δ がどうなったのか不審に思われている読者に解説しましょう。第 3 項が意味するところは「1 より大きい k に関して $k = l$ となるところだけにある A_l について $l = 1$ から n までの総和をとる」ですが、総和をとるにしても $k = l$ となるところだけにしか 1 がなく、あとは全部ゼロなので、これは結局

$$\sum_{l=1, k \geq 1}^{n} A_l \cdot \pi \delta_{l,k} = \pi \cdot A_{k(k \geq 1)}$$

ということになるのです。第 1 項の積分も $k = 0$ と $k \geq 1$ の場合に分けます。

$$0 = \frac{1}{\pi} \left\{ \int_{-\pi}^{\pi} f(x) \cos kx dx - 2\pi \cdot A_0 - \pi \cdot A_{k(k \geq 1)} \right\}$$

$$= \frac{1}{\pi} \left\{ \left. \int_{-\pi}^{\pi} f(x) \cos kx dx \right|_{k=0} + \left. \int_{-\pi}^{\pi} f(x) \cos kx dx \right|_{k \geq 1} - 2\pi \cdot A_0 - \pi \cdot A_{k(k \geq 1)} \right\}.$$

すると、第 1 項と第 3 項、第 2 項と第 4 項がそれぞれ対応し、それぞれが相殺してゼロになるはずなので、結局次のようにまとめられます。

$$A_0 = \frac{1}{2\pi} \int_{-\pi}^{\pi} f(x) dx,$$

$$A_{k(k \geq 1)} = \frac{1}{\pi} \int_{-\pi}^{\pi} f(x) \cos kx dx. \tag{5-2-9}$$

これでよいのですが、$k = 0$ の係数が $\frac{1}{2\pi}$ で、$k \geq 1$ の係数は $\frac{1}{\pi}$ というのはいまひとつ格好が悪いということで、多くの教科書では次のようにして係数を揃えています。

$$a_0 = 2A_0 = \frac{1}{\pi} \int_{-\pi}^{\pi} f(x) dx,$$

$$a_{k(k \geq 1)} = \frac{1}{\pi} \int_{-\pi}^{\pi} f(x) \cos kx dx. \tag{5-2-10}$$

では、B_k はどうなるでしょうか？　A_k がコサインの積分だったから、B_k はサインの積分になると思いますか？　では実際に計算してみましょう。問題は式 (5-2-3)[b] を満たす B_k を求めることでした。改めて書いておきます。

$$\frac{1}{\pi} \int_{-\pi}^{\pi} \varepsilon_n \frac{\partial \varepsilon_n}{\partial B_k} dx = 0. \tag{5-2-11}$$

A_k のときと同様に、まず誤差 ε_n の偏微分を B_k について計算しますと

$$\frac{\partial \varepsilon_n}{\partial B_k} = -\sin kx \tag{5-2-12}$$

ですから、これを式 (5-2-11) に代入し、ε_n も元の形に戻します。

$$0 = -\frac{1}{\pi} \left[\int_{-\pi}^{\pi} \left\{ f(x) - \left(\sum_{l=0}^{n} A_l \cos lx + \sum_{l=1}^{n} B_l \sin lx \right) \right\} \sin kx dx \right] \tag{5-2-13}$$

さきほどの A_k を求めた場合に比べて、最後のコサインがサインに替わっていること以外に、k が 0 の場合を含んでおらず、$k \geq 1$ なのでむしろ計算は容易です。読者自身で追ってみましょう。

$$0 = \frac{1}{\pi} \left\{ \int_{-\pi}^{\pi} f(x) \sin kx dx - \left(\sum_{l=0}^{n} A_l \int_{-\pi}^{\pi} \cos lx \sin kx dx + \sum_{l=1}^{n} B_l \int_{-\pi}^{\pi} \sin lx \sin kx dx \right) \right\}$$

$$= \frac{1}{\pi} \left\{ \int_{-\pi}^{\pi} f(x) \sin kx dx - \left(\sum_{l=0}^{n} A_l \cdot 0 + \sum_{l=1}^{n} B_l \pi \delta_{l,k} \right) \right\} = \frac{1}{\pi} \left\{ \int_{-\pi}^{\pi} f(x) \sin kx dx - \pi \cdot B_k \right\} \tag{5-2-14}$$

結局 B_k は次のように書けて、一般の教科書の b_k に一致します。はじめの予想どおり、サインの積分でした。

$$B_k = b_k = \frac{1}{\pi} \int_{-\pi}^{\pi} f(x) \sin kx dx. \tag{5-2-15}$$

以上をまとめると、はじめに述べた式 (5-1-1) は次のように書けることがわかります。

$$S_n(x) = \frac{a_0}{2} + a_1 \cos x + a_2 \cos 2x + a_3 \cos 3x + \cdots + a_n \cos nx$$

$$+ b_1 \sin x + b_2 \sin 2x + b_3 \sin 3x + \cdots + b_n \sin nx \tag{5-2-16}$$

$$= \frac{a_0}{2} + \sum_{k=1}^{n} (a_k \cos kx + b_k \sin kx).$$

そして、それぞれの係数（フーリエ係数とよびます）は次のようにまとめられます。

$$a_0 = \frac{1}{\pi} \int_{-\pi}^{\pi} f(x) dx, \quad a_k = \frac{1}{\pi} \int_{-\pi}^{\pi} f(x) \cos kx dx, \quad b_k = \frac{1}{\pi} \int_{-\pi}^{\pi} f(x) \sin kx dx. \tag{5-2-17}$$

フーリエはこの式 (5-2-17) の級数でどんな関数（波形）でも近似できる、と述べたのでした。結局、$a_0 = 2A_0$ 以外は、$a_k = A_k$, $b_k = B_k$ ということになります。

これまでは、周期が 2π の関数についてフーリエ係数を求めてきましたが、実際の波形では周期を時間で計測した方が便利なことが多いのが現実です。例えば、周期を T とすると次式のように表されます。

$$a_0 = \frac{2}{T} \int_{-T/2}^{T/2} f(t) dt, \quad a_k = \frac{2}{T} \int_{-T/2}^{T/2} f(t) \cos \left(\frac{2\pi}{T} kt \right) dt, \quad b_k = \frac{2}{T} \int_{-T/2}^{T/2} f(t) \sin \left(\frac{2\pi}{T} kt \right) dt. \tag{5-2-18}$$

この式では、積分変数の時間 t が一周期（$-T/2 \to T/2$）変化するので、これを周期 T で割って 2π を掛けることで、式 (5-2-17) での位相 x の一周期（$-\pi/2 \to \pi/2$）と同じことを意味してい

す。さらにフーリエ級数は次式のように表されます。

$$S_n(x) = \frac{a_0}{2} + \sum_{k=1}^{n}\left\{ a_k \cos\left(\frac{2\pi}{T}kx\right) + b_k \sin\left(\frac{2\pi}{T}kx\right)\right\}.\tag{5-2-19}$$

5.3　フーリエ係数

では、実際にフーリエ係数を求めてみましょう。

【例 5-3-1】　図 5-3-1 に示すようなパルス波形について考えます。

図 5-3-1 で表されるパルスは四角いことから<ruby>矩形<rt>くけい</rt></ruby>パルスとよばれます。「矩形」とは「4 内角がすべて等しい四辺形、すなわち長方形（正方形含む）」という意味で、菱形は含まれません。変数 x が $-\pi$ から π までを周期として、$-\pi$ から 0 までは $y = 0$、$x = 0$ から π までは $y = 1$ の値をとるパルス波形です。それ以外の領域ではこれを繰り返していると考えますが、今の計算にはこれ以外の領域は関係ありません。$x = 0$ で不連続となっていますから、そこでは微分不可能で、テイラー（マクローリン）展開では歯がたたない波形です。これを数式で表すと次のようになります。

$$f(x) = \begin{cases} 0 & (-\pi \leq x < 0) \\ 1 & (0 \leq x < \pi) \end{cases}\tag{5-3-1}$$

では、フーリエ係数 $a_k,\ b_k$ を実際に求めてみましょう。

$$\begin{aligned} a_0 &= \frac{1}{\pi}\int_{-\pi}^{\pi} f(x)dx = \frac{1}{\pi}\left(\int_{-\pi}^{0} 0dx + \int_{0}^{\pi} 1dx\right)\\ &= \frac{1}{\pi}\int_{0}^{\pi} 1dx = \frac{1}{\pi}\left[x\right]_0^{\pi} = \frac{1}{\pi}\pi = 1,\\ a_k &= \frac{1}{\pi}\int_{-\pi}^{\pi} f(x)\cos kx dx = \frac{1}{\pi}\int_{0}^{\pi}\cos kx dx\\ &= \frac{1}{k\pi}\left[\sin kx\right]_0^{\pi} = \frac{1}{k\pi}\left[0 - 0\right] = 0, \end{aligned}$$

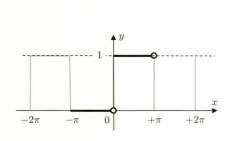

図 **5-3-1**　パルス波形

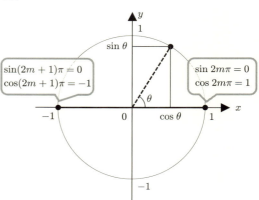

図 **5-3-2**　θ が π の整数倍の場合の $\cos\theta$

$$b_k = \frac{1}{\pi} \int_{-\pi}^{\pi} f(x)\sin kx\, dx = \frac{1}{\pi} \int_{0}^{\pi} \sin kx\, dx = \frac{-1}{k\pi}\left[\cos kx\right]_0^\pi$$
$$= \frac{-1}{k\pi}\left[(-1)^k - 1\right] = \frac{1}{k\pi}\left[1 - (-1)^k\right]. \tag{5-3-2}$$

となるのですが、どうでしょうか。最も簡単な a_0 について見てみましょう。もともと積分領域は $-\pi$ から π まででしたが、x が負の領域ではそもそも被積分関数 $f(x)$ がゼロなので、積分しても所詮ゼロです。同様に a_k, b_k の計算でも x が正の領域 $(0 \leq x \leq \pi)$ だけで積分計算を済ませています。

$$\cos kx|_{x=\pi} = (-1)^k \tag{5-3-3}$$

は問題なく理解できているでしょうか。詳しくは第 2 章を見て頂きたいのですが、図 5-3-2 に示すように k が偶数の場合は $\cos k\pi = 1$、奇数の場合は $\cos k\pi = -1$ という関係を一括して表すと、式 (5-3-3) のようになるのです。-1 の偶数乗は $(-1)^{2n} = \left(-1^2\right)^n = 1^n = 1$ で、奇数乗は $(-1)^{2n+1} = (-1)^{2n} \times -1 = 1 \times -1 = -1$ ですからね。

以上により、計算としては式 (5-3-2) でフーリエ係数は求まったのですが、このままでは狐につままれたような感じがする読者も多いでしょうから、もう少しその意味について考えてみましょう。まず a_0 について。いま考えているパルスのように $f(x)$ が正の値をとる関数を積分するということは、その関数と x 軸、および変数の境界（今の場合は $x=0$ と $x=\pi$）で囲まれた部分（図 5-3-3 の斜線部）の面積を求めることに他なりません。この面積が π ということは、この長方形の幅が π であることから、高さの平均が（この場合は一定の高さなので平均もなにもないのですが）1 ということを意味します。さらに、問題にしている波形全体としては $x=-\pi$ から始まっていて、$x=0$ までは $f(x)$ も 0 でしたから、一周期全体の波形の平均値としてはそこも含めて考える必要があり、半分の $1/2$ となることがわかります。フーリエ級数展開の初項は $a_0/2$ ですから、図に示したように**波形の 1 周期にわたる平均値を表すのが初項**ということになります。

次に a_k, b_k を求めます。a_k はすべてゼロなので話は簡単ですが、b_k はどうでしょうか。

$$b_k = \frac{1}{\pi} \int_{-\pi}^{\pi} f(x)\sin kx\, dx = \frac{1}{k\pi}\left\{1 - (-1)^k\right\}.$$

これを $k=7$ まで計算してみましょう。k が偶数なら「-1 の偶数乗は 1」でしたから、$1-1=0$ で偶数項は 0 となります。一方、k が奇数なら「-1 の奇数乗は -1」でしたから、$1-(-1)=2$ で、奇数項は $2/k\pi$ となります。まとめると表 5-3-1 のようになります。

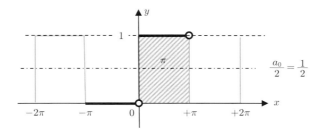

図 5-3-3 パルス波形の解説

表 5-3-1　パルス波形のフーリエ係数

k	0	1	2	3	4	5	6	7
a_k	1	0	0	0	0	0	0	0
b_k	-	$\frac{2}{\pi}$	0	$\frac{2}{3\pi}$	0	$\frac{2}{5\pi}$	0	$\frac{2}{7\pi}$

　結局、係数があるのは初項 a_0 とサインの係数 (B_k) の奇数項だけで、あとはすべてゼロです。これをフーリエ級数の式 (5-2-16) に代入してみると、次のように表されることになります。

$$
\begin{aligned}
S_n(x) &= \frac{a_0}{2} + \sum_{k=1}^{n} (a_k \cos kx + b_k \sin kx) \\
&= \frac{1}{2} + \frac{2}{\pi} \sin x + \frac{2}{3\pi} \sin 3x + \frac{2}{5\pi} \sin 5x + \frac{2}{7\pi} \sin 7x + \cdots + \frac{2}{n\pi} \sin n_{\text{odd}} x \\
&= \frac{1}{2} + \frac{2}{\pi} \left(\sin x + \frac{1}{3} \sin 3x + \frac{1}{5} \sin 5x + \frac{1}{7} \sin 7x + \cdots + \frac{1}{n} \sin n_{\text{odd}} x \right).
\end{aligned}
\tag{5-3-4}
$$

　ただし、ここでは n_{odd} が奇数に限られていることは明らかですね。ところで、この近似が実際どのようなものであるのか、次節ではグラフを描いて確認してみましょう。なお、本書ではフーリエ係数 a_k, b_k が掛かった $a_k \cos kx$, $b_k \sin kx$ を**フーリエ展開成分**、あるいは単に**フーリエ成分**とよびます。

5.4　フーリエ級数展開のグラフ化

　前節の表で求めた $k = 5$ までの級数についてグラフ化してみましょう。現代は表計算プログラムがありますから自分で計算しなくてもコンピュータが描いてくれるのですが、初めて学ぶ読者は電卓などで実際に計算してみることをお勧めします。まず、計算する式を以下に再掲します。

$$
\begin{aligned}
S_5(x) &= \frac{a_0}{2} + \sum_{k=1}^{5} (a_k \cos kx + b_k \sin kx) \\
&= \frac{1}{2} + \frac{2}{\pi} \sin x + \frac{2}{3\pi} \sin 3x + \frac{2}{5\pi} \sin 5x \\
&= \frac{1}{2} + \frac{2}{\pi} \left(\sin x + \frac{1}{3} \sin 3x + \frac{1}{5} \sin 5x \right).
\end{aligned}
\tag{5-4-1}
$$

　2 行目の計算を個別に行って、それぞれグラフにしてみましょう。初項の $1/2$ は計算するまでもありませんから、2 項目以降について表 5-4-1 にまとめます。まず、変数 x は 0 から π としましょう。表では x を見やすくするために 1 まで 0.1 刻みにしていますので、計算するときには位相量にするために π を掛ける必要があります。

　実際に描いたものが図 5-4-1 です（x 軸は縮尺を $1/\pi$ にしてあります）。一見、何の変哲もないサインカーブが 3 本描かれています。最も振幅の大きいのが $(2/\pi) \sin x$ です（実線）。最大値が $2/\pi$、およそ 0.637 になっていることが確認できます。これは $x = 0$ から出発して、$x = \pi$ で初めてゼロになります。2 番目に大きな波（破線）は、最大値が $2/3\pi$、およそ 0.212 になっている

表 5-4-1 矩形パルスのフーリエ係数をもつサイン波 ($0 \leq x \leq 1$, $k = 1, 3, 5$)

x/π	0	0.1	0.2	0.3	0.4	0.5	0.6	0.7	0.8	0.9	1
$y = (2/\pi)\sin x$	0.00	0.20	0.37	0.52	0.61	0.64	0.61	0.52	0.37	0.20	0.00
$y = (2/3\pi)\sin 3x$	0.00	0.17	0.20	0.07	−0.12	−0.21	−0.12	0.07	0.20	0.17	0.00
$y = (2/5\pi)\sin 5x$	0.00	0.13	0.00	−0.13	0.00	0.13	0.00	−0.13	0.00	0.13	0.00

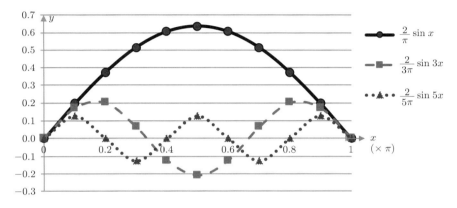

図 5-4-1 矩形パルスのフーリエ係数をもつサイン波 ($0 \leq x \leq \pi$, $k = 1, 3, 5$)

だけでなく、この関数にとっては変数が 3 倍速く変化する ($\sin 3x$) ので、x が 0 を出発して π まで変化すると 3 回ゼロになることがわかります。$\sin\theta$ は $\theta = \pi$, 2π, 3π でゼロになりますから。同様に $(2/5\pi)\sin 5x$（点線）は振幅最大値が 0.127 であり、x が 0 を出発して π まで変化すると y は 5 回ゼロになっていることがわかります。このようなサインカーブを足し合わせると矩形パルスになるとフーリエは主張するのです。本当でしょうか、確かめてみましょう。

　図 5-4-2 は、先に求めた 3 本のサインカーブを足し合わせたものです。3 つのこぶがある山になりました。凸凹の数を数えると 5 つありますが、これが $k = 5$ まで足し合わせたことを示しています。このように足し合わされたサインカーブは表そうとする直線の上下に 5 回出て、まとわりついていることがわかります。フーリエ級数展開はこのようにして直線を近似するのです。さて、これまでは x の変域を正の領域 $0 \leq x \leq \pi$ に限ってきましたが、もともとは $-\pi \leq x \leq \pi$ と負の領域もあったことを思い出しましょう。そちらはどうなっているでしょうか？　もともと $f(x) = 0$ だったからゼロのままだろう、と思いますか？　次の図 5-4-3 では、今の問題における一周期全体 $-\pi \leq x \leq \pi$ について計算した結果を表示します。

　ご覧のように、x の負の領域にもそれぞれの関数が延びています。それぞれサインカーブですから、原点に関して点対称になっていますね。「原点に関して点対称」とは、どこでもよいから $x = x_0$ の場所を選んで $f(x_0)$ の点を求めたとき、この点から原点に向かって線を引き、さらにそれを延長すると $x = -x_0$ で $f(-x_0)$ の点に突き当たる、つまり $f(-x_0) = -f(x_0)$ が成り立つ（奇

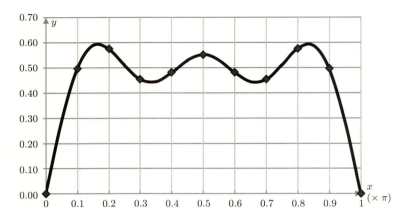

図 5-4-2　矩形パルスのフーリエ級数展開 ($0 \leq x \leq \pi$, $k = 1, 3, 5$)

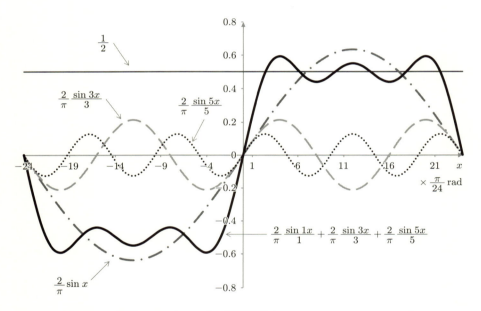

図 5-4-3　矩形パルスのフーリエ級数展開 ($-\pi \leq x \leq \pi$, $k = 0, 1, 3, 5$)

関数）ということです（図 5-4-4 参照）。

　さらに、図 5-4-3 には $y = 1/2$ の線も記しました。これは初項 $a_0/2$ に対応するので、これも足し算する必要があるのでしたね。これを足すとどうなるでしょうか？　どこかで習ったように $y = f(x)$ に定数 a を加えると、グラフは y 軸方向に a だけ平行移動するのでした。今の場合、この定数項 $a_0/2$ が $1/2$ なのですから、プラス方向に $1/2$ だけグラフが平行移動することになります。図 5-4-5 で確認しましょう。要するに、初項は上下方向（y 軸方向）に関数（波形）を平行移動させるだけで波形そのものの本質は変わらない、ということです。電子工学などでは、この初項

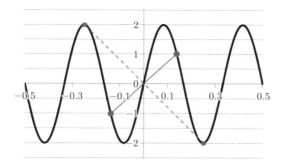

図 5-4-4　原点に関して点対称である波形（奇関数）の例。任意の
$f(x_0)$ の点と $f(-x_0)$ の点が原点に関して点対称に位置している。

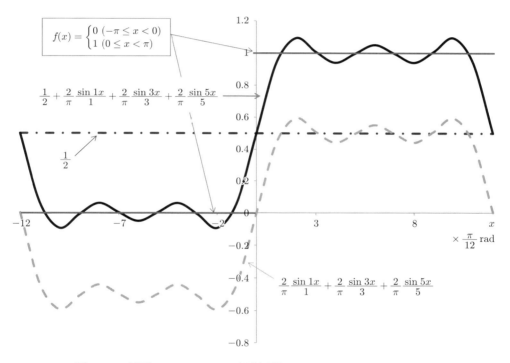

図 5-4-5　矩形パルスのフーリエ級数展開 $(-\pi \leq x \leq \pi,\ k = 0, 1, 3, 5)$

に相当する量は**バイアス**や**オフセット**などとよばれています。

　さて、原波形 $f(x)$ とフーリエ級数展開近似を比べてみてください。フーリエ級数展開である
$k = 0, 1, 3, 5$ の総和のグラフ（実線）はこの $f(x)$ の線にまとわりついているように見えませんか。
これがフーリエ級数展開による近似の特徴で、テイラー展開が**接触的近似**であるのに対して、フー
リエ級数展開は**振動的近似**とよばれる理由です。フーリエ級数展開の次数を増やしていくと、まと
わりつき方が細かくなりながら原関数に近づいていくのです。

5.5 波形合成と近似

図5-5-1でフーリエ級数展開の次数を1から3,5へ増やしたときの波形の変化を比較します $(S_1(x), S_3(x), S_5(x))$。今度は、原波形 $f(x)$ がバイアス成分をもたず、x が負の領域 $-\pi \le x < 0$ では $f(x) = -1$、正の領域 $0 \le x \le \pi$ では $f(x) = 1$ となるものです。つまり、

$$f(x) = \begin{cases} +1 & (-\pi \le x < 0) \\ -1 & (0 \le x < \pi) \end{cases} \tag{5-5-1}$$

と表せて、それ以外の領域ではこの関数が繰り返します。バイアス成分をもたないということは、初項がゼロ $(a_0/2 = 0)$ になります。振幅については、前の例

$$f(x) = \begin{cases} 1 & (-\pi \le x < 0) \\ 0 & (0 \le x < \pi) \end{cases} \tag{5-5-2}$$

に比べて2倍になっていることになります。

計算して確認しましょう。変数 x が負の領域で $t = -x$ とおけば、$dx = -dt$、$x : -\pi \to 0$ の積分範囲は $t : \pi \to 0$ となることと $\cos(-\theta) = \cos\theta$ を利用します。

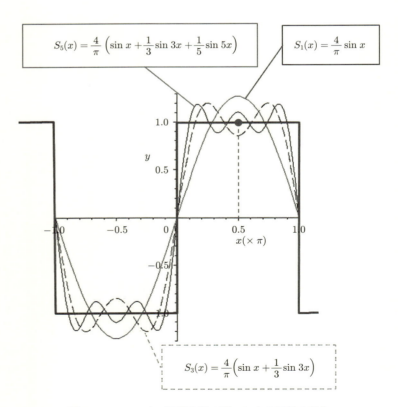

$$S_5(x) = \frac{4}{\pi}\left(\sin x + \frac{1}{3}\sin 3x + \frac{1}{5}\sin 5x\right)$$

$$S_1(x) = \frac{4}{\pi}\sin x$$

$$S_3(x) = \frac{4}{\pi}\left(\sin x + \frac{1}{3}\sin 3x\right)$$

図5-5-1 フーリエ展開次数の違いによる近似の変化

$$a_0 = \frac{1}{\pi} \int_{-\pi}^{\pi} f(x)dx = \frac{1}{\pi} \left(\int_{-\pi}^{0} -1dx + \int_{0}^{\pi} 1dx \right) = \frac{1}{\pi} \left(\int_{\pi}^{0} dt + \int_{0}^{\pi} dx \right)$$

$$= \frac{1}{\pi} \left(-\int_{0}^{\pi} dt + \int_{0}^{\pi} dx \right) = \frac{1}{\pi} \left(-\pi + \pi \right) = 0,$$

$$a_k = \frac{1}{\pi} \int_{-\pi}^{\pi} f(x) \cos kx dx = \frac{1}{\pi} \left(\int_{-\pi}^{0} -1 \cdot \cos kx dx + \int_{0}^{\pi} 1 \cdot \cos kx dx \right) \qquad (5\text{-}5\text{-}3)$$

$$= \frac{1}{\pi} \left(\int_{\pi}^{0} \cos(-kt)\, dt + \int_{0}^{\pi} \cos kx dx \right) = \frac{1}{\pi} \left(-\int_{0}^{\pi} \cos kt dt + \int_{0}^{\pi} \cos kx dx \right)$$

$$= \frac{1}{\pi} \left(-\int_{0}^{\pi} \cos kx dx + \int_{0}^{\pi} \cos kx dx \right) = 0.$$

これより、a_0 を含むコサイン級数の係数 a_k はすべてゼロです。一方、サイン級数の係数 b_k は $\sin(-\theta) = -\sin\theta$ を用いて、次のようになります。

$$b_k = \frac{1}{\pi} \int_{-\pi}^{\pi} f(x) \sin kx dx = \frac{1}{\pi} \left(\int_{-\pi}^{0} -1 \cdot \sin kx dx + \int_{0}^{\pi} 1 \cdot \sin kx dx \right)$$

$$= \frac{1}{\pi} \left\{ \int_{\pi}^{0} -1 \cdot \sin(-kt)\,(-dt) + \int_{0}^{\pi} 1 \cdot \sin kx dx \right\}$$

$$= \frac{1}{\pi} \left\{ \int_{0}^{\pi} -1 \cdot (-\sin kt)\, dt + \int_{0}^{\pi} 1 \cdot \sin kx dx \right\} \qquad (5\text{-}5\text{-}4)$$

$$= \frac{2}{\pi} \int_{0}^{\pi} \sin kx dx = \frac{-2}{k\pi} \left[\cos kx \right]_{0}^{\pi} = \frac{-2}{k\pi} \left\{ (-1)^k - 1 \right\} = \frac{2}{k\pi} \left\{ 1 - (-1)^k \right\}$$

式 (5-3-2) と比べて「バイアス成分をもたないので、初項がゼロ ($a_0/2 = 0$)。振幅が 2 倍になっていること」が確認できました。次に、同図中の式の頭にかかっている係数をみると、前の例では $2/\pi$ だったのが $4/\pi$ と 2 倍になっています。**初項 a_0 を除くフーリエ係数は波形の振幅に比例する**のです。さきほど述べたように、初項 a_0 の方はバイアス（オフセット）を表現しているので、振幅には関係ありません。

さて、フーリエ展開の次数を増やしていくと、近似がよくなることを簡単な計算で確認してみましょう。具体的にはまず、n 次のフーリエ係数をもつサイン関数を $s_n(x)$、

$$s_1(x) = \frac{4}{\pi} \frac{\sin x}{1}, \quad s_3(x) = \frac{4}{\pi} \frac{\sin x}{3}, \quad s_5(x) = \frac{4}{\pi} \frac{\sin x}{5}, \quad s_7(x) = \frac{4}{\pi} \frac{\sin x}{7}, \cdots$$

とし、それらの n 次までの総和を $S_n(x)$ とします。$|f(\pi/2) - S_n(\pi/2)|$ は原関数 $f(x)$（図 5-5-1 の例では振幅 1 の矩形パルス）と $S_n(x)$ の差の絶対値を $x = \pi/2$ のところで比べたものです。

図 5-5-2 は横軸に次数をとってそれらをプロットしています。まず、n 次のフーリエ係数をもつサイン関数 $s_n(x)$ は $x = \pi/2$ で比較すると、次数 n を増やしていくにつれて振動しつつゼロに近づいていきます（図中破線）。これらを 1 次から n 次まで加えたもの $S_n(\pi/2)$（図中一点鎖線）もやはり振動しつつ原関数である $f(\pi/2) = 1$ に近づいていきます。これを見ると、n 次から $n+1$ 次に展開を進めると、近似誤差の絶対値（実線）は単調に減少していくことがわかります。ということは、次数を無限に増やしていけば無限に近似はよくなります。もう一つ重要なことは、展開近似を n 次から $n+1$ 次に進めても n 次までの結果はまったく変更する必要がない、ということです。

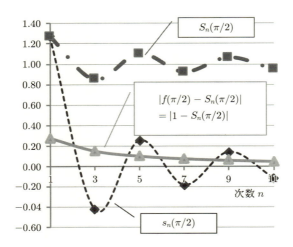

図 5-5-2　フーリエ展開次数の違いによる近似誤差の低下

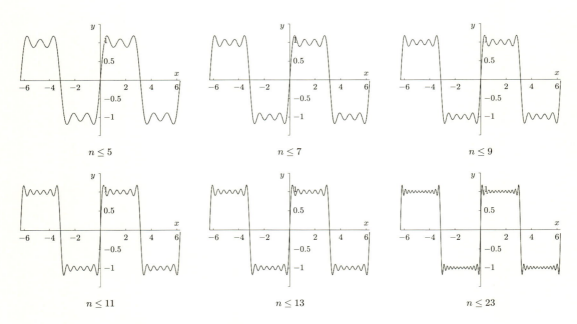

図 5-5-3　フーリエ展開近似 $S_n(x)$ の次数 n を $5, 7, 9, \ldots, 23$ と
増やしていったときの近似波形の変化

本節の最後に、$S_n(x)$ の n を 5, 7, 9, 11, 13, 23 と増やしていったときの近似波形の変化を図 5-5-3 に示します。まるで、原関数 $f(x)$ に糸でも巻き付けながら絞り上げていくようにして近似がよくなっていくよう（振動的近似）に見えます。これは、テイラー展開が第 2 章の図 2-1-2〜図 2-1-4 で見られるように、展開する中心で原関数 $f(x)$ に接着剤で近似関数を貼り付けながら、接着剤を塗り広げていって近似範囲を広げていくような形（接触的近似）と対照的ですね。また、図 5-5-3 を一見してわかるように、特に不連続点から離れたところは次数が増えるにつれて矩形パルスに近づいています。それに対して、不連続点の周辺には振動成分が残ります。これに関しては 5.10 節（不連続点とギブスの現象）で説明します。

5.6 ライプニッツの級数

前節で見たように、図 5-5-1 に示されたパルス波形をフーリエ級数展開で近似する関数

$$f(x) = \frac{4}{\pi}\left(\sin x + \frac{1}{3}\sin 3x + \frac{1}{5}\sin 5x + \cdots\right) \tag{5-6-1}$$

において $x = \pi/2$ とおくと、左辺は $f(\pi/2) = 1$ ですから、次の級数が得られます。

$$1 = \frac{4}{\pi}\left\{\sin\left(\frac{\pi}{2}\right) + \frac{1}{3}\sin\left(3\frac{\pi}{2}\right) + \frac{1}{5}\sin\left(5\frac{\pi}{2}\right) + \cdots\right\} \tag{5-6-2}$$

ここで、$\sin(\pi/2) = 1$, $\sin(3\pi/2) = -1$, $\sin(5\pi/2) = 1$, ... という数値を代入すると

$$\begin{aligned}1 &= \frac{4}{\pi}\left(1 - \frac{1}{3} + \frac{1}{5} - \frac{1}{7} + \cdots\right), \\ \frac{\pi}{4} &= 1 - \frac{1}{3} + \frac{1}{5} - \frac{1}{7} + \cdots\end{aligned} \tag{5-6-3}$$

という級数が得られます。これは円周率 π を与える式で**ライプニッツ (Leibniz) の級数**とよばれ、フーリエ以前から知られていたものですが、フーリエ級数を用いると簡単に導くことができました。

ここで、参考までに本家本元のライプニッツの級数を紹介しておきます。次の級数は、初項 $a = 1$、公比 $r = -x^2$ と考えることで無限等比数列の和 $a/(1 - r)$ として計算できます。

$$\frac{1}{1 + x^2} = 1 - x^2 + x^4 - x^6 + x^8 - \cdots \quad (|x| < 1). \tag{5-6-4}$$

これを不定積分すると

$$\mathrm{Arctan}\, x = x - \frac{x^3}{3} + \frac{x^5}{5} - \frac{x^7}{7} + \frac{x^9}{9} - \cdots \tag{5-6-5}$$

となり、ここで $x = 1$ としてもこの級数は収束し、ライプニッツの級数が次のように求まります。

$$\frac{\pi}{4} = 1 - \frac{1}{3} + \frac{1}{5} - \frac{1}{7} + \frac{1}{9} - \cdots. \tag{5-6-6}$$

フーリエ級数から求めた式 (5-6-3) と同じであることを確認しましょう。この級数は無理数 π を数値計算するのに使うことができます。ただ、あまり収束がよくないので、もう一つの級数

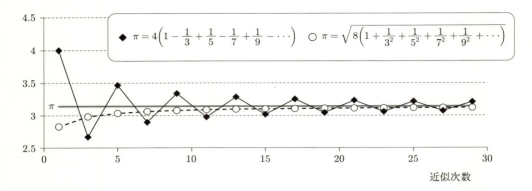

図 5-6-1　π を求める級数の比較

$$\frac{\pi^2}{8} = 1 + \frac{1}{3^2} + \frac{1}{5^2} + \frac{1}{7^2} + \frac{1}{9^2} + \cdots \tag{5-6-7}$$

を利用した場合も図 5-6-1 に併せて示します。この式は 5.9 節で紹介する「三角波のフーリエ級数展開」（式 (5-9-8)）に $x = 0$ を代入すると得られます。

$$S_n(x) = \frac{\pi}{2} - \frac{4}{\pi}\left(\cos x + \frac{1}{3^2}\cos 3x + \frac{1}{5^2}\cos 5x + \frac{1}{7^2}\cos 7x + \cdots + \frac{1}{n^2}\cos nx\right). \tag{5-6-8}$$

5.7　矩形波のフーリエ係数

5.5 節で取り上げたのも矩形波でしたが、本節では少し異なる矩形波の例を見ていきます。

【例 5-7-1】　今回取り組むのは図 5-7-1 に示すような矩形波で、周期は $-\pi \leq x \leq \pi$ という 2π 幅であることは同じですが、パルスの立ち上がりが $x = -\pi/2$、立ち下がりが $x = \pi/2$ にあり、$x = 0$ では平らになっています（$f(0) = 1$）。数式で表現すると次のようになります。

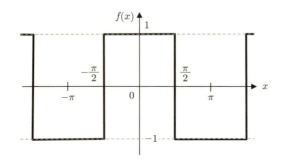

図 5-7-1　y 軸に対して線対称な矩形パルス波形

$$f(x) = \begin{cases} -1 & (-\pi < x \le -\pi/2) \\ 1 & (-\pi/2 < x \le \pi/2) \\ -1 & (\pi/2 < x \le \pi) \end{cases} \tag{5-7-1}$$

では、この波形のフーリエ係数を求めてみましょう。

まず、a_k から始めます。定義に従って、

$$a_k = \frac{1}{\pi} \int_{-\pi}^{\pi} f(x) \cos kx \, dx$$
$$= \frac{1}{\pi} \left\{ \int_{-\pi}^{-\pi/2} (-1 \cdot \cos kx) dx + \int_{-\pi/2}^{\pi/2} (1 \cdot \cos kx) dx + \int_{\pi/2}^{\pi} (-1 \cdot \cos kx) dx \right\} \tag{5-7-2}$$

となります。積分は波形 $f(x)$ の値が -1 のときは第1と第3の積分、$f(x)$ が $+1$ のときは第2の積分に相当します。$\sin kx$ を微分すると $k \cos kx$ ですから、$\cos kx$ の積分は $(\sin kx)/k$ です。これを用いると、

$$a_k = \frac{1}{\pi} \left\{ \int_{-\pi}^{-\pi/2} (-1 \cdot \cos kx) dx + \int_{-\pi/2}^{\pi/2} \cos kx \, dx + \int_{\pi/2}^{\pi} (-1 \cdot \cos kx) dx \right\}$$
$$= \frac{1}{\pi} \left\{ \left[-\frac{\sin kx}{k} \right]_{-\pi}^{-\pi/2} + \left[\frac{\sin kx}{k} \right]_{-\pi/2}^{\pi/2} + \left[-\frac{\sin kx}{k} \right]_{\pi/2}^{\pi} \right\} \tag{5-7-3}$$
$$= \frac{1}{\pi k} \left\{ \left[-\left\{ \sin k \left(-\frac{\pi}{2} \right) - \sin k (-\pi) \right\} \right] + \left[\left\{ \sin k \left(\frac{\pi}{2} \right) - \sin k \left(-\frac{\pi}{2} \right) \right\} \right] \right.$$
$$\left. + \left[-\left\{ \sin k\pi - \sin k \left(\frac{\pi}{2} \right) \right\} \right] \right\}$$

となります。ここで、$\sin(-\theta) = -\sin\theta$ でしたから、これを適用すると

$$a_k = \frac{1}{\pi k} \left\{ \sin k \left(\frac{\pi}{2} \right) - \sin k\pi + \sin k \left(\frac{\pi}{2} \right) + \sin k \left(\frac{\pi}{2} \right) - \sin k\pi + \sin k \left(\frac{\pi}{2} \right) \right\}$$
$$= \frac{1}{\pi k} \left\{ 4 \sin k \left(\frac{\pi}{2} \right) - 2 \sin k\pi \right\} = \frac{4}{\pi k} \sin k \left(\frac{\pi}{2} \right) \tag{5-7-4}$$

と求められます。なお、最後の変形で $\sin k\pi = 0$ という関係を使っています（図 5-7-2 参照）。な

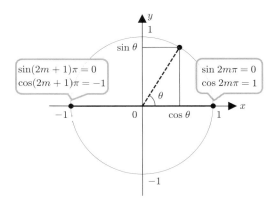

図 5-7-2 θ が π の整数倍の $\sin\theta$

んだかわかりにくそうな答えですが、当面そのままにしておき、b_k の方にとりかかりましょう。

　b_k も a_k と同じように積分を三つの変数領域に分けて行います。$\cos kx$ を微分すると $-k\sin kx$ ですから、$\sin kx$ の積分は $(-\cos kx)/k$ です。これを用いると、

$$
\begin{aligned}
b_k &= \frac{1}{\pi}\int_{-\pi}^{\pi} f(x)\sin kx\,dx \\
&= \frac{1}{\pi}\left\{\int_{-\pi}^{-\pi/2}(-1\cdot\sin kx)dx + \int_{-\pi/2}^{\pi/2}(1\cdot\sin kx)dx + \int_{\pi/2}^{\pi}(-1\cdot\sin kx)dx\right\} \\
&= \frac{1}{\pi}\left\{\left[\frac{\cos kx}{k}\right]_{-\pi}^{-\pi/2} + \left[-\frac{\cos kx}{k}\right]_{-\pi/2}^{\pi/2} + \left[\frac{\cos kx}{k}\right]_{\pi/2}^{\pi}\right\} \\
&= \frac{1}{\pi k}\left\{\left[\cos k\left(-\frac{\pi}{2}\right)-\cos k\pi\right]-\left[\cos k\left(\frac{\pi}{2}\right)-\cos k\left(-\frac{\pi}{2}\right)\right]+\left[\cos k\pi-\cos k\left(\frac{\pi}{2}\right)\right]\right\} \\
&= \frac{1}{\pi k}\left\{\left[\cos k\left(\frac{\pi}{2}\right)-\cos k\pi\right]-\left[\cos k\left(\frac{\pi}{2}\right)-\cos k\left(\frac{\pi}{2}\right)\right]+\left[\cos k\pi-\cos k\left(\frac{\pi}{2}\right)\right]\right\} = 0.
\end{aligned}
$$

$$(5\text{-}7\text{-}5)$$

ここで、$\cos(-\theta)=\cos\theta$ という関係を使っています。b_k はすべてゼロとわかりました。

　では、a_0 はどうでしょうか？　図 5-7-1 を見ると、$f(x)$ は $+1$ の部分が x の π 幅にわたっており、$f(x)$ が -1 の部分が x が負の部分と正の部分に合わせてやはり π 幅にわたっています。これにより、この $f(x)$ の区間全体の平均値はゼロであろうと、すなわち a_0 はゼロではないかと思われます。実際の計算で確認してみましょう。

$$
\begin{aligned}
a_0 &= \frac{1}{\pi}\int_{-\pi}^{\pi} f(x)dx = \frac{1}{\pi}\left\{\int_{-\pi}^{-\pi/2}(-1)dx + \int_{-\pi/2}^{\pi/2}1dx + \int_{\pi/2}^{\pi}(-1)dx\right\} \\
&= \frac{1}{\pi}\left\{[-x]_{-\pi}^{-\pi/2} + [x]_{-\pi/2}^{\pi/2} + [-x]_{\pi/2}^{\pi}\right\} \\
&= \frac{1}{\pi}\left\{-\left[\left(-\frac{\pi}{2}\right)-(-\pi)\right]+\left[\frac{\pi}{2}-\left(-\frac{\pi}{2}\right)\right]-\left[\pi-\left(\frac{\pi}{2}\right)\right]\right\} \\
&= \frac{1}{\pi}\left(\frac{\pi}{2}-\pi+\frac{\pi}{2}+\frac{\pi}{2}-\pi+\frac{\pi}{2}\right) = 0
\end{aligned}
$$

$$(5\text{-}7\text{-}6)$$

やはり、予想どおりでした。この積分は簡単なので解説は要りませんね。結局、残ったのは $a_k\ (k>0)$ だけです。

　では、図 5-7-3 を参考にしつつ具体的な数値を求めてみましょう。

$$
\begin{aligned}
a_k &= \tfrac{4}{\pi k}\sin k\left(\tfrac{\pi}{2}\right) \qquad (k>0) \\
a_1 &= \tfrac{4}{\pi}\sin\left(\tfrac{\pi}{2}\right)=\tfrac{4}{\pi}, & a_2 &= \tfrac{4}{2\pi}\sin\left(2\times\tfrac{\pi}{2}\right)=\tfrac{2}{\pi}\sin(\pi)=0, \\
a_3 &= \tfrac{4}{3\pi}\sin\left(3\times\tfrac{\pi}{2}\right)=-\tfrac{4}{3\pi}, & a_4 &= \tfrac{4}{4\pi}\sin\left(4\times\tfrac{\pi}{2}\right)=\tfrac{1}{\pi}\sin(2\pi)=0, \\
a_5 &= \tfrac{4}{5\pi}\sin\left(5\times\tfrac{\pi}{2}\right)=\tfrac{4}{5\pi}, & a_6 &= \tfrac{4}{6\pi}\sin\left(6\times\tfrac{\pi}{2}\right)=\tfrac{2}{3\pi}\sin(3\pi)=0, \\
a_7 &= \tfrac{4}{7\pi}\sin\left(7\times\tfrac{\pi}{2}\right)=-\tfrac{4}{7\pi}, & a_8 &= \tfrac{4}{8\pi}\sin\left(8\times\tfrac{\pi}{2}\right)=\tfrac{1}{\pi}\sin(4\pi)=0, \\
\cdots
\end{aligned}
$$

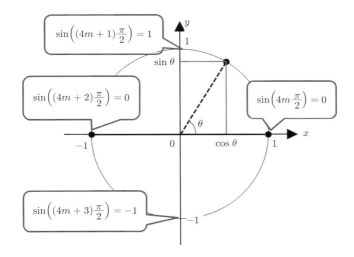

図 5-7-3 $\sin(m\pi/2)$ の値

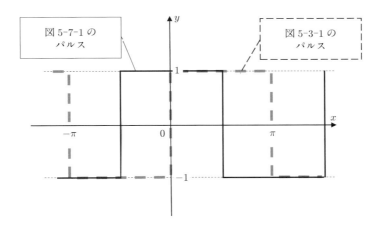

図 5-7-4 位相だけが 1/4 周期異なる矩形波（実線と破線）

偶数次項はすべてゼロで奇数次項だけが残り、

$$S_n(x) = \frac{4}{\pi}\left(\cos x - \frac{1}{3}\cos 3x + \frac{1}{5}\cos 5x - \frac{1}{7}\cos 7x + \cdots\right) \tag{5-7-7}$$

と書けることがわかります。

　この結果を図 5-3-1 に示したパルスと比較してみましょう。図 5-7-4 に比較した図を載せておきますが、振幅もパルス幅もまったく同じで、違う点といえば立ち上がりと立ち下がりの位置（「位相がずれている」という）だけです。立ち上がりが $x = 0$ の原点にある図 5-3-1 のパルスのフーリエ級数展開は

$$S_n(x) = \frac{4}{\pi} \left(\sin x + \frac{1}{3} \sin 3x + \frac{1}{5} \sin 5x + \frac{1}{7} \sin 7x + \cdots \right) \tag{5-7-8}$$

でした。どちらもバイアスがなく波形の平均値がゼロです（平衡しています）から、初項 a_0 はゼロです。パルスの振幅もどちらも1ですから、フーリエ級数展開の係数も $4/\pi$ が全体に掛かっていて共通です。そして、どちらも奇数番目の項だけで構成されています（$k = 1, 3, 5, 7, \ldots$）。最も大きな違いは、本例のパルスが y 軸に関して線対称なパルスで、コサイン関数で展開されているのに対して、図5-7-1のパルスは原点 $(x = 0)$ に関して点対称になっていてサイン関数で展開されている点です。

　では、式 (5-7-7) がどんなパルス波形を表すか見てみましょう。まず、表を作って計算しますと表5-7-1のようになります。これをグラフにプロットしたものが図5-7-5です。

　これも一見何の変哲もないコサインカーブの集まりです。これを加え合わせたものはパルスに近づくでしょうか？　次の図5-7-6で次数を増やしながら比べてみましょう。今度は少しがんばって、第1項から第7項まで近似を増やして比較もしてみます。ただし、x は0から π までとします。

　この図でわかるように、コサイン級数も同様にパルスを表します。また、展開項数によらず、立ち下がりのカーブはすべてちょうど $\pi/2$ のところで $y = 0$ となって x 軸と交差していますね。また、展開近似の項数を増やすほど立ち下がりのスロープが急峻になっていくことにも気がつきます。

表 5-7-1　矩形パルス（図5-7-1）のフーリエ成分

x/π	0	0.1	0.2	0.3	0.4	0.5	0.6	0.7	0.8	0.9	1
$(4/\pi)\cos x$	1.27	1.21	1.03	0.75	0.39	0.00	−0.39	−0.75	−1.03	−1.21	−1.27
$-(4/3\pi)\cos 3x$	−0.42	−0.25	0.13	0.40	0.34	0.00	−0.34	−0.40	−0.13	0.25	0.42
$(4/5\pi)\cos 5x$	0.25	0.00	−0.25	0.00	0.25	0.00	−0.25	0.00	0.25	0.00	−0.25

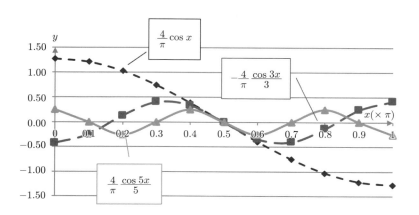

図 5-7-5　矩形パルス（図5-7-1）のフーリエ展開成分

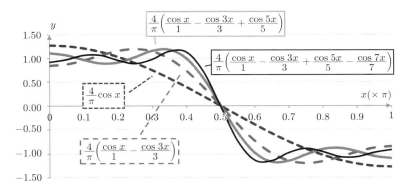

図 5-7-6 矩形パルス（図 5-7-1）のフーリエ級数展開

5.8 ランプ波形のフーリエ級数

　前節までは、一定振幅の矩形パルスのフーリエ級数展開を求めてきました。ここでは値が時間に比例して増えていくタイプの波形について考えてみましょう。ランプ波形の一例を図 5-8-1 に示しますが、この波形は英語で「傾斜路 (ramp)」のような波形なのでその名があります（「明かり」の "lamp" とは違いますので念のため）。ここでは簡単のため、$y = x$ のように増加するものとします。ただし、周期はこれまでと同様 2π ですから、周期の外では同じ波形が繰り返されていると考えましょう。この波形を数式で表現すると次式となります。

$$f(x) = x \quad (-\pi \le x \le \pi). \tag{5-8-1}$$

　フーリエ係数 $a_k\,(k \ge 0)$, $b_k\,(k \ge 1)$ を定義に従って求めてみましょう。念のため、定義を再掲します。

$$a_k = \frac{1}{\pi} \int_{-\pi}^{\pi} f(x) \cos kx\,dx, \quad b_k = \frac{1}{\pi} \int_{-\pi}^{\pi} f(x) \sin kx\,dx. \tag{5-8-2}$$

まず、a_0 から求めましょう。

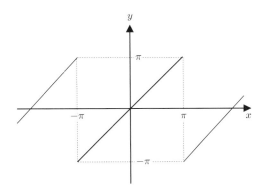

図 5-8-1 ランプ波形

$$a_0 = \frac{1}{\pi} \int_{-\pi}^{\pi} f(x)dx = \frac{1}{\pi} \int_{-\pi}^{\pi} xdx = \frac{1}{\pi} \left[\frac{1}{2}x^2 \right]_{-\pi}^{\pi}$$
$$= \frac{1}{\pi} \left\{ \frac{1}{2}\pi^2 - \frac{1}{2}(-\pi)^2 \right\} = \frac{1}{\pi} \left(\frac{1}{2}\pi^2 - \frac{1}{2}\pi^2 \right) = 0 \tag{5-8-3}$$

初項 a_0 はゼロとわかりました。波形をよく見ると、y 軸のプラス側とマイナス側にバランスがとれて（平衡して）いるのであらかじめそれを予測していた読者もいるでしょう。では、a_k はどうでしょうか？

$$a_k = \frac{1}{\pi} \int_{-\pi}^{\pi} f(x) \cos kx dx = \frac{1}{\pi} \int_{-\pi}^{\pi} x \cos kx dx$$
$$= \frac{1}{\pi} \left\{ \left[\frac{x}{k} \sin kx \right]_{-\pi}^{\pi} - \frac{1}{k} \int_{-\pi}^{\pi} \sin kx dx \right\}$$
$$= \frac{1}{\pi} \left\{ \frac{1}{k} \left[\pi \sin k\pi - (-\pi) \sin(-k\pi) \right] - \frac{1}{k^2} \left[-\cos kx \right]_{-\pi}^{\pi} \right\} \tag{5-8-4}$$
$$= \frac{1}{\pi} \left\{ \frac{\pi}{k} \left(\sin k\pi - \sin k\pi \right) + \frac{1}{k^2} \left[\cos k\pi - \cos(-k\pi) \right] \right\}$$
$$= \frac{1}{\pi} \left\{ \frac{\pi}{k}(0) - \frac{1}{k^2} \left[\cos k\pi - \cos k\pi \right] \right\} = 0$$

となり、やはりゼロでした。ここで、$\sin(-kx) = -\sin(kx), \cos(-kx) = \cos(kx)$ という関係が使われています。では、最後に b_k はどうでしょうか？

$$b_k = \frac{1}{\pi} \int_{-\pi}^{\pi} f(x) \sin kx dx = \frac{1}{\pi} \int_{-\pi}^{\pi} x \sin kx dx$$
$$= \frac{1}{\pi} \left\{ \left[-\frac{x}{k} \cos kx \right]_{-\pi}^{\pi} + \frac{1}{k} \int_{-\pi}^{\pi} \cos kx dx \right\}$$
$$= -\frac{1}{\pi} \left\{ \frac{1}{k} \left[\pi \cos k\pi - (-\pi) \cos(-k\pi) \right] + \frac{1}{k^2} \left[\sin kx \right]_{-\pi}^{\pi} \right\} \tag{5-8-5}$$
$$= -\frac{1}{\pi} \left\{ \frac{1}{k} \left(2\pi \cos k\pi \right) + \frac{1}{k^2} \left[\sin k\pi - \sin(-k\pi) \right] \right\} = -\frac{2}{k}(-1)^k = \frac{2}{k}(-1)^{k+1}$$

となりますが、ここで、$\cos k\pi = (-1)^k, \sin k\pi = 0$ であったことを使っています（図 5-7-2 参照）。フーリエ係数は一応求まりましたが、一見わかりにくい形ですので、k が 6 までについて計算して表にしてみましょう。これが表 5-8-1 です。

　結局、図 5-8-1 のランプ波形をフーリエ級数展開すると、次式のようになることがわかりました。

表 5-8-1　ランプ波形のフーリエ係数 $(1 \leq k \leq 6)$

k	1	2	3	4	5	6
b_k	2	$2 \cdot \dfrac{-1}{2} = -1$	$2 \cdot \dfrac{-1}{3} = \dfrac{2}{3}$	$2 \cdot \dfrac{-1}{4} = -\dfrac{1}{2}$	$2 \cdot \dfrac{1}{5} = \dfrac{2}{5}$	$2 \cdot \dfrac{-1}{6} = -\dfrac{1}{3}$

表 5-8-2 ランプ波のフーリエ成分 $(0 \leq x \leq \pi,\ k = 1, \ldots, 6)$

x/π	0	0.1	0.2	0.3	0.4	0.5	0.6	0.7	0.8	0.9	1
$\sin x$	0.00	0.31	0.59	0.81	0.95	1.00	0.95	0.81	0.59	0.31	0.00
$(\sin 2x)/(-2)$	0.00	-0.29	-0.48	-0.48	-0.29	0.00	0.29	0.48	0.48	0.29	0.00
$(\sin 3x)/3$	0.00	0.27	0.32	0.10	-0.20	-0.33	-0.20	0.10	0.32	0.27	0.00
$(\sin 4x)/(-4)$	0.00	-0.24	-0.15	0.15	0.24	0.00	-0.24	-0.15	0.15	0.24	0.00
$(\sin 5x)/5$	0.00	0.20	0.00	-0.20	0.00	0.20	0.00	-0.20	0.00	0.20	0.00
$(\sin 6x)/(-6)$	0.00	-0.16	0.10	0.10	-0.16	0.00	0.16	-0.10	-0.10	0.16	0.00
$S_6(x)$	0.00	0.18	0.76	0.96	1.08	1.73	1.94	1.89	2.86	2.94	0.00

$$S_6(x) = 2\sin x - \sin 2x + \frac{2}{3}\sin 3x - \frac{1}{2}\sin 4x + \frac{2}{5}\sin 5x - \frac{1}{3}\sin 6x$$
$$= 2\left(\sin x - \frac{1}{2}\sin 2x + \frac{1}{3}\sin 3x - \frac{1}{4}\sin 4x + \frac{1}{5}\sin 5x - \frac{1}{6}\sin 6x\right) \tag{5-8-6}$$

この2行目のように係数2で括った方がわかりやすいですね。パルス波形のフーリエ展開のように奇数次項だけでなく、偶数次も奇数次もすべてそろっていますが、偶数次には負号がついています。これがランプ波形を表すので、念のため実際に表 5-8-2 のように計算して確認しておきましょう。ここでも見やすさのため、偏角 x は $0 \sim \pi$ を 10 等分して計算していますので、実際の計算のときは $x \times \pi$ を変数とします。

これらをグラフに描くと、図 5-8-2 のようになります。参考として、近似される関数 $y = x$ とフーリエ級数 $S_6(x)$ も示しました。この図を見ると、$x = 0$ からスタートしたそれぞれのサインカーブは、奇数次項は y 軸の正の方向に出発するのに対して、偶数次項は y 軸の負の方向に出ていきます。どのカーブも規則正しく x 軸にまとわりつきながら $x = \pi$ でまた $y = 0$ に集まってくるのですが、集まるときは全部が y 軸の正の方向から揃ってやってきます。例えば、第6項目の $-2(\sin 6x)/6$ は $x = 0$ を出発してから規則正しく x 軸を縫うように進んでいき、$x = \pi$ で $y = 0$ になるのが6度目になっていますが、これも y が正の方向から $(\pi, 0)$ の点に集まっていきます。他も同様です。これらをすべて加えると、図中にも示した $y = x$ の直線にまとわりつくフーリエ級数展開 $S_6(x)$ が得られるのです。

この節の最後にランプ波形のフーリエ級数展開をプロットしておきます。この図 5-8-3 では、$y = x$ であることがわかりやすいように横軸だけでなく縦軸も π で規格化して示していますから、実際の値は π 倍してみる必要がありますが、$y = x$ のグラフを振動的に近似している様子がよくわかると思います。この図を見ると、フーリエ級数展開の項数を増やすほど近似関数が $y = x$ と交わる点が増えていくことがわかります。例えば、二項の和 $S_2(x) = 2(\sin x - (\sin 2x)/2)$ では、$-\pi \leq x \leq \pi$ の範囲で $y = x$ と5回交差していますが、$S_4(x)$ ではこれが9回、$S_6(x)$ では13回に増えて、近似曲線が原関数 $(y = x)$ に近づいていく（近似がよくなっていく）ことが確認できます。しかし一方、$x = \pm\pi$ の近くでは近似関数が原関数から離れていってしまっていることにも気がつくでしょう。これは、原関数 $y = x$ $(-\pi \leq x \leq \pi)$ は $x = \pm\pi$ で不連続であるのに対して、フーリエ級数展開は $x = \pm\pi$ で連続なサインカーブの和でこれを近似しているためです。

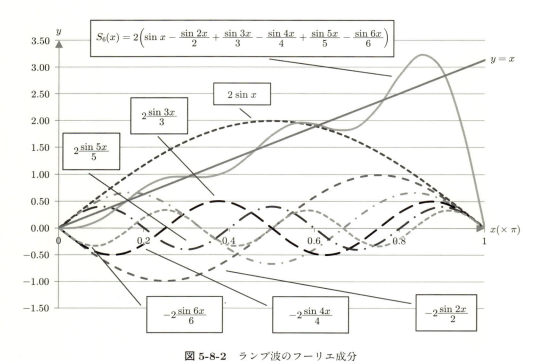

$$S_6(x) = 2\left(\sin x - \frac{\sin 2x}{2} + \frac{\sin 3x}{3} - \frac{\sin 4x}{4} + \frac{\sin 5x}{5} - \frac{\sin 6x}{6}\right)$$

図 5-8-2　ランプ波のフーリエ成分

参考として、近似される関数 $y = x$ とフーリエ級数 $S_6(x)$ も示す。

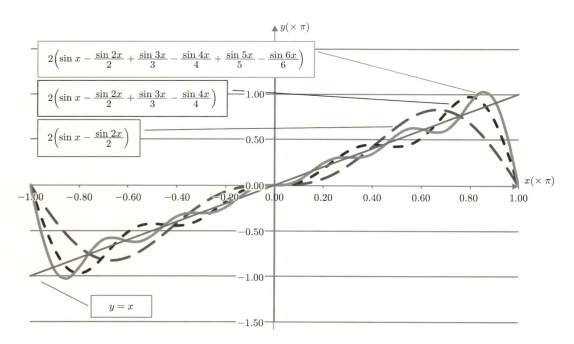

図 5-8-3　ランプ波のフーリエ級数展開 $(n = 2, 4, 6)$

5.9 三角波のフーリエ級数

これまでは、不連続点をもつ関数（波形）のフーリエ級数展開を求めてきました。本節では、折れ曲がりはあるものの、波形自体は連続な関数として三角波を取り上げます。その一例として、図5-9-1 で示される三角波を考えましょう。原点で折れ曲がっており、ここでマクローリン展開することはできません。数式では次のように表されます。

$$f(x) = |x| \quad (-\pi \leq x < \pi). \tag{5-9-1}$$

この関数 $f(x)$ は変数 x の絶対値という意味です。

まず、a_0 から始めましょう。絶対値をとるという定義によって、x が負なら $-x$、正ならそのまま x として、それらを別々に積分します。

$$a_0 = \frac{1}{\pi} \left\{ \int_{-\pi}^{0} (-x) \cdot dx + \int_{0}^{\pi} x \cdot dx \right\} = \frac{1}{\pi} \left\{ \int_{\pi}^{0} t\,(-dt) + \int_{0}^{\pi} x \cdot dx \right\}. \tag{5-9-2}$$

ここで、第 1 の積分の変数を $x = -t$ と変換したのが右辺第 1 の積分です。すると、括弧の中の $-dt$ の負号を使って積分領域を反転させることができます。つまり、

$$\int_{a}^{b} t(-dt) = \int_{a}^{b} -t\,dt = \int_{b}^{a} t\,dt \tag{5-9-3}$$

ということです。a から b だった積分が、b から a に変わっていることに注意しましょう。これを用いると

$$a_0 = \frac{1}{\pi} \left(\int_{0}^{\pi} t \cdot dt + \int_{0}^{\pi} x \cdot dx \right) = \frac{2}{\pi} \int_{0}^{\pi} x \cdot dx = \frac{2}{\pi} \left[\frac{x^2}{2} \right]_{0}^{\pi} = \frac{1}{\pi} \left[\pi^2 - 0 \right] = \pi \tag{5-9-4}$$

となります。この第 2 辺では括弧の中の積分は二つとも同じ形をしていて、積分変数のみが違います。積分したら積分変数は消えてしまいますから、t でも x でも何でも構いません。つまり第 1 の積分も第 2 の積分も結局同じもの、ということで第 3 辺では x の積分の 2 倍になっています。あとは簡単ですね。

次に a_k です。同じように式 (5-9-3) を利用し、$\cos(-kx) = \cos kx$ という関係を思い出します。

$$a_k = \frac{1}{\pi} \left\{ \int_{-\pi}^{0} (-x \cos kx)dx + \int_{0}^{\pi} x \cos kx\,dx \right\} = \frac{1}{\pi} \left\{ \int_{\pi}^{0} t \cos(-kt)\,(-dt) + \int_{0}^{\pi} x \cos kx\,dx \right\}$$

$$= \frac{1}{\pi} \left(\int_{0}^{\pi} t \cos kt\,dt + \int_{0}^{\pi} x \cos kx\,dx \right) = \frac{1}{\pi} \left(2 \int_{0}^{\pi} x \cos kx\,dx \right). \tag{5-9-5}$$

ここまで計算を進めると、x と $\cos kx$ の積を積分する必要が出てきました。ここで部分積分の公式

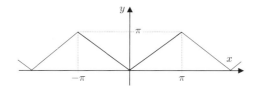

図 5-9-1 三角波

$$\int_a^b f \cdot g' dx = [f \cdot g]_a^b - \int_a^b f' \cdot g dx \qquad (5\text{-}9\text{-}6)$$

を利用します（ただし、f, g は x の関数で、f' は f の x での微分 df/dx を表し、$f = x$, $g' = \cos kx$ とする）。

$$
\begin{aligned}
\frac{2}{\pi} \int_0^\pi x \cos kx dx &= \frac{2}{\pi} \int_0^\pi x \cdot \left(\frac{\sin kx}{k} \right)' dx = \frac{2}{\pi k} \int_0^\pi x \cdot (\sin kx)' \, dx \\
&= \frac{2}{\pi k} \left\{ [x \cdot \sin kx]_0^\pi - \int_0^\pi x' \sin kx dx \right\} \\
&= \frac{2}{\pi k} \left\{ [\pi \sin \pi - 0] - \int_0^\pi \sin kx dx \right\} \\
&= \frac{2}{\pi k} \left\{ [0 - 0] + \left[\frac{\cos kx}{k} \right]_0^\pi \right\} = \frac{2}{\pi k^2} [\cos k\pi - 1] = \frac{2}{\pi k^2} \left[(-1)^k - 1 \right].
\end{aligned}
\qquad (5\text{-}9\text{-}7)
$$

ここでもまた、図 5-9-2 の関係を使っています。

では、7 までの k について実際に計算して確認しておきましょう。これは表 5-9-1 のようになります。-1 の偶数乗 $(-1)^{2m}$ は 1 ですから k が偶数であれば $1 - 1 = 0$ となって、偶数次項は 0 です。一方、-1 の奇数乗 $(-1)^{2m+1}$ は -1 ですから k が奇数であれば $-1 - 1 = -2$ となって、奇数次項のみ残ることがわかります。

残りの b_k についても計算しましょう。ここでは $\sin(-kx) = -\sin kx$ という関係を使います。

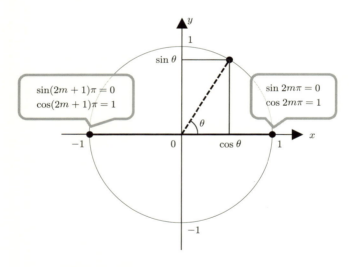

図 5-9-2　偏角 θ が π の整数倍の $\sin \theta$, $\cos \theta$

表 5-9-1　三角波の a_k $(0 \leq k \leq 7)$

k	0	1	2	3	4	5	6	7
a_k	π	$\dfrac{2}{\pi} \cdot \dfrac{-2}{1^2}$ $= -\dfrac{4}{1^2 \pi}$	0	$\dfrac{2}{\pi} \cdot \dfrac{-2}{3^2}$ $= -\dfrac{4}{3^2 \pi}$	0	$\dfrac{2}{\pi} \cdot \dfrac{-2}{5^2}$ $= -\dfrac{4}{5^2 \pi}$	0	$\dfrac{2}{\pi} \cdot \dfrac{-2}{7^2}$ $= -\dfrac{4}{7^2 \pi}$

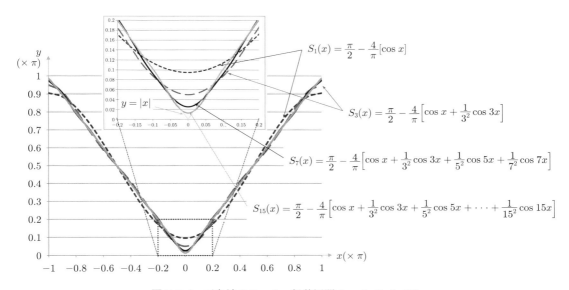

図 **5-9-3** 三角波のフーリエ級数展開 (n =1, 3, 7, 15)

$$b_k = \frac{1}{\pi}\left\{\int_{-\pi}^{0}(-x\sin kx)dx + \int_{0}^{\pi}x\sin kxdx\right\} = \frac{1}{\pi}\left\{\int_{\pi}^{0}t\sin(-kt)(-dt) + \int_{0}^{\pi}x\sin kxdx\right\}$$

$$= \frac{1}{\pi}\left\{\int_{0}^{\pi}(-t\sin kt)dt + \int_{0}^{\pi}x\sin kxdx\right\} = \frac{1}{\pi}\left\{-\int_{0}^{\pi}t\sin ktdt + \int_{0}^{\pi}x\sin kxdx\right\} \quad (5\text{-}9\text{-}8)$$

$$= \frac{1}{\pi}\left\{-\int_{0}^{\pi}x\sin kxdx + \int_{0}^{\pi}x\sin kxdx\right\} = 0$$

より、b_k の項はすべてゼロとわかりました。よって、三角波のフーリエ級数展開は a_k の項のみで構成され、次のようになります（ここで k は奇数）。

$$S_k(x) = \frac{\pi}{2} - \frac{4}{\pi}\left(\cos x + \frac{1}{3^2}\cos 3x + \frac{1}{5^2}\cos 5x + \frac{1}{7^2}\cos 7x + \cdots + \frac{1}{n^2}\cos kx\right). \quad (5\text{-}9\text{-}9)$$

図 5-9-3 に $\cos x$ の第 1 次項のみの近似、3 次までの近似、および 7 次、15 次までの近似を比較してプロットしました。一見してわかるように、$x = 0$ と $x = \pm\pi$ 付近以外は、近似がよすぎて 3 次までから 15 次までの近似曲線はほとんど重なってしまっています。このため、内挿図に $-0.2 \le x \le 0.2$ までの拡大図を示します。フーリエ級数展開は、連続関数であればたとえ微係数に不連続（折れ曲がりや尖った部分）があるような関数でも近似可能なのです。無限に近似項数を増やせば近似は無限に原関数に近づいていきます。

5.10 不連続点とギブスの現象

前節までの議論で、フーリエ級数展開が特に連続関数に対して優れた近似を与え、不連続点をもつ関数に対しても不連続点近傍以外は近似できることが理解できたと思います。では、矩形パルス波形のような段差のある関数をフーリエ級数展開近似していった場合について、少し詳しく見てみましょう。

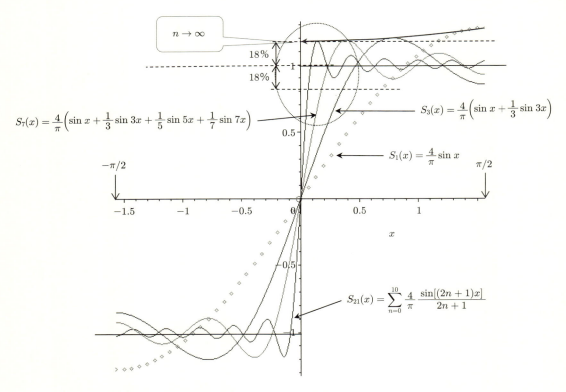

図 5-10-1　段差がある波形のフーリエ級数展開は段差で振動が残る

$$S_k(x) = \frac{4}{\pi} \left(\sin x + \frac{1}{3} \sin 3x + \frac{1}{5} \sin 5x + \frac{1}{7} \sin 7x + \cdots + \frac{1}{k} \sin kx \right). \tag{5-10-1}$$

この式は図 5-10-1 のような、$x = 0$ で -1 から $+1$ へ立ち上がる振幅 1 の矩形パルスのフーリエ級数展開を与えるのでした。ただしここで、次数 k は奇数のみに限られます。このフーリエ級数展開は $x = 0$ の近辺で振動するのは図からも明らかですが、そのピーク値がどうなるか考えてみましょう。

　第 1 次近似

$$S_1(x) = \frac{4}{\pi} \left(\sin x \right) \tag{5-10-2}$$

が $x = \pi/2$ でピークをもち、その値が $4/\pi$ でおよそ 1.273 あることはすぐわかります。では、

$$S_3(x) = \frac{4}{\pi} \left(\sin x + \frac{1}{3} \sin 3x \right) \tag{5-10-3}$$

の $x = 0$ に近いピーク値はどこにあるでしょう？　これを探すには、$S_3(x)$ を微分して得られる導関数がゼロとなる x の値を求めればよいですね。式 (5-10-3) を微分すると

$$\frac{dS_3(x)}{dx} = \frac{4}{\pi} \left(\cos x + \frac{3}{3} \cos 3x \right) = \frac{4}{\pi} \left(\cos x + \cos 3x \right) \tag{5-10-4}$$

となります。ここでコサインの和積の公式

$$\cos(\alpha + \beta) + \cos(\alpha - \beta) = 2\cos\alpha \cdot \cos\beta$$

を思い出すと

$$\frac{dS_3(x)}{dx} = \frac{4}{\pi}\left(\cos x + \cos 3x\right) = \frac{4}{\pi} \cdot 2\left(\cos x \cdot \cos 2x\right) = 0 \tag{5-10-5}$$

の最小となる解を求めればよいことがわかります。$\cos x$ に比べて $\cos 2x$ は位相が2倍速くまわるわけですから、$x = 0$ から出発して最初にゼロになるのは $\cos 2x$ の方で、それは $2x = \pi/2$、すなわち $x = \pi/4$ ですね。そのときの S_3 の値は

$$S_3\left(\frac{\pi}{4}\right) = \frac{4}{\pi}\left\{\sin\left(\frac{\pi}{4}\right) + \frac{1}{3}\sin\left(\frac{3\pi}{4}\right)\right\} \cong 1.200 \tag{5-10-6}$$

と求められます。

　同じようにして、高次のフーリエ展開近似の第1ピークの位置とその高さをプロットすると図5-10-2のようになります。近似次数を増やしていくと、その値はおよそ1.18に収束していくことがわかります。つまり、図5-10-1に楕円で囲って示したように −1 から +1 への段差付近では

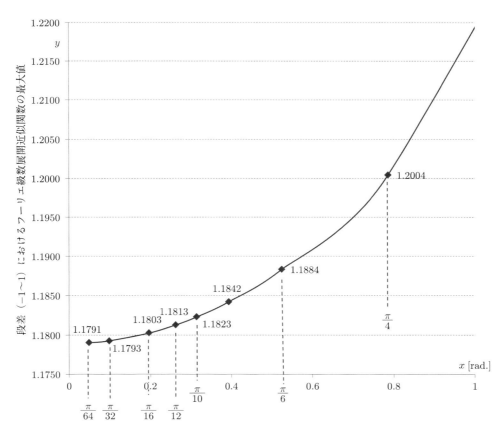

図 **5-10-2**　フーリエ展開近似の第1ピークの位置（横軸）とその高さ（縦軸）

$\pm 18\%$ の振動成分がどうしても残ってしまいます。これは**Gibbsの現象**[7]とよばれています。当然のことですが、段差が 0 から 1 へ<u>立ち上がる</u>（振幅が半分の）場合には振動成分も半分の $\pm 9\%$ となります。

具体例として、図 5-10-1 にある

$$S_7(x) = \frac{4}{\pi}\left(\sin x + \frac{1}{3}\sin 3x + \frac{1}{5}\sin 5x + \frac{1}{7}\sin 7x\right) \tag{5-10-7}$$

の最初のピークがどこに現れ（x 座標）、高さ（y 座標）がいくらになるか求めてみましょう。これを微分してゼロとおくと

$$\begin{aligned}
\frac{dS_7(x)}{dx} &= \frac{4}{\pi}(\cos x + \cos 3x + \cos 5x + \cos 7x) = \frac{4}{\pi}(2\cos x \cdot \cos 2x + 2\cos x \cdot \cos 6x) \\
&= \frac{4}{\pi}\cdot 2\cos x(\cos 2x + \cos 6x) = \frac{4}{\pi}\cdot 2\cos x(2\cos 2x \cdot \cos 4x) \\
&= \frac{4}{\pi}\cdot 4\cos x \cdot \cos 2x \cdot \cos 4x = 0
\end{aligned} \tag{5-10-8}$$

となります。$\cos x \cdot \cos 2x \cdot \cos 4x$ のうち、x をゼロから増やしていくときに最初にゼロになるのは $\cos 4x$ で、これがゼロになれば $\cos x$ や $\cos 2x$ の値にかかわらず導関数 (5-10-8) はゼロになりますから、$4x = \pi/2$ すなわち $x = \pi/8 \cong 0.393$ が最初のピークの x 座標とわかりました。図 5-10-1 の実線で示した 3 本のうちの真ん中の $S_7(x)$ の最初のピークがちょうど $x = 0.4$ あたりに現れていますね。そのときのピーク値は

$$S_7\left(\frac{\pi}{8}\right) = \frac{4}{\pi}\left\{\sin\left(\frac{\pi}{8}\right) + \frac{1}{3}\sin\left(\frac{3\pi}{8}\right) + \frac{1}{5}\sin\left(\frac{5\pi}{8}\right) + \frac{1}{7}\sin\left(\frac{7\pi}{8}\right)\right\} \cong 1.184 \tag{5-10-9}$$

と求められます。もう少し近似を進めた $S_{15}(x)$ を x で微分すると、次式のようになります。

$$\begin{aligned}
\frac{dS_{15}(x)}{dx} &= \frac{4}{\pi}(\cos x + \cos 3x + \cos 5x + \cos 7x + \cos 9x + \cos 11x + \cos 13x + \cos 15x) \\
&= \frac{4}{\pi}\cdot 8\cos x \cdot \cos 2x \cdot \cos 4x \cdot \cos 8x
\end{aligned} \tag{5-10-10}$$

$S_{15}(x)$ の最初のピークは $\cos 8x$ をゼロにする最も小さい $x = \pi/16$ にあることがわかります。同様に、$S_{31}(x)$ の最初のピークは $x = \pi/32$ に現れることがわかります。そして、最初のピークの高さは $S_{15}(x)$ では 1.1803、$S_{31}(x)$ では 1.1793 になります。

このように、最初のピークを与える x 座標を求めるための三角方程式がコサイン因子の乗積の形になるのは近似次数 $k = 2n+1$ が 1, 3, 7, 15, ... と $2^m - 1$（$m \geq 1$：整数）と書ける場合に限られ、それ以外の次数では表 5-10-1 に示すように簡単に解ける形はなりません。ただ、高い近似次数における第 1 頂点の動向を調べるためには、飛び飛びしか求まらなくても問題にはなりません。結局、$S_{2^m-1}(x)$ の導関数は次式 (5-10-11) に示すように和積の公式より m 個の因子の積で表されることになります。

---

7) この現象は A. マイケルソン（「マイケルソン・モーレーの実験」でノーベル賞を受賞したアメリカの実験物理学者）が『ネイチャー』誌に載せた質問（1898 年）に対する J. W. ギブスの答えに含まれていたことにちなんで彼の名が冠されている。しかし、ポール J. ナーインはその著書『オイラー博士の素敵な数式』（小山信也 訳、ちくま学芸文庫、2020）の第 4 章「フーリエ級数」において、実は当時ケンブリッジ大学の学生だったヘンリー・ウィルブラハム (1825〜1883) が 1848 年の論文においてその 50 年も前にすでに証明していたことを指摘している。

表 5-10-1 段差がある波形のフーリエ級数展開の導関数と段差での近似波形の傾き $S'_n(0)$

フーリエ級数 $S_k(x)$	フーリエ級数 $S_k(x)$ の導関数	$S'_k(0)$
$S_1(x) = \frac{4}{\pi} \sin x$	$S'_1(x) = \frac{4}{\pi} \cos x$	$\frac{4}{\pi} \cdot 1$
$S_3(x) = \frac{4}{\pi} \left(\sin x + \frac{\sin 3x}{3} \right)$	$S'_3(x) = \frac{4}{\pi} \cdot 2 \left(\cos x \cdot \cos 2x \right)$	$\frac{4}{\pi} \cdot 2$
$S_5(x) = \frac{4}{\pi} \left(\sin x + \frac{\sin 3x}{3} + \frac{\sin 5x}{5} \right)$	$S'_5(x) = \frac{4}{\pi} \left(\cos x + \cos 3x + \cos 5x \right)$ $= \frac{4}{\pi} \cos x \left(1 + 2 \cos 4x \right)$	$\frac{4}{\pi} \cdot 3$
$S_7(x) = \frac{4}{\pi} \left(\sin x + \frac{\sin 3x}{3} + \frac{\sin 5x}{5} + \frac{\sin 7x}{7} \right)$	$S'_7(x) = \frac{4}{\pi} \left(\cos x + \cos 3x + \cos 5x + \cos 7x \right)$ $= \frac{4}{\pi} \left\{ 2 \cos x \cdot \left(2 \cos 2x \cdot \cos 4x \right) \right\}$	$\frac{4}{\pi} \cdot 4$
$S_9(x) = \frac{4}{\pi} \left(\sin x + \frac{\sin 3x}{3} + \frac{\sin 5x}{5} \right.$ $\left. + \frac{\sin 7x}{7} + \frac{\sin 9x}{9} \right)$	$S'_9(x) = \frac{4}{\pi} \left(\cos x + \cos 3x + \cos 5x \right.$ $\left. + \cos 7x + \cos 9x \right)$ $= \frac{4}{\pi} \left[\cos x \left\{ 1 + 4 \left(\cos 2x \cdot \cos 6x \right) \right\} \right]$	$\frac{4}{\pi} \cdot 5$
$S_{11}(x) = \frac{4}{\pi} \left(\sin x + \frac{\sin 3x}{3} + \frac{\sin 5x}{5} + \frac{\sin 7x}{7} \right.$ $\left. + \frac{\sin 9x}{9} + \frac{\sin 11x}{11} \right)$	$S'_{11}(x) = \frac{4}{\pi} \left(\cos x + \cos 3x + \cos 5x \right.$ $\left. + \cos 7x + \cos 9x + \cos 11x \right)$ $= \frac{4}{\pi} \left\{ 2 \cos x \cos 2x \left(1 + 2 \cos 8x \right) \right\}$	$\frac{4}{\pi} \cdot 6$
$S_{15}(x) = \frac{4}{\pi} \left(\sin x + \frac{\sin 3x}{3} + \frac{\sin 5x}{5} \right.$ $+ \frac{\sin 7x}{7} + \frac{\sin 9x}{9} + \frac{\sin 11x}{11}$ $\left. + \frac{\sin 13x}{13} + \frac{\sin 15x}{15} \right)$	$S'_{15}(x) = \frac{4}{\pi} \left(\cos x + \cos 3x + \cos 5x \right.$ $+ \cos 7x + \cos 9x + \cos 11x$ $\left. + \cos 13x + \cos 15x \right)$ $= \frac{4}{\pi} \left(8 \cos x \cdot \cos 2x \cdot \cos 4x \cdot \cos 8x \right)$	$\frac{4}{\pi} \cdot 8$

$$\frac{dS_{2^m-1}(x)}{dx} = \frac{4}{\pi} 2^{m-1} \prod_{k=0}^{m-1} \cos \left(2^k x \right). \tag{5-10-11}$$

これをゼロにする最小の x_0 は $\cos \left(2^{m-1} x \right) = 0$ の解で、次のように簡単に求まります。

$$2^{m-1} x_0 = \frac{\pi}{2} \qquad \therefore x_0 = \frac{\pi}{2^m} \tag{5-10-12}$$

結局これが第 1 頂点の x 座標として求められ、これをフーリエ級数 $S_{2^m-1}(x)$ に代入すれば第 1 頂点の高さ（y 座標）が得られることになります。

図 5-10-2 にはこのようにして求めた第 1 頂点の軌跡を $S_{63}(\pi/64) = 1.1791$ まで示しています。ただし、上に述べた $2^m - 1$ 以外の次数についての結果も含めていますが、その導出は割愛します。ともかく $S_k(x)$ の最初のピークはおよそ $+18\%$ に収束することがわかると思います。さらに y 軸にピークが近づいたときの様子を図 5-10-3 に示します。

およその議論では満足できない人のために、やや厳密な議論をしてみましょう[8]。いま話題にしている $S_n(x)$ の定義（式 (5-10-1)）を積分で書くと、次のようになります。

---

8) この部分は『ゾンマーフェルト理論物理学講座 VI 物理数学—偏微分方程式論—』、p.10-13（講談社，1969）を参考にしています。

n	2^n	第 1 ピーク x 座標 【$\pi/2^n$】	第 1 ピーク y 座標
4	16	0.196349541	1.18028413
5	32	0.09817477	1.17930541
6	64	0.049087385	1.179061134
7	128	0.024543693	1.17900009
8	256	0.012271846	1.178984811
9	512	0.006135923	1.178981116
10	1024	0.003067962	1.178980062
15	32768	9.58738E-05	1.178979745
20	1048576	2.99606E-06	1.178979744

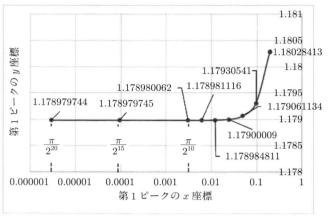

図 5-10-3　フーリエ展開近似の第 1 ピークの位置とその高さ（詳細図）

$$S_{2n+1}(x) = \frac{4}{\pi} \sum_{k=0}^{n} \frac{\sin\{(2k+1)\,x\}}{2k+1} = \frac{4}{\pi} \sum_{k=0}^{n} \int_0^x \cos(2k+1)\,\xi \, d\xi$$

$$= \frac{2}{\pi} \int_0^x \left(\sum_{k=0}^{n} e^{i(2k+1)\xi} + \sum_{k=0}^{n} e^{-i(2k+1)\xi} \right) d\xi. \tag{5-10-13}$$

この二つの級数は公比 $\exp(\pm 2i\xi)$ の等比級数なので、次のように変形できます。

$$\sum_{k=0}^{n} e^{i(2k+1)\xi} = e^{i\xi} \left(e^{0\xi} + e^{2i\xi} + e^{4i\xi} + \cdots + e^{2n\xi} \right) = e^{i\xi} \frac{1 - e^{2i(n+1)\xi}}{1 - e^{2i\xi}} = \frac{e^{i\xi}}{e^{i\xi}} \frac{1 - e^{2i(n+1)\xi}}{e^{-i\xi} - e^{i\xi}}$$

$$= e^{i(n+1)\xi} \frac{e^{-i(n+1)\xi} - e^{i(n+1)\xi}}{e^{-i\xi} - e^{i\xi}} = e^{i(n+1)\xi} \frac{\sin(n+1)\xi}{\sin\xi}, \tag{5-10-14)[a]}$$

$$\sum_{k=0}^{n} e^{-i(2k+1)\xi} = e^{-i\xi} \left(e^{-0\xi} + e^{-2i\xi} + e^{-4i\xi} + \cdots + e^{-2n\xi} \right)$$

$$= e^{-i\xi} \frac{1 - e^{-2i(n+1)\xi}}{1 - e^{-2i\xi}} = \frac{e^{-i\xi}}{e^{-i\xi}} \frac{1 - e^{-2i(n+1)\xi}}{e^{i\xi} - e^{-i\xi}}$$

$$= e^{-i(n+1)\xi} \frac{e^{i(n+1)\xi} - e^{-i(n+1)\xi}}{e^{i\xi} - e^{-i\xi}} = e^{-i(n+1)\xi} \frac{\sin(n+1)\xi}{\sin\xi}. \tag{5-10-14)[b]}$$

これを式 (5-10-13) に代入すると次のようになります。

$$S_{2n+1}(x) = \frac{2}{\pi} \int^x \left(e^{i(n+1)\xi} + e^{-i(n+1)\xi} \right) \frac{\sin(n+1)\xi}{\sin\xi} d\xi$$

$$= \frac{2}{\pi} \int_0^x \frac{2\cos\{(n+1)\,\xi\} \sin\{(n+1)\,\xi\}}{\sin\xi} d\xi = \frac{2}{\pi} \int_0^x \frac{\sin\{2\,(n+1)\,\xi\}}{\sin\xi} d\xi. \tag{5-10-15}$$

ここで、最後の変形には $2\sin\theta\cos\theta = \sin 2\theta$ なる公式を使いました。さらに、x が充分小さいときは、分母の $\sin\xi$ を ξ で置き換えることができて、

$$S_{2n+1}(x) = \frac{2}{\pi} \int_0^x \frac{\sin\{2(n+1)\xi\}}{\sin\xi} d\xi$$

$$\cong \frac{2}{\pi} \int_0^x \frac{\sin\{2(n+1)\xi\}}{\xi} d\xi = \frac{2}{\pi} \int_0^x \frac{\sin\{2(n+1)\xi\}}{2(n+1)\xi} 2(n+1) d\xi \tag{5-10-16}$$

と書き換えられます。ここで、$u = 2(n+1)\xi$, $v = 2(n+1)x$ とおくと、積分範囲は右の表に示すように変わり、式 (5-10-16) は次式 (5-10-17) となって「積分正弦関数 Si」が登場します。

ξ	$0 \to x$
u	$0 \to 2(n+1)x = \nu$

$$S_{2n+1}(\nu) = \frac{2}{\pi} \int_0^v \frac{\sin u}{u} du \cdots \begin{cases} u = 2(n+1)\xi \\ \nu = 2(n+1)x \end{cases} \tag{5-10-17}$$

これは図 5-10-4 に示すようなグラフになります。この最大値は 1.8519 なので、結局第 1 ピーク $S_{\max}$ は次のように求まり、図 5-10-3 の最も y 軸に近づいた座標 $(\pi/2^{20}, 1.1789\cdots)$ で求めた値と一致していることが確認できます。

$$S_{\max} = \frac{2}{\pi} \times 1.851937052 \cong 1.178979744. \tag{5-10-18}$$

結論として、表そうとする直線 $f(x) = 1\ (x > 0)$ よりも 18% 上がりすぎることが示されました。もちろんこれは $f(x)$ が -1 から 1 へ立ち上がるパルスの場合で、そのステップが半分のパルスなら行き過ぎ（リンギング）も 9% になります。

また、式 (5-10-1) の例を見ればすぐわかるように、このフーリエ級数展開は原点を通ります。一般的には $S_n(x)$ は不連続点においてその不連続の中点を通る、すなわち不連続点を x_0 とすると

$$S_n(x_0) = \frac{f(x_0 - 0) + f(x_0 + 0)}{2} \tag{5-10-19}$$

となります。ちなみに、$f(x_0 - 0)$ は $x = x_0$ に「負の方向から近づく極限」を意味しますから、図 5-10-1 の場合は -1 です。逆に、$f(x_0 + 0)$ は「正の方向から近づく極限」ですから同図では $+1$ ですね。その中点とは結局、図 5-10-1 の例では原点なので、「フーリエ級数展開 $S_n(x)$ は原点を

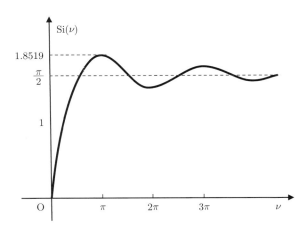

図 5-10-4 積分正弦関数

通る $(S_n(0) = 0)$」ことになります。この証明は 8.11 節で紹介します。

　この例のフーリエ級数展開 $S_n(x)$ が原点を通るとはいえ、その傾きはそれぞれ異なることが図 5-10-1 を見れば明らかです。具体的に 1 から 15 までの展開次数について計算して整理したのが表 5-10-1 です。これを見ると、$S_1(x)$ の原点での傾きは $S_1'(0) = 4/\pi$ ですが、次数 n が増えるにつれて傾きも $S_n'(0) = (4/\pi)(n+1)/2$ のように大きくなっていくことがわかります。これは、展開次数を増やせば増やすほど近似波形の傾きが大きくなる（電子工学では「立ち上がりがよくなる」）ことを示しています。

5.11　フーリエ級数展開の特徴

　これまで述べてきたフーリエ級数展開 $S_n(x)$ 近似の特徴を以下にまとめておきましょう。

　まず、

$$S_n(x) = \frac{a_0}{2} + \sum_{k=1}^{n} \left(a_k \cos kx + b_k \sin kx\right)$$

を計算するにあたり、

- $k < n$ である a_k, b_k は n によらない。
- n を $n+1$ に増やしても、計算済みの a_k, b_k に変化はなく、改めて計算すべき係数は a_{k+1}, b_{k+1} だけ。

という特徴があります。要するに、近似をよくしようとして展開次数を増やすとき、それまでに計算して求めたフーリエ係数はそのまま用いることができ、新たに計算したフーリエ成分を加えるだけでよい、ということです。波形については以下の通りです。

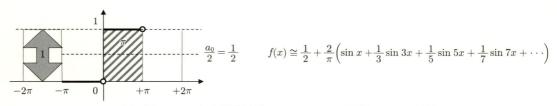

$$\frac{a_0}{2} = \frac{1}{2} \qquad f(x) \cong \frac{1}{2} + \frac{2}{\pi}\left(\sin x + \frac{1}{3}\sin 3x + \frac{1}{5}\sin 5x + \frac{1}{7}\sin 7x + \cdots\right)$$

(a) バイアス $= 1/2$ と波形振幅 p-p $= 1$ のパルス波形とフーリエ展開

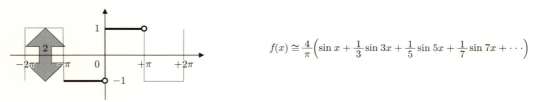

$$f(x) \cong \frac{4}{\pi}\left(\sin x + \frac{1}{3}\sin 3x + \frac{1}{5}\sin 5x + \frac{1}{7}\sin 7x + \cdots\right)$$

(b) バイアス $= 0$ と波形振幅 p-p $= 2$ のパルス波形とフーリエ展開

図 5-11-1　バイアスと波形振幅とフーリエ係数の関係

ここで "p-p" とは波形の下のピーク（最小値）から上のピーク（最大値）までの「ピーク間振幅」を意味する。電子工学では多用される。

- 展開される元の関数 $f(x)$ の 1 周期での平均値と初項 a_0 は比例する（図 5-11-1(a) 参照）。
- 展開される元の関数 $f(x)$ の振幅と 1 次以上のフーリエ係数は比例する（図 5-11-1(b) 参照）。
- 不連続点ではその不連続の中点を通る。
- 不連続点では、展開次数を増やせば増やすほど近似波形の傾きが大きくなる。
- 不連続関数でも、不連続点の周辺を除き、展開次数を増やせば増やすほど近似波形は原波形に近づいていく。連続関数では、無限次数まで近似すると近似波形は原波形に完全に一致する。

5.12 関数の偶奇性とフーリエ係数の対称性

これまでの例で、すでに気がついている読者諸君もあろうかと思いますが、ここで一つ重要な性質をまとめておきましょう。まず、偶関数 $h(x)$ と奇関数 $g(x)$ を定義します。第 1 章では偶関数を $f_e(x)$、奇関数を $f_o(x)$ と表記しましたが、ここでは見やすさのために $h(x)$ と $g(x)$ を用います。

偶関数 $h(x)$ とは、グラフに描いたときに y 軸に対して線対称となるような関数で、

$$h(x) = h(-x) \tag{5-12-1}$$

となるような関数でした。具体的には、偶数次数の冪関数 $(x^2, x^4, x^6, \dots)$ やコサイン関数、それに奇関数と奇関数の積（図 5-12-1）が偶関数に相当します。一方、奇関数 $g(x)$ とはグラフに描いたときに原点に対して点対称となるような関数で、

$$-g(x) = g(-x) \tag{5-12-2}$$

の関係を満たす関数です。具体的には、奇数次数の冪関数 $(x^1, x^3, x^5, \dots)$ やサイン関数、それに偶関数と奇関数の積（図 5-12-2）が奇関数に相当します。

そして重要なこととして、**任意の関数 $f(x)$ は偶関数と奇関数の和で表すことができる**のです。$f(x)$ を半分に割った上で、同じもの $f(-x)$ を足して引いておきます（式 (5-12-3)）。同じものを足して引いても結果には変わりないですね。

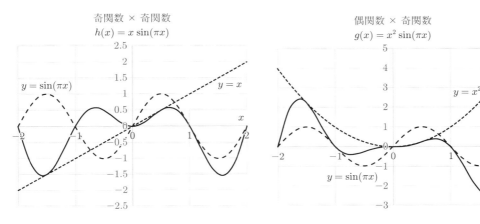

図 **5-12-1** 偶関数の例（実線）　　　　図 **5-12-2** 奇関数の例（実線）

$$f(x) = \frac{f(x)}{2} + \frac{f(x)}{2} = \frac{f(x)}{2} + \frac{f(x)}{2} + \frac{f(-x)}{2} - \frac{f(-x)}{2}. \tag{5-12-3}$$

ここで、項の順番を入れ替えます。すると、次式第 2 辺前半の中括弧は偶関数、後半の中括弧は奇関数になります。

$$f(x) = \left\{ \frac{f(x)}{2} + \frac{f(-x)}{2} \right\} + \left\{ \frac{f(x)}{2} - \frac{f(-x)}{2} \right\} = h(x) + g(x). \tag{5-12-4}$$

なぜなら

$$h(x) = \frac{f(x)}{2} + \frac{f(-x)}{2} = \frac{f(-x)}{2} + \frac{f(x)}{2} = h(-x), \tag{5-12-5}$$

$$g(x) = \frac{f(x)}{2} - \frac{f(-x)}{2} = -\frac{f(-x)}{2} + \frac{f(x)}{2} = -\left\{ \frac{f(-x)}{2} - \frac{f(x)}{2} \right\} = -g(-x) \tag{5-12-6}$$

だからです。

そこで、$f(x) = h(x) + g(x)$ のフーリエ級数展開を考えます。平均値 $(a_0/2)$ を除くと、フーリエ係数は 1 次より大きいところ $(k \geq 1)$ で波形（関数）を決定します。

$$a_k = \frac{1}{\pi} \int_{-\pi}^{\pi} f(x) \cos kx dx = \frac{1}{\pi} \int_{-\pi}^{\pi} \{h(x) + g(x)\} \cos kx dx$$

$$= \frac{1}{\pi} \left(\int_{-\pi}^{\pi} h(x) \cos kx dx + \int_{-\pi}^{\pi} g(x) \cos kx dx \right) \quad (k \geq 1)$$

と分けられますが、さらに積分範囲を x の負の部分と正の部分に分けます。

$$a_k = \frac{1}{\pi} \left(\int_{-\pi}^{0} h(x) \cos kx dx + \int_{0}^{\pi} h(x) \cos kx dx + \int_{-\pi}^{0} g(x) \cos kx dx + \int_{0}^{\pi} g(x) \cos kx dx \right).$$

ここで、x が負の部分の積分について、$-x = t$ と変数を変換します。すると

$$a_k = \frac{1}{\pi} \left(\int_{\pi}^{0} h(-t) \cos(-kt)(-dt) + \int_{0}^{\pi} h(x) \cos kx dx \right.$$

$$\left. + \int_{\pi}^{0} g(-t) \cos(-kt)(-dt) + \int_{0}^{\pi} g(x) \cos kx dx \right)$$

となり、ここでコサイン関数と $h(t)$ は偶関数、$g(t)$ は奇関数であったことを利用すると

$$a_k = \frac{1}{\pi} \left(\int_{0}^{\pi} h(-t) \cos kt dt + \int_{0}^{\pi} h(x) \cos kx dx + \int_{0}^{\pi} g(-t) \cos kt dt + \int_{0}^{\pi} g(x) \cos kx dx \right)$$

$$= \frac{1}{\pi} \left(\int_{0}^{\pi} h(t) \cos kt dt + \int_{0}^{\pi} h(x) \cos kx dx + \int_{0}^{\pi} (-g(t) \cos kt) dt + \int_{0}^{\pi} g(x) \cos kx dx \right)$$

$$= \frac{1}{\pi} \left(\int_{0}^{\pi} \{h(x) + h(x)\} \cos kx dx + \int_{0}^{\pi} \{-g(x) + g(x)\} \cos kx dx \right) = \frac{2}{\pi} \int_{0}^{\pi} h(x) \cos kx dx \tag{5-12-7}$$

となります。次に b_k も同じように計算します。

$$b_k = \frac{1}{\pi} \left(\int_{-\pi}^{0} h(x) \sin kx dx + \int_{0}^{\pi} h(x) \sin kx dx + \int_{-\pi}^{0} g(x) \sin kx dx + \int_{0}^{\pi} g(x) \sin kx dx \right).$$

そしてやはり、ここで $h(t)$ は偶関数、サイン関数と $g(t)$ は奇関数であったことを利用すると次のようになります。

$$b_k = \frac{1}{\pi} \left(\int_\pi^0 h(-t) \sin(-kt)(-dt) + \int_0^\pi h(x) \sin kx dx \right.$$
$$\left. + \int_\pi^0 g(-t) \sin(-kt)(-dt) + \int_0^\pi g(x) \sin kx dx \right)$$
$$= \frac{1}{\pi} \left(\int_0^\pi (-h(t) \sin kt) dt + \int_0^\pi h(x) \sin kx dx + \int_0^\pi g(t) \sin kt dt + \int_0^\pi g(x) \sin kx dx \right)$$
$$= \frac{1}{\pi} \left(\int_0^\pi \{-h(x) + h(x)\} \sin kx dx + \int_0^\pi \{g(x) + g(x)\} \sin kx dx \right) = \frac{2}{\pi} \int_0^\pi g(x) \sin kx dx.$$
$$(5\text{-}12\text{-}8)$$

これら式 (5-12-7) と式 (5-12-8) が意味することは次のようなことです。

- 偶関数は a_k で展開され、a_k は積分変数が正の部分のみのコサイン積分の $2/\pi$ 倍に等しい。
- 奇関数は b_k で展開され、b_k は積分変数が正の部分のみのサイン積分の $2/\pi$ 倍に等しい。

だから、平均値（バイアス）成分を別にして、展開しようとする関数 $f(x)$ が偶関数 $f_e(x)$ であれば、フーリエ係数は a_k のみとなり、

$$a = \frac{2}{\pi} \int_0^\pi f_e(x) \cos kx dx \qquad (k \geq 1) \qquad (5\text{-}12\text{-}9)$$

で与えられます（フーリエ余弦級数）。逆に、展開しようとする関数 $f(x)$ が奇関数 $f_o(x)$ であれば、フーリエ係数は b_k のみとなり、

$$b_\kappa = \frac{2}{\pi} \int_0^\pi f_0(x) \sin kx dx \qquad (5\text{-}12\text{-}10)$$

で与えられます（フーリエ正弦級数）。

5.13 パーセバルの等式と電力スペクトル

ここで、「もともとの関数 $f(x)$ とフーリエ級数 $S_n(x)$ との差（誤差）を自乗して、1 周期にわたって積分」した値すなわち自乗誤差を考えましょう。フーリエ係数を導いた際（5.3 節）にも考えたように、自乗しているのは誤差をすべて正の値としたいからで、1 周期で積分しているのは全体としての誤差を考慮するためです。これを使って、関数とフーリエ級数の誤差を見積もることにします。

自乗誤差を極小にする係数 a_k, b_k を用いて、フーリエ級数展開は

$$S_n(x) = \frac{a_0}{2} + \sum_{k=1}^n (a_k \cos kx + b_k \sin kx) \qquad (5\text{-}13\text{-}1)$$

のように表されるのでした。そこで、もともとの関数 $f(x)$ とフーリエ級数 $S_n(x)$ との自乗誤差を次式 (5-13-2) で定義します。

$$\varepsilon_n\left(x\right)=\int_{-\pi}^{\pi}\left\{f(x)-S_n(x)\right\}^2 dx=\int_{-\pi}^{\pi}\left\{f(x)\right\}^2 dx-2\int_{-\pi}^{\pi}f(x)S_n(x)dx+\int_{-\pi}^{\pi}\left\{S_n(x)\right\}^2 dx$$

$$=\int_{-\pi}^{\pi}\left\{f(x)\right\}^2 dx-2\int_{-\pi}^{\pi}f(x)\cdot\left(\frac{a_0}{2}+\sum_{k=1}^{n}\left(a_k\cos kx+b_k\sin kx\right)\right)dx$$

$$+\int_{-\pi}^{\pi}\left\{\frac{a_0}{2}+\sum_{k=1}^{n}\left(a_k\cos kx+b_k\sin kx\right)\right\}^2 dx. \tag{5-13-2}$$

ここでまず、第 2 辺について計算を進めます。

$$-2\int_{-\pi}^{\pi}f(x)\cdot\left(\frac{a_0}{2}+\sum_{k=1}^{n}\left(a_k\cos kx+b_k\sin kx\right)\right)dx$$

$$=-2\left\{\frac{a_0}{2}\int_{-\pi}^{\pi}f(x)dx+\sum_{k=1}^{n}a_k\int_{-\pi}^{\pi}f(x)\cdot\cos kxdx+\sum_{k=1}^{n}b_k\int_{-\pi}^{\pi}f(x)\cdot\sin kxdx\right\} \tag{5-13-3}$$

$$=-2\left\{\frac{a_0}{2}\cdot\pi a_0+\sum_{k=1}^{n}a_k\cdot\pi a_k+\sum_{k=1}^{n}b_k\cdot\pi b_k\right\}=-2\pi\left\{\frac{a_0^2}{2}+\sum_{k=1}^{n}\left(a_k^2+b_k^2\right)\right\}.$$

さらに、第 3 辺について計算を進めると、$\cos kx\cdot\sin mx$ の 1 周期積分は直交性によりゼロですから

$$\int_{-\pi}^{\pi}\left\{\frac{a_0}{2}+\sum_{k=1}^{n}\left(a_k\cos kx+b_k\sin kx\right)\right\}^2 dx$$

$$=\int_{-\pi}^{\pi}\left\{\frac{a_0}{2}\right\}^2 dx+\sum_{k=1}^{n}\int_{-\pi}^{\pi}\left(a_k\cos kx\right)^2 dx+\sum_{k,m=1}^{n}\int_{-\pi}^{\pi}\left(a_k\cos kx\cdot a_m\cos mx\right)dx$$

$$+\int_{-\pi}^{\pi}\left(b_k\sin kx\cdot b_m\sin mx\right)dx+\sum_{k=1}^{n}\int_{-\pi}^{\pi}\left(b_k\sin kx\right)^2 dx.$$

ここで三角関数の直交性により、k と m が異なる場合には

$$\int_{-\pi}^{\pi}\cos kx\cdot\cos mxdx=0,\quad\int_{-\pi}^{\pi}\sin kx\cdot\sin mxdx=0 \tag{5-13-4)[a]}$$

となり、k と m が等しい場合には

$$\int_{-\pi}^{\pi}\cos kx\cdot\cos kxdx=\pi,\quad\int_{-\pi}^{\pi}\sin kx\cdot\sin kxdx=\pi \tag{5-13-4)[b]}$$

でしたから

$$\int_{-\pi}^{\pi}\left\{\frac{a_0}{2}+\sum_{k=1}^{n}\left(a_k\cos kx+b_k\sin kx\right)\right\}^2 dx=2\pi\left\{\frac{a_0}{2}\right\}^2+\sum_{k=1}^{n}\left(\pi a_k^2+\pi b_k^2\right)$$

$$=\pi\left\{\frac{a_0^2}{2}+\sum_{k=1}^{n}\left(a_k^2+b_k^2\right)\right\} \tag{5-13-5}$$

となります。そこで、これらの式 (5-13-3) と式 (5-13-5) を式 (5-13-2) に代入すると、誤差 $\varepsilon_n(x)$ は

$$\varepsilon_n\left(x\right) = \int_{-\pi}^{\pi}\left\{f(x)\right\}^2 dx - 2\pi\left\{\frac{a_0^2}{2} + \sum_{k=1}^{n}\left(a_k^2 + b_k^2\right)\right\} + \pi\left\{\frac{a_0^2}{2} + \sum_{k=1}^{n}\left(a_k^2 + b_k^2\right)\right\}$$

$$= \int_{-\pi}^{\pi}\left\{f(x)\right\}^2 dx - \pi\left\{\frac{a_0^2}{2} + \sum_{k=1}^{n}\left(a_k^2 + b_k^2\right)\right\} \tag{5-13-6}$$

となりますが、自乗誤差はゼロか正 $(\varepsilon_n(x) \geq 0)$ ですから

$$\int_{-\pi}^{\pi}\left\{f(x)\right\}^2 dx \geq \pi\left\{\frac{a_0^2}{2} + \sum_{k=1}^{n}\left(a_k^2 + b_k^2\right)\right\} \tag{5-13-7}$$

という関係が得られます。これは**ベッセルの不等式** (Bessel's inequality) とよばれています。

つまり、有限次数で展開を止めてしまうと誤差は必ずしもゼロにはならないが、原関数が連続関数であればフーリエ級数展開は無限次数において誤差はゼロになることから

$$\lim_{n\to\infty}\varepsilon_n\left(x\right) = \lim_{n\to\infty}\left\{\int_{-\pi}^{\pi}\left\{f(x)\right\}^2 dx - \pi\left\{\frac{a_0^2}{2} + \sum_{k=1}^{n}\left(a_k^2 + b_k^2\right)\right\}\right\} = 0, \tag{5-13-8}$$

つまり、無限次数まで展開すると

$$\frac{1}{2\pi}\int_{-\pi}^{\pi}\left\{f(x)\right\}^2 dx = \frac{a_0^2}{4} + \frac{1}{2}\sum_{k=1}^{\infty}\left(a_k^2 + b_k^2\right) \tag{5-13-9}$$

という等式が成り立ちます。最後の等式は**パーセバルの等式** (Parseval's equation) といわれています。これの積分範囲を観測時間 T とした "P"

$$P = \frac{1}{T}\int_{-T/2}^{T/2}\left\{f(x)\right\}^2 dx = \frac{a_0^2}{4} + \frac{1}{2}\sum_{k=1}^{\infty}\left(a_k^2 + b_k^2\right) \tag{5-13-10}$$

は**電力（パワー）スペクトル**とよばれます。

$f(x)$ を「電圧が時間的に変化する波形」と考えると、式 (5-13-10) の左辺は 1 秒間で計測したその波形の電力になります。その波形をいろいろな周波数をもつサイン波とコサイン波の振幅 (a_k, b_k) で表して、それぞれの自乗で与えられる電力の総和に比例するのが右辺です。つまり、**「電力は時間領域で測っても、周波数領域で測っても、結局は同じ」**ということをパーセバルの等式は意味するのです。

複素フーリエ級数展開

6.1 実フーリエ級数と複素フーリエ級数

　フーリエ級数展開においては、偶関数はコサイン (cos) 関数の級数で、奇関数はサイン (sin) 関数の級数で展開される、と説明してきました (5.12節)。むろん一般の関数は偶関数と奇関数の和で表されますから、一般には両方が使われます。そこでは、周期 T の関数（波形）$f(x)$ のフーリエ係数 (a_k, b_k) $(k > 0)$ は次式で与えられるのでした (5.2節参照)。

$$a_0 = \frac{2}{T} \int_{-T/2}^{T/2} f(x)dx, \quad a_k = \frac{2}{T} \int_{-T/2}^{T/2} f(x) \cos\left(\frac{2\pi}{T}kx\right) dx, \quad b_k = \frac{2}{T} \int_{-T/2}^{T/2} f(x) \sin\left(\frac{2\pi}{T}kx\right) dx.$$

(6-1-1)

さらにこれらを用いて、元の関数 $f(x)$ は次のようにフーリエ展開されるのでした (5.2節参照)。

$$f(x) = \frac{a_0}{2} + \sum_{k=1}^{\infty} \left\{ a_k \cos\left(\frac{2\pi}{T}kx\right) + b_k \sin\left(\frac{2\pi}{T}kx\right) \right\}.$$

(6-1-2)

いま、オイラーの公式

$$e^{ix} = \cos x + i \sin x, \quad \cos x = \frac{1}{2}\left(e^{ix} + e^{-ix}\right), \quad \sin x = \frac{1}{2i}\left(e^{ix} - e^{-ix}\right)$$

を使って、コサイン関数、サイン関数を指数関数 (e^x) で表すと、

$$\cos\left(\frac{2\pi}{T}nx\right) = \frac{1}{2}\left\{\exp\left(i\frac{2\pi}{T}nx\right) + \exp\left(-i\frac{2\pi}{T}nx\right)\right\} = \frac{1}{2}\left\{e^{\left(i\frac{2\pi}{T}nx\right)} + e^{\left(-i\frac{2\pi}{T}nx\right)}\right\},$$

$$\sin\left(\frac{2\pi}{T}nx\right) = \frac{1}{2i}\left\{\exp\left(i\frac{2\pi}{T}inx\right) - \exp\left(-i\frac{2\pi}{T}nx\right)\right\} = \frac{1}{2i}\left\{e^{\left(i\frac{2\pi}{T}nx\right)} - e^{\left(-i\frac{2\pi}{T}nx\right)}\right\}$$

となりますから、そこで cos, sin の代わりに指数関数でフーリエ展開を表現することにすると

$$f(x)$$

$$= \frac{a_0}{2} + \sum_{n=1}^{\infty} \left\{ \frac{a_n}{2} \exp\left(i\frac{2\pi}{T}nx\right) + \frac{a_n}{2} \exp\left(-i\frac{2\pi}{T}nx\right) + \frac{b_n}{2i} \exp\left(i\frac{2\pi}{T}nx\right) - \frac{b_n}{2i} \exp\left(-i\frac{2\pi}{T}nx\right) \right\}$$

$$= \frac{a_0}{2} + \sum_{n=1}^{\infty} \left\{ \frac{1}{2}\left(a_n + \frac{b_n}{i}\right) \exp\left(i\frac{2\pi}{T}nx\right) + \frac{1}{2}\left(a_n - \frac{b_n}{i}\right) \exp\left(-i\frac{2\pi}{T}nx\right) \right\}$$

(6-1-3)

と書けます。そこで、

$$\frac{a_0}{2} = c_0, \quad \frac{1}{2}\left(a_n + \frac{b_n}{i}\right) = c_n, \quad \frac{1}{2}\left(a_n - \frac{b_n}{i}\right) = c_n^* \tag{6-1-4}$$

とおくと（ただし、「*」は複素共役）、式 (6-1-3) は

$$\begin{aligned} f(x) &= c_0 + \sum_{n=1}^{\infty}\left\{c_n \exp\left(i\frac{2\pi}{T}nx\right) + c_n^* \exp\left(-i\frac{2\pi}{T}nx\right)\right\} \\ &= \sum_{n=0}^{\infty}\left\{c_n \exp\left(i\frac{2\pi}{T}nx\right) + c_n^* \exp\left(-i\frac{2\pi}{T}nx\right)\right\} \end{aligned} \tag{6-1-5}$$

のように書けることになります。最後の変形は $\exp(i2\pi nx/T)$ が $n = 0$ では 1 に等しいことを使って c_0 を級数に取り込んだものです。ここで式 (6-1-5) において n を負にしてみると

$$f(x) = \sum_{n=0}^{-\infty}\left\{c_{-n} \exp\left(-i\frac{2\pi}{T}nx\right) + c_{-n}^* \exp\left(i\frac{2\pi}{T}nx\right)\right\}$$

のようになりますが、これら n が正および負の場合の 2 式の $\exp(-i2\pi nx/T)$ の項を比較すると $c_{-n} = c_n^*$ であることがわかります。すると、式 (6-1-5) は次のように書けます。

$$\sum_{n=0}^{\infty}\left\{c_n \exp\left(i\frac{2\pi}{T}nx\right) + c_{-n} \exp\left(-i\frac{2\pi}{T}nx\right)\right\} = \sum_{n=-\infty}^{\infty}\left\{c_n \exp\left(i\frac{2\pi}{T}nx\right)\right\}. \tag{6-1-6}$$

　ここで気がつくのは、式 (6-1-6) の左辺では $0 \sim \infty$ の範囲で変化していた n が、右辺では $-\infty \sim \infty$ となっていることです。負の領域まで n を拡張することにより、二つの級数が一つにまとまることで、最後の式はとても簡単な展開式となっています。これを**複素フーリエ級数展開**とよんでいます。

　ここで、フーリエ係数の関係をまとめておきましょう。

$$c_0 = \frac{a_0}{2}, \quad c_n = \frac{1}{2}\left(a_n - ib_n\right), \quad c_n^* = \frac{1}{2}\left(a_n + ib_n\right) \tag{6-1-7}$$

ですが、逆に書くと、

$$a_0 = 2c_0, \quad a_n = c_n + c_n^* = c_n + c_{-n}, \quad b_n = (c_n - c_n^*) \cdot i = (c_n - c_{-n}) \cdot i \tag{6-1-8}$$

と求められます。ここで注意すべきは、n が負の領域に拡張されるのは c_n が単独で現れる場合のみで、a_n や b_n が出てくる場面では n は正の整数であることです。ただし、a_0 については $n = 0$ です。

　さて、時間領域では変数は時間 t、周期 T、周波数 $f = 1/T$、角周波数 $\omega = 2\pi f$ が用いられますから、それらを使うとフーリエ展開は次のように書かれます。

$$f(x) = \frac{a_0}{2} + \sum_{n=1}^{\infty} \left(a_n \cos n\frac{2\pi}{T}x + b_n \sin n\frac{2\pi}{T}x \right)$$

$$\rightarrow \quad f(t) = \frac{a_0}{2} + \sum_{n=1}^{\infty} (a_n \cos n\omega t + b_n \sin n\omega t) \tag{6-1-9}$$

同じように、フーリエ係数も次のようになります。

$$a_n = \frac{2}{T} \int_{-T/2}^{T/2} f(x) \cos n\frac{2\pi}{T}x \, dx \quad \rightarrow \quad a_n = \frac{\omega}{\pi} \int_{-\pi/\omega}^{\pi/\omega} f(t) \cos n\omega t \, dt, \tag{6-1-10}$$

$$b_n = \frac{2}{T} \int_{-T/2}^{T/2} f(x) \sin n\frac{2\pi}{T}x \, dx \quad \rightarrow \quad b_n = \frac{\omega}{\pi} \int_{-\pi/\omega}^{\pi/\omega} f(t) \sin n\omega t \, dt, \tag{6-1-11}$$

$$
\begin{aligned}
c_n &= \frac{a_n}{2} + \frac{b_n}{2i} = \frac{\omega}{\pi} \left\{ \int_{-\pi/\omega}^{\pi/\omega} f(t) \frac{\cos n\omega t}{2} dt + \int_{-\pi/\omega}^{\pi/\omega} f(t) \frac{\sin n\omega t}{2i} dt \right\} \\
&= \frac{\omega}{\pi} \left\{ \int_{-\pi/\omega}^{\pi/\omega} f(t) \frac{\cos n\omega t}{2} + \frac{\sin n\omega t}{2i} dt \right\} \\
&= \frac{\omega}{2\pi} \left\{ \int_{-\pi/\omega}^{\pi/\omega} f(t)(\cos n\omega t - i \sin n\omega t) dt \right\} = \frac{\omega}{2\pi} \int_{-\pi/\omega}^{\pi/\omega} f(t) e^{-in\omega t} dt.
\end{aligned}
\tag{6-1-12}
$$

念のため、時間変数 t での複素フーリエ級数展開を次のようにまとめておきましょう。本質的に違いはありません。

$$c_n = \frac{1}{T} \int_{-T/2}^{T/2} f(t) e^{-in\frac{2\pi}{T}t} dt \quad \rightarrow \quad c_n = \frac{\omega}{2\pi} \int_{-\pi/\omega}^{\pi/\omega} f(t) e^{-in\omega t} dt \tag{6-1-13}$$

$$f(t) = \sum_{n=-\infty}^{\infty} c_n e^{in\frac{2\pi}{T}t} \quad \rightarrow \quad f(t) = \sum_{n=-\infty}^{\infty} c_n e^{in\omega t} \tag{6-1-14}$$

6.2 複素フーリエ級数の例

いくつか、計算例を見てみましょう。

【例 6-2-1】 矩形パルス列

式 (6-2-1) で表されるような、パルス幅が周期の α 倍（ただし、$\alpha < 1$）である矩形パルス列の実フーリエ級数展開を考えてみましょう。このパルス列を図 6-2-1 に示します。

$$f(t) = \begin{cases} 0 & \left(-\frac{T}{2} \leq t < -\frac{\alpha T}{2} \right) \\ E & \left(-\frac{\alpha T}{2} \leq t < \frac{\alpha T}{2} \right) \\ 0 & \left(\frac{\alpha T}{2} \leq x < \frac{T}{2} \right) \end{cases} \tag{6-2-1}$$

$f(t) = 0$ のところは積分しても 0 ですから、はじめから積分に含めないとすると、フーリエ係数 a_0, a_n, b_n は次のように計算されます。

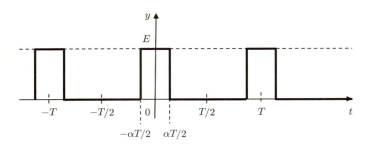

図 6-2-1　矩形パルス列

$$a_0 = \frac{2}{T}\int_{-\alpha T/2}^{\alpha T/2} E\,dt = \frac{2E}{T}[t]_{-\alpha T/2}^{\alpha T/2} = \frac{2E}{T}\left[\frac{\alpha T}{2} - \frac{-\alpha T}{2}\right] = \frac{2E\alpha T}{T} = 2E\alpha, \qquad (6\text{-}2\text{-}2)$$

$$a_n = \frac{2}{T}\int_{-\alpha T/2}^{\alpha T/2} E\cdot\cos\frac{2\pi}{T}nt\cdot dt = \frac{2E}{T}\left[\frac{\sin\frac{2\pi}{T}nt}{\frac{2\pi}{T}n}\right]_{-\alpha T/2}^{\alpha T/2}$$

$$= \frac{2ET}{T2\pi n}\left[\sin\frac{2\pi}{T}n\frac{\alpha T}{2} - \sin\frac{2\pi}{T}n\left(\frac{-\alpha T}{2}\right)\right] \qquad (6\text{-}2\text{-}3)$$

$$= \frac{2E}{\pi n}[\sin\pi n\alpha] = 2E\alpha\frac{\sin\pi n\alpha}{\pi n\alpha},$$

$$b_n = \frac{2}{T}\int_{-\alpha T/2}^{\alpha T/2} E\cdot\sin\frac{2\pi}{T}nt\cdot dt = \frac{2E}{T}\left[\frac{-\cos\frac{2\pi}{T}nt}{\frac{2\pi}{T}n}\right]_{-\alpha T/2}^{\alpha T/2}$$

$$= -\frac{2ET}{T2\pi n}\left[\cos\frac{2\pi}{T}n\frac{\alpha T}{2} - \cos\frac{2\pi}{T}n\left(\frac{-\alpha T}{2}\right)\right] \qquad (6\text{-}2\text{-}4)$$

$$= -\frac{2ET}{T2\pi n}\left[\cos\frac{2\pi}{T}n\left(\frac{\alpha T}{2}\right) - \cos\frac{2\pi}{T}n\left(\frac{\alpha T}{2}\right)\right] = 0.$$

　図 6-2-1 を見て明らかなように、もとの矩形波は y 軸に関して線対称ですから偶関数です。そのため、b_n はすべてゼロとなるのでした。一方、複素フーリエ係数 c_n は次のようになります。

$$c_n = \frac{1}{T}\int_{-\alpha T/2}^{\alpha T/2} Ee^{-i\frac{2\pi}{T}nt}dt = \frac{E}{T}\left[\frac{e^{-i\frac{2\pi}{T}nt}}{-i\frac{2\pi}{T}n}\right]_{-\alpha T/2}^{\alpha T/2}$$

$$= \frac{E}{-i2\pi n}\left[\exp\left(-i\frac{2\pi}{T}\frac{n\alpha T}{2}\right) - \exp\left(i\frac{2\pi}{T}\frac{n\alpha T}{2}\right)\right] \qquad (6\text{-}2\text{-}5)$$

$$= \frac{E}{i2\pi n}\left[\exp\left(i\frac{2\pi}{T}\frac{n\alpha T}{2}\right) - \exp\left(-i\frac{2\pi}{T}\frac{n\alpha T}{2}\right)\right]$$

$$= \frac{E}{\pi n}[\sin\pi n\alpha] = E\alpha\frac{\sin\pi n\alpha}{\pi n\alpha}$$

　ここで、この c_n は実数ですから $c_n = c_n^* = c_{-n}$ です。$a_n = c_n + c_n^* = c_n + c_{-n}$ を思い出すと、実フーリエ級数展開も複素フーリエ級数展開も、次のように同じ結果を与えていることがわかります。

$$a_n = c_n + c_n^* = E\alpha\frac{\sin\pi n\alpha}{\pi n\alpha} + \left(E\alpha\frac{\sin\pi n\alpha}{\pi n\alpha}\right)^* = 2E\alpha\frac{\sin\pi n\alpha}{\pi n\alpha}.$$

　より理解を深めるために、これらのフーリエ係数を図に示してみましょう。図 6-2-2、図 6-2-3

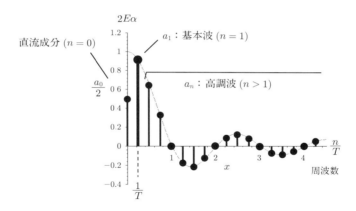

図 6-2-2　矩形パルス列の実フーリエ係数

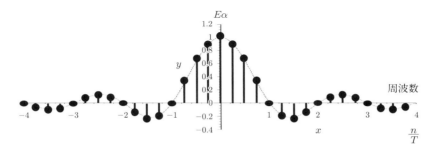

図 6-2-3　矩形パルス列の複素フーリエ係数

を見てみましょう。これらを見比べると次のようなことがわかります。

- 実フーリエ係数は負の n には値がないのに対して、複素フーリエ係数は負の n についても値がある。

- n の負の部分が正の部分に折り返されるため、実フーリエ係数は $n>1$ の部分については複素フーリエ係数の 2 倍の値になっている。

- 直流分 $(n=0)$ は正でも負でもないので、実フーリエ係数でも複素フーリエ係数でも同じである。（実フーリエ係数 a_n と同じように求めた a_0 は、実際の倍の値になるため、実フーリエ級数では初項は $a_0/2$ と $1/2$ が掛かっている。）

どちらにも共通して、$n=1$ の成分を**基本波成分**といい、この周波数は基本周期 T の逆数で、その大きさ（振幅）は

$$a_1 = 2E\alpha\frac{\sin\pi\alpha}{\pi\alpha}, \quad c_1 = E\alpha\frac{\sin\pi\alpha}{\pi\alpha}$$

です。それより高次の成分 $(n>1)$ は**高調波成分**とよばれます。

また、図 6-2-3 を見ると n を 0 から増加させたときにフーリエ係数が減少してゼロになる次数 n があります。ここは $\sin n\pi\alpha = 0$ を満たす最小の n ですから $n\pi\alpha = \pi$、すなわち $n=1/\alpha$ を満たすことがわかります。例えば、α が 0.5、すなわちパルス幅が周期の半分であれば、$n=2$、つ

まり2番目のフーリエ係数がゼロになります。同様に、α が $0.25 = 1/4$ であれば4番目が初めて
ゼロに、α が 0.01 であれば 100 番目が初めてゼロになる。つまりパルス幅を狭くすればするほど、
最初の零点は高い周波数になっていくことがわかります。

　実は図6-2-3は $\alpha = 1/4$ の場合を描いたものでした。この、**狭いパルスほど専有するスペクトル幅は広くなる**という性質は重要です。はじめの零点と同じ周期で零点が繰り返し現れることにも
注意しましょう。これは $\sin n\pi\alpha = 0$ を満たす n では、何度も周期的にフーリエ係数がゼロにな
るためです。これも実用の際に重要な性質です。

　では次に、偶関数でない場合のパルス列はどうなるか、見てみましょう。

【例6-2-2】　原点で立ち上がるパルス列

　原点で立ち上がり、パルス幅が先の例と同じく周期 T の α 倍（$\alpha > 1$）となるケースを考えます
（図6-2-4）。

$$f(t) = \begin{cases} E & (0 \leq t < \alpha T) \\ 0 & (\alpha T \leq t < T) \end{cases} \tag{6-2-6}$$

複素フーリエ係数 c_n は次のように求まります。

$$\begin{aligned} c_n &= \frac{1}{T}\int_0^{\alpha T} E e^{-i\frac{2\pi}{T}nt}dt = \frac{E}{T}\left[\frac{e^{-i\frac{2\pi}{T}nt}}{-i\frac{2\pi}{T}n}\right]_0^{\alpha T} = \frac{E}{-i2\pi n}\left[\exp\left(-i\frac{2\pi}{T}n\alpha T\right) - 1\right] \\ &= \frac{E}{-i2\pi n}\left[\cos 2\pi n\alpha - i\sin 2\pi n\alpha - 1\right] = \frac{E}{2\pi n}\left[\sin 2\pi n\alpha + i\left(\cos 2\pi n\alpha - 1\right)\right] \\ &= E\alpha\left[\frac{\sin 2\pi n\alpha}{2\pi n\alpha} + i\frac{\cos 2\pi n\alpha - 1}{2\pi n\alpha}\right]. \end{aligned} \tag{6-2-7}$$

　予想どおり、実部に加えて虚部が現れています。面白いことに、実部は偶関数の場合と同じ関数
（$\sin\theta/\theta$）の形ですが、変数部分が $2\pi n\alpha$ と、対称の場合（式 (6-2-5)）の2倍になっています。こ
れも $\alpha = 1/4$ と $\alpha = 1/16$ のときを例にして図を描いてみます（図6-2-5）。厳密には実部も虚部
も実数ですが、本書ではわかりやすさのために虚部には純虚数 i を掛けた形で考えています。つま
り、実部の方（◆）は縦軸が $E\alpha$ 倍に、虚部の方（□）は $iE\alpha$ 倍として示しています。パルス幅
が (a) $1/4$ から (b) $1/16$ と狭くなっていくと、スペクトルが広がっていることが改めて確認できま
す。

　波形が実数値をとる関数でも、そのフーリエ係数（スペクトル）は一般には複素数になります。

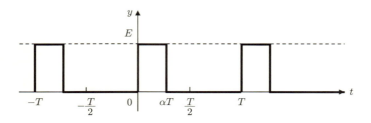

図 **6-2-4**　y 軸に関して対称でないパルス列

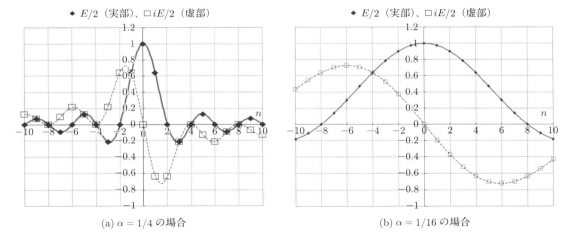

(a) $\alpha = 1/4$ の場合　　　　　(b) $\alpha = 1/16$ の場合

図 6-2-5　非対称矩形パルスのスペクトル実部◆および虚部□

式 (6-2-7) は実部と虚部で表されていますが、これは絶対値と位相で表すこともできるはずです。

複素数 $z = a + ib$ を $z = re^{i\theta}$ という極座標表示に変換するには次の計算をするのでした（3.2 節参照）。

$$r = \sqrt{a^2 + b^2}, \quad \tan\theta = \frac{b}{a}.$$

まず括弧の中の絶対値から計算しますが、見やすくするために $2\pi n\alpha = \phi$ とおきましょう。

$$\begin{aligned}
r &= \sqrt{\left(\frac{\sin\phi}{\phi}\right)^2 + \left(\frac{\cos\phi - 1}{\phi}\right)^2} = \frac{\sqrt{\sin^2\phi + \cos^2\phi - 2\cos\phi + 1}}{|\phi|} = \frac{\sqrt{2 - 2\cos\phi}}{|\phi|} \\
&= \frac{\sqrt{2}\sqrt{1 - \cos\frac{2\phi}{2}}}{|\phi|} = \frac{\sqrt{2}\sqrt{1 - \left(1 - 2\sin^2\frac{\phi}{2}\right)}}{|\phi|} = \frac{2\left|\sin\frac{\phi}{2}\right|}{|\phi|} = \frac{\left|\sin\frac{\phi}{2}\right|}{\left|\frac{\phi}{2}\right|} = \frac{|\sin\pi n\alpha|}{|\pi n\alpha|}
\end{aligned} \tag{6-2-8}$$

となりますが、これは一つ前の偶関数パルスの例（式 (6-2-5)）と同じ形です。

次に位相を計算します。

$$\begin{aligned}
\tan\theta &= \frac{\left(\frac{\cos\varphi - 1}{\varphi}\right)}{\left(\frac{\sin\varphi}{\varphi}\right)} = \frac{\cos\varphi - 1}{\sin\varphi} = \frac{\cos\frac{2\varphi}{2} - 1}{\sin\frac{2\varphi}{2}} \\
&= \frac{1 - 2\sin^2\frac{\varphi}{2} - 1}{2\sin\frac{\varphi}{2}\cos\frac{\varphi}{2}} = \frac{-\sin\frac{\varphi}{2}}{\cos\frac{\varphi}{2}} = -\tan\frac{\varphi}{2} = \tan(-\pi n\alpha).
\end{aligned} \tag{6-2-9}$$

これより $\theta = -\pi n\alpha$ であることがわかります。よって、直交座標表示（実部 $+ i$ 虚部）と等価な極座標表示（振幅 $\cdot \exp (i \cdot$ 位相)）が次式 (6-2-10) のように得られます。

$$c_n = E\alpha\left(\frac{\sin 2\pi n\alpha}{2\pi n\alpha} + i\frac{\cos 2\pi n\alpha - 1}{2\pi n\alpha}\right) = E\alpha\frac{\sin\pi n\alpha}{\pi n\alpha}\cdot\exp\left(-i\pi n\alpha\right). \tag{6-2-10}$$

この式における絶対値の部分は**振幅スペクトル**とよばれ、（繰り返しになりますが）y 軸に関して波形が対称な場合の式 (6-2-5) とまったく同じであり、それに加えて、対称でなくなること

$$c_n = E\alpha\frac{\sin\pi n\alpha}{\pi n\alpha} \tag{6-2-5}$$

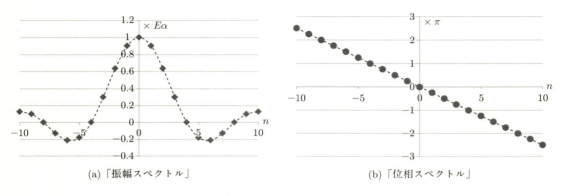

(a)「振幅スペクトル」　　　　　　(b)「位相スペクトル」

図 6-2-6　非対称矩形パルス $(\alpha = 1/4)$ のスペクトル

によって位相 $-\pi n\alpha$ が現れたともみることができます。これを**位相スペクトル**とよんでいます。

　逆にいえば、対称な場合は位相スペクトルがゼロになる、ということです。振幅スペクトルを自乗すれば波形の電力になりますから、パルスが時間方向に移動（シフト）しても電力的には何ら変化がないという、考えてみればあたりまえのことを意味しています。最後に、絶対値を外した振幅スペクトルと位相スペクトルを図示しておきます（図 6-2-6）。

　以上の議論はまだわかりやすいと思いますが、厳密にはおかしなところがあります。よく見ると「振幅スペクトル」のように鉤括弧（「」）がついています。これは、定義では「振幅は負にならない」のに、絶対値を外した図 6-2-6 (a) には、「振幅スペクトル」が負になっている部分 $(\pm n = 5, 6, 7)$ があるからです。数学では**絶対値は負にならない**ですし、波形の振幅が負というのもおかしな話です。それを防ぐには振幅は正の値に限ればよいので、そのためには負の振幅値には -1 を掛けて正の値にすればよいのです。これは結局、絶対値をとるという操作をすることになり、図 6-2-7 (a) に示すような振幅スペクトルが得られます。

　しかしそれを実行するだけでは、「もともと負の値だった振幅」の情報が失われることになります。我々はその情報を位相スペクトルに担ってもらいます。つまり、「振幅が負の値」のときにだけ $-1 = \exp[\pm i\pi]$ を掛けることにします。つまり、そこは位相が $\pm\pi$ だけシフトしていることにするのです。こうすると、位相スペクトルは図 6-2-7 (b) のようになり、式 (6-2-10) は次のように書き換えられます。

$$c_n = E\alpha \frac{\sin \pi n\alpha}{\pi n\alpha} \cdot \exp(-i\pi n\alpha)$$

$$= E\alpha \left| \frac{\sin \pi n\alpha}{\pi n\alpha} \right| \cdot \begin{cases} \exp(-i\pi n\alpha + i\pi) & (\sin \pi n\alpha < 0, \ n < 0) \\ \exp(-i\pi n\alpha) & (\sin \pi n\alpha \geq 0) \\ \exp(-i\pi n\alpha - i\pi) & (\sin \pi n\alpha < 0, \ n > 0) \end{cases} \quad (6\text{-}2\text{-}11)$$

ここでは、位相スペクトルの $\exp(\pm i\pi) = -1$ の部分が「振幅が負の値」の部分の情報を表現しています。

　以上をまとめますと、図 6-2-7 のようになります。図 6-2-6 で振幅が負になっていた部分 $(\pm n = 5, 6, 7)$ が折り返されて正の値になっていることが、図 6-2-7 (a) を見ればわかります。この「もともと負だったけれど、絶対値をとったので正の値になっちゃった」という情報を、位相スペクトル

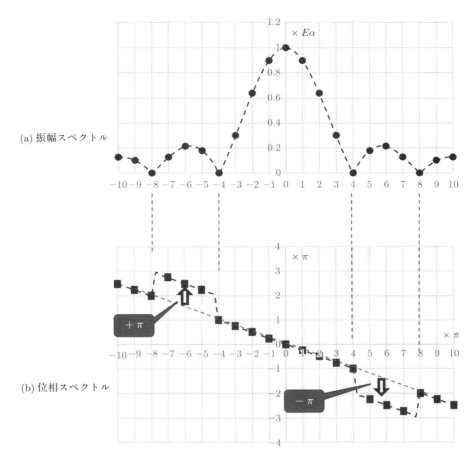

図 6-2-7 非対称矩形パルス $(\alpha = 1/4)$ のスペクトル

$n = -5, -6, -7$ の部分に位相 π を加え、$n = 5, 6, 7$ の部分に位相 $-\pi$ を加えることで表現しているわけです（図 6-2-7 (b)）。いずれにしても $\exp(\pm i\pi) = -1$ ではあるのですが、スペクトル次数 n の符号が負の場合は位相 π を加え、正の場合は位相 π を減らしているのは、位相スペクトルが奇関数（原点に関して点対称）になるようにしているのです。一方、振幅スペクトルは偶関数（y 軸に関して線対称）です。このような振幅−位相スペクトルの関係は**エルミート対称**とよばれ、実関数のスペクトルがもつ性質とされています。たしかに、図 6-2-7 (a) は偶関数に、図 6-2-7 (b) は奇関数になっています。

【例 6-2-3】 反対称型パルス列

次にパルス幅が周期 T のちょうど半分で、原点 $(t = 0)$ で立ち上がるような、反対称型矩形パルス列について考えてみましょう（図 6-2-8）。

$$f(x) = \begin{cases} E & (0 \le x < T/2) \\ 0 & (T/2 \le t < T) \end{cases} \tag{6-2-12}$$

複素フーリエ係数は次のようになります。

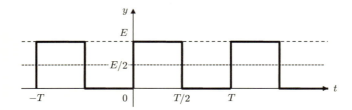

図 6-2-8　反対称型パルス列

$$c_n = \frac{1}{T} \int_0^{T/2} E e^{-i\frac{2\pi}{T}nt} dt = \frac{E}{T} \left[\frac{e^{-i\frac{2\pi}{T}nt}}{-i\frac{2\pi}{T}n} \right]_0^{T/2}$$

$$= \frac{E}{2} \left[\frac{\sin \pi n}{\pi n} + i\frac{\cos \pi n - 1}{\pi n} \right] = \begin{cases} \frac{E}{2} & (n=0) \\ \frac{E}{2} \cdot i\frac{(-1)^n - 1}{\pi n} & (n \neq 0) \end{cases} \tag{6-2-13}$$

この式の最後の変形がよくわからない読者もいるかもしれません。少し解説しましょう。

まず、$n=0$ の初項ですが、実部も虚部も単純に $n=0$ を代入しようとすると $0/0$ 型になってしまうので、極限で求める必要があります。また、虚部についてはロピタルの定理を用います。すると、

$$\lim_{n \to 0} \frac{\sin(\pi n)}{\pi n} = 1, \quad \lim_{n \to 0} \frac{\cos(\pi n) - 1}{\pi n} = \lim_{n \to 0} \frac{-\pi \sin(\pi n)}{\pi} = 0$$

ですから虚部はゼロで、結局 $c_0 = E/2$ です。そこで、図 6-2-8 のように $y = E/2$ のところに水平に線を引いてみます。すると、元の波形はこの水平線によってちょうど上下半分に等分割されていることがわかります。この水平線を x 軸だと思うと、この波形は仮の原点に対して点対称になっていることがわかります。つまり奇関数ですから、この波形のフーリエ係数は初項 (c_0) を除いてすべて虚数ということがわかります。

この関係は、この波形が上下に（y 軸方向に）どれだけ移動しても、変化するのは初項 (c_0) だけで、残りのフーリエ係数 ($n \neq 0$) は変わらないことを意味しています。電気電子回路など波形を扱う分野では、この初項のことを**バイアス**あるいは**オフセット**とよび、波形とは別に考えています

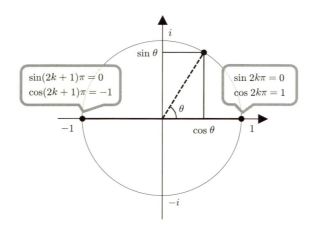

図 6-2-9　偏角が π[rad.] の整数倍のときのサイン、コサイン

（5.4 節参照）。

一方、$n \neq 0$ の初項以外の項はどうでしょう。偏角が π [rad.] の整数倍のときのサイン、コサインは、図 6-2-9 に示すように偶数 $(n = 2k)$ と奇数 $(n = 2k + 1)$ で分かれます。サインはいずれもゼロなので、

$$\sin(\pi n) = 0$$

ですが、コサインの方は少し面倒です。よく見ると偶数倍の π では $+1$、奇数倍の π では -1 ですから

$$\cos(\pi n) = \begin{cases} 1 & （n：偶数） \\ -1 & （n：奇数） \end{cases} = (-1)^n \tag{6-2-14}$$

と書けます。式 (6-2-13) はこれを使っているのです。すると、偶数の n に対しては $1 - 1 = 0$ で 0 ですから、値をもつのは奇数項のみということになります。

このフーリエ係数 c_n をまとめると表 6-2-1 のようになります。

次に、これもグラフに描くと図 6-2-10 のようになります。実部と虚部は縦軸が違うことに注意しましょう。バイアスを示す c_0 を除けば実部はすべてゼロで、虚部については奇数番目のみがゼロ

表 6-2-1　反対称型パルス列 $(\alpha = 1/2)$ の複素フーリエ係数

n	-5	-4	-3	-2	-1	0	1	2	3	4	5
$c_n \times \dfrac{E}{2}$	$\dfrac{2i}{5\pi}$	0	$\dfrac{2i}{3\pi}$	0	$\dfrac{2i}{\pi}$	1	$-\dfrac{2i}{\pi}$	0	$-\dfrac{2i}{3\pi}$	0	$-\dfrac{2i}{5\pi}$

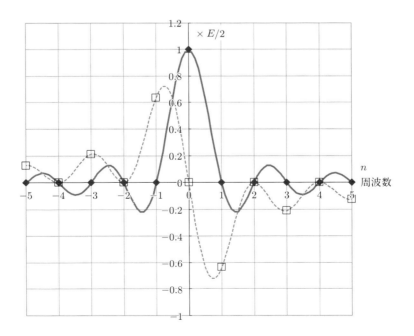

図 6-2-10　反対称型パルス列 $(\alpha = 1/2)$ の複素フーリエ係数

でない値をもっていることがわかるでしょう。

　これまで、矩形パルス列の複素フーリエ係数について述べてきましたが、他の波形についても考えてみましょう。図 6-2-11 に示すような、いわゆる「三角波」について考えてみます。

【例 6-2-4】　三角波

$$f(x) = 1 - \frac{|x|}{\pi} \quad (-\pi < x \le \pi). \tag{6-2-15}$$

　図 6-2-11 に示す三角波は周期が 2π なので、複素フーリエ係数は次のように求められます。

$$
\begin{aligned}
c_n &= \frac{1}{2\pi} \int_{-\pi}^{\pi} \left(1 - \frac{|x|}{\pi}\right) e^{-inx} dx = \frac{1}{2\pi} \left\{ \int_{-\pi}^{0} \left(1 + \frac{x}{\pi}\right) e^{-inx} dx + \int_{0}^{\pi} \left(1 - \frac{x}{\pi}\right) e^{-inx} dx \right\} \\
&= \frac{1}{2\pi} \left\{ \int_{0}^{\pi} \left(1 - \frac{x}{\pi}\right) e^{inx} dx + \int_{0}^{\pi} \left(1 - \frac{x}{\pi}\right) e^{-inx} dx \right\} \\
&= \frac{1}{2\pi} \left\{ \int_{0}^{\pi} \left(1 - \frac{x}{\pi}\right) \left(e^{inx} + e^{-inx}\right) dx \right\} = \frac{1}{\pi} \int_{0}^{\pi} \left(1 - \frac{x}{\pi}\right) \cos nx \, dx
\end{aligned} \tag{6-2-16}
$$

図を見ても明らかなように、この波形は偶関数ですから、フーリエ余弦級数展開のみとなり、フーリエ係数は実部のみ、位相スペクトルはゼロということがわかります。まず、$n = 0$ とすると

$$
\begin{aligned}
c_0 &= \frac{1}{\pi} \int_{0}^{\pi} \left(1 - \frac{x}{\pi}\right) \cos nx \, dx \bigg|_{n=0} = \frac{1}{\pi} \int_{0}^{\pi} \left(1 - \frac{x}{\pi}\right) dx \\
&= \frac{1}{\pi} \left[x - \frac{x^2}{2\pi} \right]_{0}^{\pi} = \frac{1}{\pi} \left(\pi - \frac{\pi^2}{2\pi}\right) = \frac{1}{\pi} \left(\pi - \frac{\pi}{2}\right) = \frac{1}{\pi} \cdot \frac{\pi}{2} = \frac{1}{2}
\end{aligned} \tag{6-2-17}
$$

となり、波形の平均値は 1/2 であることがわかります。次に $n \ne 0$ とすると、これは部分積分が必要になります。$\sin nx$ を微分すると $(\sin nx)' = n \cdot \cos nx$ ですから

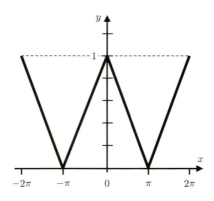

図 6-2-11　周期 2π の三角波

表 **6-2-2** 三角波の複素フーリエ係数

n	-5	-4	-3	-2	-1	0	1	2	3	4	5
c_n	$\frac{2}{5^2\pi^2}$	0	$\frac{2}{3^2\pi^2}$	0	$\frac{2}{1^2\pi^2}$	$\frac{1}{2}$	$\frac{2}{1^2\pi^2}$	0	$\frac{2}{3^2\pi^2}$	0	$\frac{2}{5^2\pi^2}$
a_n	$-$	$-$	$-$	$-$	$-$	1	$\frac{4}{1^2\pi^2}$	0	$\frac{4}{3^2\pi^2}$	0	$\frac{4}{5^2\pi^2}$

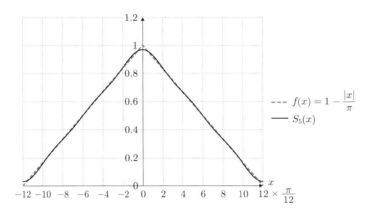

図 **6-2-12** 三角波のフーリエ級数展開 $S_5(x)$

$$
\begin{aligned}
c_{n\neq 0} &= \frac{1}{\pi}\int_0^\pi \left(1-\frac{x}{\pi}\right)\cos nx\,dx = \frac{1}{\pi}\int_0^\pi \left(1-\frac{x}{\pi}\right)\left(\frac{\sin nx}{n}\right)'dx \\
&= \frac{1}{\pi}\left\{\left[\left(1-\frac{x}{\pi}\right)\left(\frac{\sin nx}{n}\right)\right]_0^\pi + \frac{1}{n\pi}\int_0^\pi \sin nx\,dx\right\} \\
&= \frac{1}{\pi}\left\{\left[\left(1-\frac{\pi}{\pi}\right)\left(\frac{\sin n\pi}{n}\right) - \left(1-\frac{0}{\pi}\right)\left(\frac{\sin n\cdot 0}{n}\right)\right] + \frac{1}{n\pi}\int_0^\pi \sin nx\,dx\right\} \\
&= \frac{1}{n\pi^2}\left[\frac{-\cos nx}{n}\right]_0^\pi = \frac{-1}{n\pi^2}\left[\frac{\cos(n\pi)-1}{n}\right]_0^\pi = -\frac{1}{n^2\pi^2}\left[(-1)^n-1\right] = \frac{1}{n^2\pi^2}\left[1-(-1)^n\right]
\end{aligned}
\tag{6-2-18}
$$

となります。先の例と同様に、これも偶数の n に関しては $c_n = 0$ となることが読み取れます。$a_n = c_n + c_n^* = c_n + c_{-n}$ を用いて計算される実フーリエ係数は a_n も含めて表にすると、b_n は全部ゼロですから、表 6-2-2 のようにまとめられます。当然ですが、実フーリエ級数の a_n については、負の n に対応する値はありません。

このフーリエ係数を適用したフーリエ級数 $S_n(x)$ は次式のようになり、図 6-2-12 にはじめの 5 項の和 $S_5(x)$ を示します。

$$
\begin{aligned}
S_n(x) &= \frac{1}{2} + \frac{4}{\pi^2}\cos x + 0 + \frac{4}{9\pi^2}\cos 3x + 0 + \frac{4}{25\pi^2}\cos 5x + \cdots \\
&= \frac{1}{2} + \frac{4}{\pi^2}\left(\cos x + \frac{1}{3^2}\cos 3x + \frac{1}{5^2}\cos 5x + \cdots\right).
\end{aligned}
\tag{6-2-19}
$$

たった 6 項 ($n = 0,\ldots,5$) で、それも偶数項は 0 ですから、実質的には 4 項だけで、元の波形がよく近似されていることがわかります。連続関数に対するフーリエ級数は、項数を増やしていくと限

りなく原波形に近づいていくことを再度確認しておきましょう。

【例 6-2-5】　正弦波の複素フーリエ係数

$$f(t) = 2\sin 3\omega_0 t \qquad \left(-\frac{T}{2} \le t < \frac{T}{2}, \quad T = \frac{2\pi}{\omega_0}\right). \tag{6-2-20}$$

この式で表される正弦波の複素フーリエ係数を求めてみましょう。振幅は 2 で、周波数は基本周波数 $(1/T = \omega_0/2\pi)$ の 3 倍です。これに対してオイラーの公式 $\sin\theta = \dfrac{e^{i\theta} - e^{-i\theta}}{2i}$ を用いて、次のように複素フーリエ係数の計算を始めます。

$$
\begin{aligned}
c_n &= \frac{1}{T}\int_{-T/2}^{T/2} f(t)e^{-in\frac{2\pi}{T}t}dt = \frac{\omega_0}{2\pi}\int_{-\pi/\omega_0}^{\pi/\omega_0} f(t)e^{-in\omega_0 t}dt\\
&= \frac{\omega_0}{2\pi}\int_{-\pi/\omega_0}^{\pi/\omega_0} 2\sin 3\omega_0 t\; e^{-in\omega_0 t}dt = \frac{2\omega_0}{2\pi}\int_{-\pi/\omega_0}^{\pi/\omega_0} \frac{e^{i3\omega_0 t} - e^{-i3\omega_0 t}}{2i}e^{-in\omega_0 t}dt\\
&= \frac{\omega_0}{2\pi i}\int_{-\pi/\omega_0}^{\pi/\omega_0}\left(e^{i3\omega_0 t} - e^{-i3\omega_0 t}\right)e^{-in\omega_0 t}dt = \frac{\omega_0}{2\pi i}\int_{-\pi/\omega_0}^{\pi/\omega_0}\left(e^{i3\omega_0 t - in\omega_0 t} - e^{-i3\omega_0 t - in\omega_0 t}\right)dt\\
&= \frac{\omega_0}{2\pi i}\int_{-\pi/\omega}^{\pi/\omega}\left(e^{i(3-n)\omega_0 t} - e^{-i(3+n)\omega_0 t}\right)dt = \frac{\omega_0}{2\pi i}\int_{-\pi/\omega}^{\pi/\omega}\left(e^{-i(n-3)\omega_0 t} - e^{-i(n+3)\omega_0 t}\right)dt.
\end{aligned}
\tag{6-2-21}
$$

このようになるのですが、この積分を実行する前に少し考える必要があります。それは指数関数の積分が次のようになるためです。

$$\int e^{ax}dx = \frac{e^{ax}}{a}. \tag{6-2-22}$$

この式が成り立つためには a がゼロでは困ります $(a \ne 0)$。そこでまず、n が ± 3 以外の場合、つまり上の積分が素直にできる場合に限ってみます $(n \ne \pm 3)$。複素フーリエ係数 $c_{n\ne\pm3}$ は

$$
\begin{aligned}
c_{n\ne\pm3} &= \frac{\omega_0}{2\pi i}\int_{-\pi/\omega_0}^{\pi/\omega_0}\left(e^{-i(n-3)\omega_0 t} - e^{-i(n+3)\omega_0 t}\right)dt = \frac{\omega_0}{2\pi i}\left[\frac{e^{-i(n-3)\omega_0 t}}{-i(n-3)\omega_0} - \frac{e^{-i(n+3)\omega_0 t}}{-i(n+3)\omega_0}\right]_{-\pi/\omega_0}^{\pi/\omega_0}\\
&= \frac{1}{2\pi i}\left[\left(\frac{e^{-i(n-3)\omega_0\frac{\pi}{\omega_0}}}{-i(n-3)} - \frac{e^{-i(n+3)\omega_0\frac{\pi}{\omega_0}}}{-i(n+3)}\right) - \left(\frac{e^{i(n-3)\omega_0\frac{\pi}{\omega_0}}}{-i(n-3)} - \frac{e^{i(n+3)\omega_0\frac{\pi}{\omega_0}}}{-i(n+3)}\right)\right]\\
&= \frac{1}{2\pi i}\left[\left(\frac{e^{-i(n-3)\pi}}{-i(n-3)} - \frac{e^{-i(n+3)\pi}}{-i(n+3)}\right) - \left(\frac{e^{i(n-3)\pi}}{-i(n-3)} - \frac{e^{i(n+3)\pi}}{-i(n+3)}\right)\right]\\
&= -\frac{1}{2\pi i}\left[\left(\frac{e^{-i(n-3)\pi}}{i(n-3)} - \frac{e^{-i(n+3)\pi}}{i(n+3)}\right) - \left(\frac{e^{i(n-3)\pi}}{i(n-3)} - \frac{e^{i(n+3)\pi}}{i(n+3)}\right)\right]\\
&= -\frac{1}{2\pi i}\left[-\frac{e^{i(n-3)\pi} - e^{-i(n-3)\pi}}{i(n-3)} + \frac{e^{i(n+3)\pi} - e^{-i(n+3)\pi}}{i(n+3)}\right]\\
&= -\frac{1}{i}\left[-\frac{e^{i(n-3)\pi} - e^{-i(n-3)\pi}}{2i(n-3)\pi} + \frac{e^{i(n+3)\pi} - e^{-i(n+3)\pi}}{2i(n+3)\pi}\right] = -\frac{1}{i}\left[-\frac{\sin(n-3)\pi}{(n-3)\pi} + \frac{\sin(n+3)\pi}{(n+3)\pi}\right]
\end{aligned}
\tag{6-2-23}
$$

のようになります。ここで、先に制限したように $n \ne \pm 3$ ですから、2 項とも分母はゼロになりませんが、分子は π の整数倍のサインですから、こちらはいずれもゼロです（図 6-2-13 参照）。つま

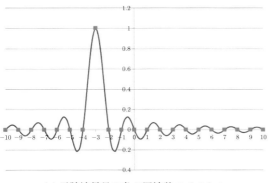

(a) 正弦波信号の負の周波数スペクトル

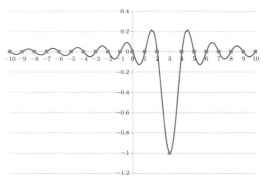

(b) 正弦波信号の正の周波数スペクトル

図 6-2-13   正弦波信号 $(2\sin 3\omega t)$ の 2 本のスペクトル

り、

$$c_{n\neq\pm 3} = -\frac{1}{i}\left\{-\frac{\sin(n-3)\pi}{(n-3)\pi} + \frac{\sin(n+3)\pi}{(n+3)\pi}\right\} = -\frac{1}{i}\left\{-\frac{0}{(n-3)\pi} + \frac{0}{(n+3)\pi}\right\} = 0 \quad (6\text{-}2\text{-}24)$$

となり、±3 番目のスペクトル以外はすべてゼロとわかりました。

では、$n = 3$ の場合を考えてみましょう。式 (6-2-20) は n に 3 を代入して、次のようになります。

$$c_n = \frac{\omega_0}{2\pi i}\int_{-\pi/\omega_0}^{\pi/\omega_0}\left(e^{-i(n-3)\omega_0 t} - e^{-i(n+3)\omega_0 t}\right)dt,$$

$$c_3 = \frac{\omega_0}{2\pi i}\int_{-\pi/\omega_0}^{\pi/\omega_0}\left(e^{-i(3-3)\omega_0 t} - e^{-i(3+3)\omega_0 t}\right)dt$$

$$= \frac{\omega_0}{2\pi i}\int_{-\pi/\omega_0}^{\pi/\omega_0}\left(e^{-i(0)\omega_0 t} - e^{-i6\omega_0 t}\right)dt$$

$$= \frac{\omega_0}{2\pi i}\int_{-\pi/\omega_0}^{\pi/\omega_0}\left(1 - e^{-i6\omega_0 t}\right)dt = \frac{\omega_0}{2\pi i}\left[t - \frac{e^{-i6\omega t}}{-i6\omega_0}\right]_{-\pi/\omega_0}^{\pi\omega_0}$$

$$= \frac{\omega_0}{2\pi i}\left[\left(\frac{\pi}{\omega_0} - \frac{e^{-i6\omega_0\frac{\pi}{\omega_0}}}{-i6\omega_0}\right) - \left(-\frac{\pi}{\omega_0} - \frac{e^{+i6\omega_0\frac{\pi}{\omega_0}}}{-i6\omega_0}\right)\right]$$

$$= \frac{1}{2\pi i}\left[\left(\frac{\pi}{1} - \frac{e^{-i6\pi}}{-i6}\right) - \left(-\frac{\pi}{1} - \frac{e^{+i6\pi}}{-i6}\right)\right]$$

$$= \frac{1}{2\pi i}\left[\left(\pi - \frac{e^{-i6\pi}}{-i6}\right) + \left(\pi + \frac{e^{+i6\pi}}{-i6}\right)\right] = \frac{1}{2\pi i}\left(2\pi + \frac{e^{i6\pi} - e^{-i6\pi}}{-i6}\right)$$

$$= \frac{1}{2\pi i}\left(2\pi - \frac{1-1}{6i}\right) = \frac{1}{i} = -i. \tag{6-2-25}$$

同様に、$n = -3$ の場合も計算できます。

$$c_n = \frac{\omega_0}{2\pi i} \int_{-\pi/\omega_0}^{\pi/\omega_0} \left(e^{-i(n-3)\omega_0 t} - e^{-i(n+3)\omega_0 t} \right) dt,$$

$$c_{-3} = \frac{\omega_0}{2\pi i} \int_{-\pi/\omega_0}^{\pi/\omega_0} \left(e^{-i(-3-3)\omega_0 t} - e^{-i(-3+3)\omega_0 t} \right) dt$$

$$= \frac{\omega_0}{2\pi i} \int_{-\pi/\omega_0}^{\pi/\omega_0} \left(e^{-i(-6)\omega_0 t} - e^{-i(0)\omega_0 t} \right) dt$$

$$= \frac{\omega_0}{2\pi i} \int_{-\pi/\omega_0}^{\pi/\omega_0} \left(e^{i6\omega_0 t} - 1 \right) dt = \frac{\omega_0}{2\pi i} \left[\frac{e^{i6\omega_0 t}}{i6\omega_0} - t \right]_{-\pi/\omega_0}^{\pi/\omega_0}$$

$$= \frac{\omega_0}{2\pi i} \left[\left(\frac{e^{i6\omega_0 \frac{\pi}{\omega_0}}}{i6\omega_0} - \frac{\pi}{\omega_0} \right) - \left(\frac{e^{-i6\omega_0 \frac{\pi}{\omega_0}}}{i6\omega_0} + \frac{\pi}{\omega_0} \right) \right]$$

$$= \frac{1}{2\pi i} \left[\left(\frac{e^{i6\omega_0 \frac{\pi}{\omega_0}}}{i6} - \frac{\pi}{1} \right) - \left(\frac{e^{-i6\omega_0 \frac{\pi}{\omega_0}}}{i6} + \frac{\pi}{1} \right) \right]$$

$$= \frac{1}{2\pi i} \left[\left(\frac{e^{i6\pi}}{i6} - \pi \right) - \left(\frac{e^{-i6\pi}}{i6} + \pi \right) \right] = \frac{1}{2\pi i} \left(\frac{e^{i6\pi} - e^{-i6\pi}}{i6} - 2\pi \right)$$

$$= \frac{1}{2\pi i} \left(\frac{1-1}{6i} - 2\pi \right) = -\frac{1}{i} = i. \tag{6-2-26}$$

以上の結果は、次のようにまとめられます。

$2\sin 3\omega_0 t$ のスペクトルは、$n=3$ では $-i$ で、$n=-3$ では i、それ以外はすべてゼロです。ここで $n=3$ というのは基本角周波数 $\omega_0 = 2\pi/T$ の 3 倍という意味です。そしてそこに立っているスペクトルが純虚数 i の 1 倍で符号が互いに反転しているという性質はオイラーの公式で

$$\sin\theta = \frac{e^{i\theta} - e^{-i\theta}}{2i} = \frac{e^{i\theta} - e^{-i\theta}}{2}(-i) = \frac{-ie^{i\theta} + ie^{-i\theta}}{2}$$

であることと本質的に同じことです。負の周波数成分は正の値で、正の周波数成分は負の値です。

以上の式 (6-2-25), (6-2-26) は難しい計算ではありませんが、面倒ではあります。これを簡単に求める方法を紹介しておきましょう。そのためには式 (6-2-23) まで戻ります。n は ± 3 以外として、式 (6-2-23) は

$$c_{n \neq \pm 3} = -\frac{1}{i} \left\{ -\frac{\sin(n-3)\pi}{(n-3)\pi} + \frac{\sin(n+3)\pi}{(n+3)\pi} \right\} = i \left\{ -\frac{\sin(n-3)\pi}{(n-3)\pi} + \frac{\sin(n+3)\pi}{(n+3)\pi} \right\} \tag{6-2-27}$$

でした。ここで、それぞれ $n \to \pm 3$ の極限をとって $c_{n=\pm 3}$ を求めると、

$$c_3 = i \left\{ -\lim_{n \to 3} \frac{\sin(n-3)\pi}{(n-3)\pi} + \lim_{n \to 3} \frac{\sin(n+3)\pi}{(n+3)\pi} \right\} = i \left\{ -1 + \frac{\sin 6\pi}{6\pi} \right\} = i(-1-0) = -i,$$

$$c_{-3} = i \left\{ -\lim_{n \to -3} \frac{\sin(n-3)\pi}{(n-3)\pi} + \lim_{n \to -3} \frac{\sin(n+3)\pi}{(n+3)\pi} \right\} = i \left\{ -\frac{\sin(-6\pi)}{(-6\pi)} + 1 \right\} = i(-0+1) = i$$

$$\tag{6-2-28}$$

となり、式 (6-2-24), (6-2-25) で求めた結果と一致します。式 (6-2-22) の 2 項をそれぞれ図 6-2-13 (a), (b) に表します。極限をとることでこれらのフーリエ係数が求まることがわかるでしょう。

同様に、コサインの例についても考えておきましょう。併せて、区間幅 T の取り方も $0 \sim T$ と少し変えてみます。

【**例 6-2-6**】 余弦波の複素フーリエ係数

$$f(t) = \cos 2\omega_0 t \quad (0 < t \leq T), \quad T = \frac{2\pi}{\omega_0}. \tag{6-2-29}$$

ここで使うオイラーの公式は

$$\cos \theta = \frac{e^{i\theta} + e^{-i\theta}}{2}$$

ですね。複素フーリエ係数 c_n を求める計算は次のように始まります。

$$
\begin{aligned}
c_n &= \frac{1}{T} \int_0^T \cos 2\omega_0 t \cdot e^{-i\frac{2\pi}{T}nt} dt = \frac{\omega_0}{2\pi} \int_0^T \cos 2\omega_0 t \cdot e^{-in\omega_0 t} dt \\
&= \frac{\omega_0}{2\pi} \int_0^T \left(\frac{e^{i2\omega_0 t} + e^{-i2\omega_0 t}}{2} \right) \cdot e^{-in\omega_0 t} dt = \frac{\omega_0}{4\pi} \int_0^T e^{-i(n-2)\omega_0 t} + e^{-i(n+2)\omega_0 t} dt.
\end{aligned} \tag{6-2-30}
$$

まずは $n \neq \pm 2$ のときについて計算を進めると、

$$
\begin{aligned}
c_{n \neq \pm 2} &= \frac{\omega_0}{4\pi} \int_0^T e^{-i(n-2)\omega_0 t} + e^{-i(n+2)\omega_0 t} dt = \frac{\omega_0}{4\pi} \left[\frac{e^{-i(n-2)\omega_0 t}}{-i(n-2)\omega_0} + \frac{e^{-i(n+2)\omega_0 t}}{-i(n+2)\omega_0} \right]_0^T \\
&= \frac{\omega_0}{4\pi} \left[\frac{e^{-i(n-2)\omega_0 T} - e^{-i(n-2)\omega_0 0}}{-i(n-2)\omega_0} + \frac{e^{-i(n+2)\omega_0 T} - e^{-i(n+2)\omega_0 0}}{-i(n+2)\omega_0} \right] \\
&= \frac{\omega_0}{4\pi} \left[\frac{e^{-i(n-2)2\pi} - 1}{-i(n-2)\omega_0} + \frac{e^{-i(n+2)2\pi} - 1}{-i(n+2)\omega_0} \right] \\
&= \frac{1}{4\pi} \left[\frac{\cos(-(n-2)2\pi) + i\sin(-(n-2)2\pi) - 1}{-i(n-2)} + \frac{\cos(-(n+2)2\pi) + i\sin(-(n+2)2\pi) - 1}{-i(n+2)} \right] \\
&= \frac{1}{2} \left[\frac{1 - i\sin((n-2)2\pi) - 1}{-i(n-2)2\pi} + \frac{1 - i\sin((n+2)2\pi) - 1}{-i(n+2)2\pi} \right] \\
&= \frac{1}{2} \left[\frac{\sin((n-2)2\pi)}{(n-2)2\pi} + \frac{\sin((n+2)2\pi)}{(n+2)2\pi} \right] = 0
\end{aligned} \tag{6-2-31}
$$

となります。次に、$n = \pm 2$ の場合を考えると、

$$
\begin{aligned}
\lim_{n \to 2} c_{n \neq 2} &= c_2 = \lim_{n \to 2} \frac{1}{2} \left\{ \frac{\sin((n-2)2\pi)}{(n-2)2\pi} + \frac{\sin((n+2)2\pi)}{(n+2)2\pi} \right\} = \frac{1}{2}(1+0) = \frac{1}{2}, \\
\lim_{n \to -2} c_{n \neq 2} &= c_{-2} = \lim_{n \to -2} \frac{1}{2} \left\{ \frac{\sin((n-2)2\pi)}{(n-2)2\pi} + \frac{\sin((n+2)2\pi)}{(n+2)2\pi} \right\} = \frac{1}{2}(0+1) = \frac{1}{2}
\end{aligned} \tag{6-2-32}
$$

となります。正弦波を考えた例 6-2-5 と同様に、$n = \pm 2$ 以外はすべてゼロとなることがわかります。一方、正弦波の場合とは異なって両方の項 $c_{\pm 2}$ はどちらも実数で同じ振幅 1/2 となっています。これは結局オイラーの公式そのままに、コサイン ($\cos 2\omega t$) の場合は基本周波数の2倍の成分 ($n = \pm 2$) のみが半分の振幅 ($= 1/2$) になっていることに相当します。サインの場合のオイラーの公式がそのまま反映していたことを改めて確認してみましょう。ここまでわかれば、もう計算しなくてもわかります。例えば

$$f(t) = A \cos k\omega t$$

の場合は $c_{\pm k}$ のみが値 ($= A/2$) をもち、あとはすべてゼロとなり、

$$f(t) = B \sin n\omega\, t$$

の場合は $c_{-n} = iB/2,\ c_n = -iB/2$ 以外の項はすべてゼロです。

6.3　周期波形の電力スペクトル

　信号が単位時間に運ぶエネルギーは**平均電力**とよばれます。信号の波形 $f(t)\ [V]$ が 1Ω の抵抗上で時間間隔 $-T/2 \leq t < T/2$ の間に観測されたときの平均電力 P は

$$P = \frac{1}{T} \int_{-T/2}^{T/2} |f(t)|^2 dt\ [\text{W}] \tag{6-3-1}$$

です。周期的な波形であれば、観測時間 T を周期 T_p としても一般性は失われません。そこで、式 (6-1-6) での変数を時間 t、基本周波数 ω として

$$f(t) = \sum_{n=-\infty}^{\infty} \left\{ c_n \exp\left(i\frac{2\pi}{T} nt \right) \right\} = \sum_{n=-\infty}^{\infty} \left\{ c_n \exp\left(i\omega nt \right) \right\} = \sum_{n=-\infty}^{\infty} \left(c_n e^{i\omega nt} \right)$$

と書くと、式 (6-3-1) は

$$\begin{aligned}
P &= \frac{1}{T_p} \int_{-T_p/2}^{T_p/2} |f(t)|^2 dt = \frac{1}{T_p} \int_{-T_p/2}^{T_p/2} f(t) \cdot f^*(t) dt \\
&= \frac{1}{T_p} \int_{-T_p/2}^{T_p/2} \sum_{n=-\infty}^{\infty} \left(c_n e^{i\omega n t} \right) \sum_{m=-\infty}^{\infty} \left(c_m^* e^{-i\omega m t} \right) dt
\end{aligned} \tag{6-3-2}$$

となります。ここで、n と m の積の総和をとります。積分と総和の順序を入れ替えると、

$$P = \frac{1}{T_p} \int_{-T_p/2}^{T_p/2} \sum_{n=-\infty}^{\infty} \left\{ c_n c_m^* e^{i\omega (n-m) t} \right\} dt = \sum_{n=-\infty}^{\infty} \left\{ c_n c_m^* \frac{1}{T_p} \int_{-T_p/2}^{T_p/2} e^{i\omega (n-m) t} dt \right\}$$

となり、例の「直交性」が効いてきます。つまり、$n \neq m,\ T_p = 2\pi\omega$ として積分だけ計算すると

$$\begin{aligned}
\frac{1}{T_p} \int_{-T_p/2}^{T_p/2} e^{i\omega(n-m)t} dt &= \frac{1}{T_p} \left[\frac{e^{i\omega(n-m)t}}{i\omega(n-m)} \right]_{-T_p/2}^{T_p/2} \\
&= \frac{1}{T_p i\omega(n-m)} \left(e^{i\omega(n-m)\frac{T_p}{2}} - e^{-i\omega(n-m)\frac{T_p}{2}} \right) \\
&= \frac{2}{T_p \omega(n-m)} \cdot \frac{e^{i\omega(n-m)\frac{T_p}{2}} - e^{-i\omega(n-m)\frac{T_p}{2}}}{2i} \\
&= \frac{2}{T_p \omega(n-m)} \sin\left(\omega(n-m)\frac{T_p}{2} \right) \\
&= \frac{\sin\left(\omega(n-m)\frac{T_p}{2} \right)}{\omega(n-m)\frac{T_p}{2}} = \frac{\sin\{\pi(n-m)\}}{\pi(n-m)} = 0
\end{aligned} \tag{6-3-3}$$

となります。一方、n と m が等しい場合は c^0 で 1 になりますから、$n = m$ の場合のみが残り、結局は次のようになります。

$$P = \sum_{n=-\infty}^{\infty} (c_n c_n^*) = \sum_{n=-\infty}^{\infty} |c_n|^2. \qquad (6\text{-}3\text{-}4)$$

そして、これは前節で波形から求めた電力と等しいので、複素フーリエ係数と実フーリエ級数の関係式

$$c_0 = \frac{a_0}{2}, \quad c_n = \frac{1}{2}(a_n - ib_n), \quad c_n^* = \frac{1}{2}(a_n + ib_n) \qquad (6\text{-}1\text{-}7)$$

より

$$c_n c_n^* = \frac{1}{2}(a_n - ib_n) \cdot \frac{1}{2}(a_n + ib_n) = \frac{1}{4}(a_n^2 + b_n^2) \qquad (6\text{-}3\text{-}5)$$

となります。

注意しなければならないのは、「複素フーリエ係数では n は負の値もとる」のに対して「実数フーリエ係数では n は負の値をとらない」ことです。つまり、第 0 次項 ($n = 0$) を除けば実フーリエ係数 ($n > 0$) は 2 倍せねばならないので、

$$P = \sum_{n=-\infty}^{\infty} |c_n|^2 = \frac{a_0^2}{4} + \frac{1}{2}\sum_{n=1}^{\infty}(a_n^2 + b_n^2) \qquad (6\text{-}3\text{-}6)$$

となり、これは**電力スペクトル** (power spectrum) とよばれます。結局、波形から求めた電力と電力スペクトルは等しいので、

$$P = \frac{1}{T}\int_{-T/2}^{T/2} |f(t)|^2 dt = \sum_{n=-\infty}^{\infty} |c_n|^2 = \frac{a_0^2}{4} + \frac{1}{2}\sum_{n=1}^{\infty}(a_n^2 + b_n^2) \qquad (6\text{-}3\text{-}7)$$

となり、その単位は、波形 $f(t)$ が 1Ω の抵抗上でボルトを単位として表示されるとき、ワット [W] となります。実はこれは、周期を T とした式 (5-13-10) と同じで、パーセバルの等式に他なりません。

6.4 フーリエ級数展開からフーリエ変換への移行

前節では非対称パルス列のフーリエ係数を求めました。ここでは、まずパルス幅 α を一定に保ちつつ周期 T を伸ばしてみます。$T = 4\alpha$ と $T = 16\alpha$ の場合について、パルス波形を図 6-4-1 に、フーリエ係数を図 6-4-2 にプロットします。これらを見比べるとわかるように、パルス間隔が広がるにつれて、スペクトル間隔は逆に狭くなっていきます。ということは、パルス間隔が無限に広がるとスペクトルは連続関数になっていくと予想されます。

では、数式を使って考えてみましょう。展開区間 $[-T/2, T/2]$ の複素フーリエ展開を考えます。

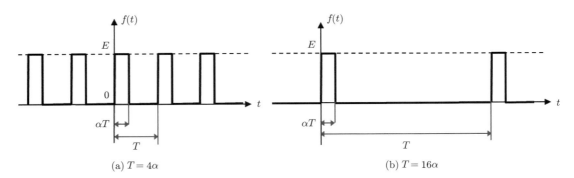

(a) $T = 4\alpha$　　　　　　　　(b) $T = 16\alpha$

図 6-4-1　非対称パルス列の例

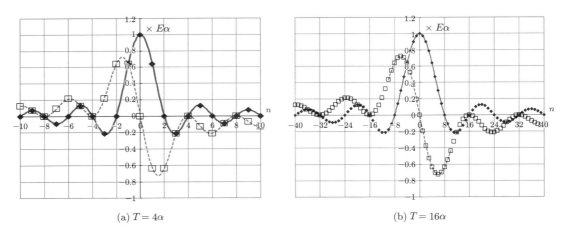

(a) $T = 4\alpha$　　　　　　　　(b) $T = 16\alpha$

図 6-4-2　非対称パルス列のスペクトル実部◆および虚部□

$$f(t) = \sum_{-\infty}^{\infty} c_k e^{i\frac{2\pi}{T}kt}, \tag{6-4-1}[a]$$

$$c_k = \frac{1}{T}\int_{-T/2}^{T/2} f(t)e^{-i\frac{2\pi}{T}kt}dt. \tag{6-4-1}[b]$$

ここで T を非常に大きいとすると

$$\frac{2\pi}{T}k = \omega_k$$

はほとんど連続的な数列となります。よって $\omega_k \to \omega$ と書くと、ω_k の差分は $2\pi/T = d\omega$ で表され、c_k は次の形にできます。ただし、t が二重に現れると紛らわしいので積分変数を ξ に替えておきます。

$$c_k = \frac{d\omega}{2\pi}\int_{-T/2}^{T/2} f(t)e^{-i\omega t}dt = \frac{d\omega}{2\pi}\int_{-T/2}^{T/2} f(\xi)e^{-i\omega\xi}d\xi. \tag{6-4-2}$$

これを式 (6-4-1)[a] に形式的に代入します。すると、

$$f(t) = \sum_{-\infty}^{\infty} \left(\frac{d\omega}{2\pi} \int_{-T/2}^{T/2} f(\xi) e^{-i\omega\xi} d\xi \right) e^{i\omega t} \tag{6-4-3}$$

となりますが、これを積分に書き換えると

$$f(t) = \lim_{\Omega \to \infty} \lim_{T \to \infty} \int_{-\Omega}^{\Omega} \frac{d\omega}{2\pi} \int_{-T/2}^{T/2} f(\xi) e^{-i\omega\xi} d\xi e^{i\omega t}$$
$$= \lim_{\Omega \to \infty} \frac{1}{2\pi} \int_{-\Omega}^{\Omega} e^{i\omega t} d\omega \lim_{T \to \infty} \int_{-T/2}^{T/2} f(\xi) e^{-i\omega\xi} d\xi \tag{6-4-4}$$

となります。

さて、後ろのほうの極限操作を見てみましょう。波形 $f(\xi)$ がパルス波形のように有限の領域に集中していて、無限に続くものでなければ、そして積分範囲 $[-T/2, T/2]$ が波形を十分にカバーしていれば、その外では波形は値をもちませんから

$$\lim_{T \to \infty} \int_{-T/2}^{T/2} f(\xi) e^{-i\omega\xi} d\xi = \int_{-\infty}^{\infty} f(\xi) e^{-i\omega\xi} d\xi$$

と書いても問題ないでしょう。これを $F(\omega)$ と書くと、これは**フーリエ変換**あるいは**フーリエスペクトル**とよばれ、

$$F(\omega) = \int_{-\infty}^{\infty} f(t) e^{-i\omega t} dt \tag{6-4-5}$$

ですから、

$$f(t) = \frac{1}{2\pi} \lim_{\Omega \to \infty} \int_{-\Omega}^{\Omega} e^{i\omega t} d\omega F(\omega)$$

となります。

さらに、スペクトル $F(\omega)$ がその帯域が制限されたものであれば、現実世界では、どんな波形でも無限の速さで値を変化させることはありませんから、無限大の周波数ではその値はゼロであるといえ、これは

$$f(t) = \frac{1}{2\pi} \int_{-\infty}^{\infty} F(\omega) e^{i\omega t} d\omega \tag{6-4-6}$$

のように書けることになります。これはスペクトルから波形を求める操作で、**フーリエ逆変換**に他なりません。これはまた**フーリエ積分**ともよばれます。

フーリエ変換

7.1　フーリエ変換の定義

　フーリエ変換とフーリエ級数展開は密接な関係があります。第 5 章と第 6 章で述べたフーリエ
級数展開はその適用が周期的な関数〔波形〕に限られるのですが、それを孤立波形にも適用できる
ように拡張したものが**フーリエ変換**です。前節で導いたように、それは次式で定義されます。

$$F(\omega) = \int_{-\infty}^{\infty} f(x)e^{-i\omega x}dx. \tag{7-1-1}$$

ここで、変数 x はこの実空間における時間や空間の座標であるのに対して、ω は角周波数 [radian/s] がとられます。そしてフーリエ変換 (Fourier Transform) して得られる答えを**フーリエス
ペクトル** (Fourier Spectrum) あるいは単に**スペクトル**または**スペクトラム**とよんでいます。

　その逆変換 (inverse Fourier transform) は

$$f(x) = \frac{1}{2\pi} \int_{-\infty}^{\infty} F(\omega)e^{i\omega x}d\omega \tag{7-1-2}$$

で与えられます。この式は一見して、式 (7-1-1) の変換式とほとんど同じですね。ただ、逆変換の
核は $\exp(i\omega x)$ のように指数部に「$-$」がついていないこと、積分変数が角周波数 ω であることが
違います。電子工学などでよく使われる**周波数** (frequency) f [Hz] を用いる場合は、$f = \omega/2\pi$、
すなわち $\omega = 2\pi f$ と変換すればよいだけです。そうすると、フーリエ変換と逆変換の定義が次の
ようになります。

$$\begin{aligned}
G(f) &= \int_{-\infty}^{\infty} g(x)e^{-2\pi i f x}dx, \\
g(x) &= \frac{1}{2\pi} \int_{-\infty}^{\infty} G(f)e^{2\pi i f x}df.
\end{aligned} \tag{7-1-3}$$

　また、$1/(2\pi)$ という係数が逆変換だけに付いているのですが、これはそれほど重要ではなく、

$$\begin{aligned}
G(\omega) &= \frac{1}{\sqrt{2\pi}} \int_{-\infty}^{\infty} g(x)e^{-i\omega x}dx, \\
g(t) &= \frac{1}{\sqrt{2\pi}} \int_{-\infty}^{\infty} G(\omega)e^{i\omega x}d\omega
\end{aligned}$$

を定義とする本もあります[9]。ただ、ここでは初めに紹介した式 (7-1-1) と (7-1-2) をフーリエ変換と逆変換の定義とします。この、「変換と逆変換の形がほぼ同じ」というのがフーリエ変換の特徴といえるでしょう。

7.2　振幅スペクトルと位相スペクトル

フーリエ変換では、変換されるもとの $f(t)$ は実関数（たとえば波形）であっても、フーリエスペクトル $F(\omega)$ は一般に複素数になります。すなわち、実部と虚部 $(a+ib)$、または振幅と位相 $(r \cdot e^{i\theta})$ の形で表されることになります。つまり、

$$F(\omega) = \int_{-\infty}^{\infty} f(t)e^{-i\omega t} dt = \int_{-\infty}^{\infty} f(t)\left(\cos\omega t - i\sin\omega t\right) dt$$
$$= \int_{-\infty}^{\infty} f(t)\cos\omega t dt - i\int_{-\infty}^{\infty} f(t)\sin\omega dt = A(\omega) - iB(\omega) \tag{7-2-1}$$

$$A(\omega) = \int_{-\infty}^{\infty} f(t)\cos\omega t dt, \quad B(\omega) = \int_{-\infty}^{\infty} f(t)\sin\omega t dt \tag{7-2-2}$$

となります。ここで、式 (7-2-1) の第 1 項と第 2 項の間が「−（引き算）」であることに注意しましょう。ここを通常の形である「$a+ib$」で書くと「$B(\omega)$」が負になります。どちらでもよいのですが、混乱しないように注意しましょう。

さて、孤立波形に対するスペクトルを求めたとしましょう。このとき、**振幅スペクトル**は

$$|F(\omega)| = \sqrt{(A(\omega))^2 + (B(\omega))^2} \geq 0 \tag{7-2-3}$$

で、これは負になることはありません。これは、$F(\omega)$ と複素共役 $F^*(\omega)$ の積の平方根

$$|F(\omega)| = \sqrt{F(\omega)\cdot F^*(\omega)} = \sqrt{\{A(\omega)-iB(\omega)\}\{A(\omega)+iB(\omega)\}}$$
$$= \sqrt{A^2(\omega) - iA(\omega)B(\omega) + iA(\omega)B(\omega) + B^2(\omega)} = \sqrt{A^2(\omega)+B^2(\omega)} \tag{7-2-4}$$

でも計算できます。また、$F(\omega)$ の偏角 $\Theta\ (=\arg[F(\omega)])$ は

$$\arg[F(\omega)] = -\arctan\left(\frac{B(\omega)}{A(\omega)}\right) = \arctan\left(-\frac{B(\omega)}{A(\omega)}\right) = \Theta$$
$$\tan\Theta = -\frac{B(\omega)}{A(\omega)} \tag{7-2-5}$$

で与えられ、これを**位相スペクトル**とよびます。ちなみに、「arg」は英語で「偏角」を意味する「argument」に由来する記号です。そして、振幅スペクトルが「偶関数」、位相スペクトルが「奇関数」になるとき**エルミート対称**といいますが、これは工学で扱う信号が「原因があって結果が生じる」という**因果律**に則っているためであるといわれています。

そして、

9)　例えば、小出昭一郎 著、『量子力学 (I)』、p.52、裳華房 (1969).

$$|F(\omega)|^2 = F(\omega) \cdot F^*(\omega) = (A(\omega))^2 + (B(\omega))^2 \tag{7-2-6}$$

で定義される量を**電力（パワー）密度スペクトル** [W/Hz] (Watt/Hertz)、あるいは**エネルギー密度スペクトル** [J/Hz] (Joule/Hertz) とよびます。長いので、「密度」を飛ばして、単に**エネルギースペクトル**などとよばれる場合もありますが、同じものです。

前者は連続信号のフーリエスペクトルを 1 秒間あたりのエネルギー（＝電力、パワー）で表し、後者は孤立した波形を扱う場合に現れる量です。連続波形は無限に続くので、そこでは単位時間あたりのエネルギー、すなわち電力がどの周波数にどれくらい存在するか [W/Hz] が問題になります。これが電力スペクトルです。一方、孤立波形は一つで終わりなので、そのエネルギー [J] がどの周波数にどれくらいあるかを表したのがエネルギースペクトル [J/Hz] です。

式 (7-2-6) は振幅スペクトルだけで構成されており、位相スペクトルは入っていません。位相スペクトルはエネルギーや電力には関係がないのです。実際、人間の聴覚は位相スペクトルを感じとることはできないとされています。ただし両耳を使えば、それぞれの耳から聞こえてくる音響信号の位相差とレベル差を感知して音源方向を知ることができます。これが「ステレオ」の原理です。

7.3　フーリエ余弦変換とフーリエ正弦変換

さて、フーリエ変換される原波形 $f(t)$ が偶関数 $f_e(t)$ と奇関数 $f_o(t)$ の和で表されるとしましょう。

$$f(t) = f_e(t) + f_o(t). \tag{7-3-1}$$

ここで、偶関数 (even function) とは変数 x の符号を反転させて $-x$ にしても関数値が変わらないものです。つまり $f_e(-x) = f_e(x)$ が成り立ち、2 次関数や 4 次関数などの x の偶数べき乗関数やコサイン関数などが該当します。一方、奇関数 (odd function) とは変数 x の符号を反転させると関数値も反転する、つまり $f_o(-x) = -f_o(x)$ となるものです。1 次関数や 3 次関数などの x の奇数べき乗関数やサイン関数などが該当します。

これらを踏まえて $f(t)$ を以下のように半分に分け、同じもの $f(-t)$ を足して引いてみましょう。

$$f(t) = \frac{f(t)}{2} + \frac{f(t)}{2} = \frac{f(t)}{2} + \frac{f(t)}{2} + \frac{f(-t)}{2} - \frac{f(-t)}{2}$$
$$= \left\{ \frac{f(t)}{2} + \frac{f(-t)}{2} \right\} + \left\{ \frac{f(t)}{2} - \frac{f(-t)}{2} \right\} = h(t) + g(t)$$

とおくと、

$$h(t) = \frac{f(t)}{2} + \frac{f(-t)}{2}, \quad g(t) = \frac{f(t)}{2} - \frac{f(-t)}{2}$$

となります。ここで、$h(t)$ と $g(t)$ の変数 t の符号を反転させてみると、

$$h(-t) = \frac{f(-t)}{2} + \frac{f(t)}{2} = h(t), \quad g(-t) = \frac{f(-t)}{2} - \frac{f(t)}{2} = -\left\{ \frac{f(t)}{2} - \frac{f(-t)}{2} \right\} = -g(t)$$

$$\tag{7-3-2}$$

となることから、$h(t)$ は偶関数、$g(t)$ は奇関数であることがわかります。よって、任意の関数 $f(t)$ は最初の式 (7-3-1) のように偶関数と奇関数の和で書けることになります。

このとき、フーリエ変換式 (7-1-1) は次のようになります。

$$
\begin{aligned}
F(\omega) &= \int_{-\infty}^{\infty} f(t)e^{-i\omega t}dt = \int_{-\infty}^{\infty} f(t)\left(\cos\omega t - i\sin\omega t\right)dt \\
&= \int_{-\infty}^{\infty} \{f_e(t) + f_o(t)\}\cos\omega t dt - i\int_{-\infty}^{\infty} \{f_e(t) + f_o(t)\}\sin\omega t dt \\
&= \int_{-\infty}^{\infty} f_e(t)\cos\omega t dt + \int_{-\infty}^{\infty} f_o(t)\cos\omega t dt - i\left\{\int_{-\infty}^{\infty} f_e(t)\sin\omega t dt + \int_{-\infty}^{\infty} f_o(t)\sin\omega t dt\right\}.
\end{aligned}
$$

ここで、$f_e(t)$ と $\cos\omega t$ は偶関数であるという性質、すなわち

$$
f_e(-t) = f_e(t), \quad \cos\left(\omega\cdot(-t)\right) = \cos(\omega t)
$$

と、$f_o(t)$ と $\sin\omega t$ は奇関数であるという性質、すなわち

$$
f_o(-t) = -f_o(t), \quad \sin\left(\omega\cdot(-t)\right) = -\sin(\omega t)
$$

を使うと、積分領域を負の t 部分と正の t 部分に分けて 1 番目と 3 番目の積分では $t \to -t$ とすることで、次のように整理されます。

$$
\begin{aligned}
F(\omega) &= \int_{\infty}^{0} f_e(-t)\cos(-\omega t)(-dt) + \int_{0}^{\infty} f_e(t)\cos\omega t dt \\
&\quad - i\left\{\int_{\infty}^{0} f_o(-t)\sin(-\omega t)(-dt) + \int_{0}^{\infty} f_o(t)\sin\omega t dt\right\} \\
&= \int_{0}^{\infty} f_e(t)\cos\omega t dt + \int_{0}^{\infty} f_e(t)\cos\omega t dt - i\left\{\int_{0}^{\infty} f_o(t)\sin\omega t dt + \int_{0}^{\infty} f_o(t)\sin\omega t dt\right\} \\
&= 2\int_{0}^{\infty} f_e(t)\cos\omega t dt - 2i\int_{0}^{\infty} f_o(t)\sin\omega t dt. \tag{7-3-3}
\end{aligned}
$$

そこで、原関数が奇関数 $f_o(t)$ であればフーリエ正弦変換 $F_s(\omega)$、偶関数 $f_e(t)$ であればフーリエ余弦変換 $F_c(\omega)$ がフーリエ変換を与えることになります。

$$
F_s(\omega) = 2\int_{0}^{\infty} f_o(t)\sin\omega t dt, \quad F_c(\omega) = 2\int_{0}^{\infty} f_e(t)\cos\omega t dt. \tag{7-3-4}
$$

これらの逆変換は次のように与えられます。

$$
f_o(t) = \frac{1}{\pi}\int_{0}^{\infty} F_s(\omega)\sin\omega t d\omega, \quad f_e(t) = \frac{1}{\pi}\int_{0}^{\infty} F_c(\omega)\cos\omega t d\omega. \tag{7-3-5}
$$

7.4　フーリエ変換の例

7.4.1　矩形パルスのフーリエ変換 (1)

例として図 7-4-1 のような孤立した矩形パルスを考えます。これをフーリエ変換してみます。

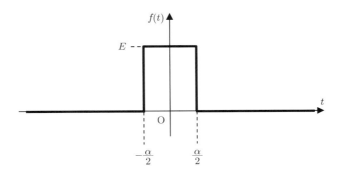

図 7-4-1 孤立した矩形パルス

$$f(t) = \begin{cases} 0 & \left(-\infty < t < -\frac{\alpha}{2}\right) \\ E & \left(-\frac{\alpha}{2} \le t < \frac{\alpha}{2}\right) \\ 0 & \left(\frac{\alpha}{2} \le t < \infty\right) \end{cases} \tag{7-4-1}$$

$$\begin{aligned} F(\omega) &= \int_{-\infty}^{\infty} f(t)e^{-i\omega t}dt = \int_{-\alpha/2}^{\alpha/2} Ee^{-i\omega t}dt = \frac{E}{-i\omega}\left[e^{-i\omega t}\right]_{-\alpha/2}^{\alpha/2} \\ &= \frac{E}{-i\omega}\left(e^{-i\omega\frac{\alpha}{2}} - e^{i\omega\frac{\alpha}{2}}\right) = \frac{2E}{\omega}\left(\frac{e^{i\omega\frac{\alpha}{2}} - e^{-i\omega\frac{\alpha}{2}}}{2i}\right) \\ &= \frac{2E}{\omega}\sin\frac{\omega\alpha}{2} = E\alpha\frac{\sin\frac{\omega\alpha}{2}}{\frac{\omega\alpha}{2}} \end{aligned} \tag{7-4-2}$$

この最後の変形は、関数の形を見やすくするためのもので、必ずしも必要ではありません。しかし、この変形をするとその関数は $(\sin x)/x$ のいわゆる「シンク関数」の形であることがわかります。この関数は工学において頻繁に現れるものなので、第 1 章でも説明しましたが、もう一度見ておきましょう。

この関数は、$x = 0$ では分母がゼロになるので定義されません（特異点）が、極限値は

$$\lim_{x \to 0} \frac{\sin x}{x} = 1$$

ですから、このように定義すれば連続関数になり、図 7-4-2 のように図示できます。このように何もなかったように定義可能な特異点は**可除特異点**とよばれます[10]。最大値はその特異点 $\omega = 0$ にあり、$E\alpha$ をとります。また、関数 $\sin(\omega\alpha/2)/(\omega\alpha/2)$ がゼロになるところは分子 $\sin(\omega\alpha/2)$ がゼロになるところですから、

$$\frac{\omega\alpha}{2} = \pi, 2\pi, 3\pi, \ldots$$

すなわち

$$\omega = \frac{2\pi}{\alpha}, \frac{4\pi}{\alpha}, \frac{6\pi}{\alpha}, \ldots$$

---

10) 一石 賢 著、『物理学のための数学』、第 7-5 節 特異点、pp.159-160、ベレ出版 (2015).

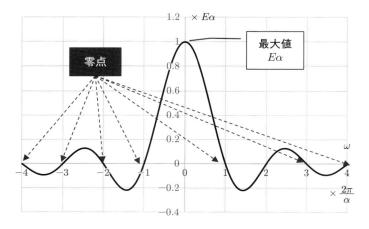

図 **7-4-2**　孤立パルスのフーリエ変換

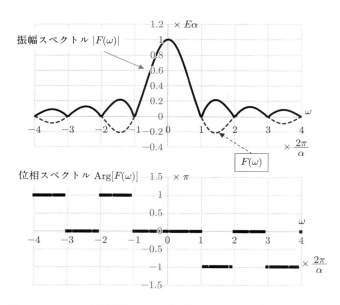

図 **7-4-3**　左右対称矩形パルスの振幅スペクトルと位相スペクトル

を満たす角周波数 ω が「零点」となって、等間隔に並ぶことがわかります（図 7-4-2 参照）。

このスペクトルの振幅スペクトルと位相スペクトルについて考えてみましょう。第 6 章でも述べたように、図 7-4-2 のスペクトルは明らかに負の値をとっているのに対して、「振幅」は負の値をとれないので式 (7-4-2) をそのまま「振幅スペクトル」とするには問題があります。そこで式 (7-4-2) の絶対値をとれば、その条件は満たされます。

$$|F(\omega)| = 2E\tau \left| \frac{\sin \omega \tau}{\omega \tau} \right|.$$

それを図示したのが図 7-4-3 上です。振幅スペクトルはみごとに正の部分に折り返されて、負の部分はなくなっているのですが、逆にもともと負だった部分がどことどこだったのかがわからなくなってしまいました。それはそれで困ったことなので、その問題を位相スペクトルに解決してもら

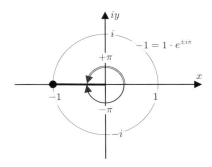

図 7-4-4 "−1" を位相で表す方法

うことにします。

　もともとスペクトルが負だった部分は −1 を掛けて正（プラス）に変換した、とすればよいのです。ではどうすれば −1 を位相で表現できるのかですが、そのヒントが図 7-4-4 にあります。"−1" は実数ですから、複素平面上で表すと実軸（x 軸）上の 1 点で表現されます。振幅と位相でこの点を表すと $e^{\pm i\pi}$ ですから、位相 "$\pm\pi$" なる位相スペクトルが「もともとスペクトルが負だった部分に −1 を掛けた」という「記録」を残してくれることになります。図 7-4-3 下にその位相スペクトルが示されています。

　数式でまとめると、振幅スペクトルと位相スペクトルは

$$|F(\omega)| = 2E\tau \left| \frac{\sin \omega\tau}{\omega\tau} \right|,$$

$$\arg\left(F(\omega)\right) = \begin{cases} \pi & (F(\omega) < 0 \text{ かつ } \omega < 0) \\ 0 & (F(\omega) > 0) \\ -\pi & (F(\omega) < 0 \text{ かつ } \omega > 0) \end{cases} \tag{7-4-3}$$

と表現されることになります。ちなみに、負の周波数では位相を "$+\pi$" で正の周波数では位相を "$-\pi$" と表しているのは、先に述べたエルミート対称の特徴「位相スペクトルは奇関数」であることと、式 (7-2-5) が示すように位相スペクトルが負の傾きをもっていることを意識しているからです。

7.4.2　矩形パルスのフーリエ変換 (2)

　次に、図 7-4-5 に示すような原点で立ち上がる矩形パルスの例を考えましょう。数式では

$$f(t) = \begin{cases} E & (0 \le t < \alpha) \\ 0 & (t < 0, \ \alpha \le t) \end{cases} \tag{7-4-4}$$

と表されます。このパルスのフーリエスペクトルは次のように計算されます。

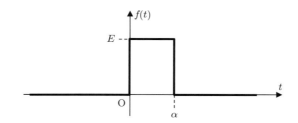

図 7-4-5　原点で立ち上がる矩形パルス

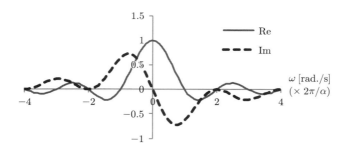

図 7-4-6　原点で立ち上がる矩形パルスのスペクトルの実部 (Re) と虚部 (Im)

$$
\begin{aligned}
F(\omega) &= \int_{-\infty}^{\infty} f(t)e^{-i\omega t}dt = \int_{0}^{\alpha} Ee^{-i\omega t}dt = \frac{E}{-i\omega}\left[e^{-i\omega t}\right]_{0}^{\alpha} \\
&= \frac{E}{-i\omega}\left(e^{-i\omega\alpha} - e^{i\omega 0}\right) = \frac{E}{i\omega}\left(-e^{-i\omega\alpha} + 1\right) \\
&= \frac{E}{i\omega}\left\{-(\cos\omega\alpha - i\sin\omega\alpha) + 1\right\} = \frac{E}{i\omega}\left\{-(\cos(\omega\alpha) - 1)\right\} + i\sin\omega\alpha\} \\
&= \frac{E}{\omega}\left\{i\left(\cos(\omega\alpha) - 1\right) + \sin\omega\alpha\right\} = E\alpha\left\{\frac{\sin\omega\alpha}{\omega\alpha} + i\frac{\cos(\omega\alpha) - 1}{\omega\alpha}\right\}.
\end{aligned}
\tag{7-4-5}
$$

2 行目から 3 行目の変形でオイラーの公式

$$
e^{-i\omega\alpha} = \cos\omega\alpha - i\sin\omega\alpha
$$

が使われていることに注意しましょう。式 (7-4-5) は明らかに複素数の形（実部 $+i$ 虚部）をしています。

図 7-4-6 に実部・虚部それぞれを図示します。実部は偶関数、虚部は奇関数になっていて、振幅と位相でこのスペクトルを表すと、次式 (7-4-6) のようになります。

$$
\begin{aligned}
F(\omega) &= \int_{-\infty}^{\infty} f(t)e^{-i\omega t}dt = \int_{0}^{\alpha} Ee^{-i\omega t}dt = E\left[\frac{e^{-i\omega t}}{-i\omega}\right]_{0}^{\alpha} = \frac{E}{-i\omega}\left(e^{-i\omega\cdot\alpha} - e^{-i\omega\cdot 0}\right) \\
&= \frac{E}{-i\omega}\left(e^{-i\omega\frac{\alpha+\alpha}{2}} - e^{-i\omega\frac{\alpha-\alpha}{2}}\right) = \frac{2E}{-\omega}e^{-i\frac{\omega\alpha}{2}}\left(\frac{e^{-i\frac{\omega\alpha}{2}} - e^{i\frac{\omega\alpha}{2}}}{2i}\right) \\
&= \frac{2E}{\omega}e^{-i\frac{\omega\alpha}{2}}\sin\frac{\omega\alpha}{2} = E\alpha\frac{\sin\frac{\omega\alpha}{2}}{\frac{\omega\alpha}{2}}\cdot e^{-i\frac{\omega\alpha}{2}} = F_1(\omega)\cdot F_2(\omega).
\end{aligned}
\tag{7-4-6}
$$

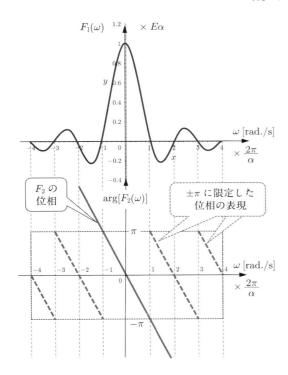

図 7-4-7 原点で立ち上がるパルスの $F_1(\omega)$（実数）と $F_2(\omega)$ の位相

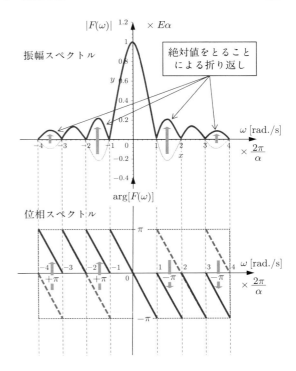

図 7-4-8 原点で立ち上がるパルスの振幅スペクトルと位相スペクトル

ここで、1 行目から 2 行目に移るときに $\alpha = (\alpha + \alpha)/2, 0 = (\alpha - \alpha)/2$ とのわかりきった変形をしたところが実はミソです。これによって共通の指数成分 $-i\omega\alpha/2$ を括り出すことができ、位相スペクトルが簡単に得られます。この手法は今後繰り返し現れますので覚えておくとよいでしょう。

この $F_1(\omega)$ は、y 軸に関して左右対称なパルスのスペクトル（式 (7-4-2)）と同じで、$F_2(\omega)$ である指数部 $\exp(-i\omega\alpha/2)$ だけが異なります。そこで、

$$F_1(\omega) = E\alpha \frac{\sin \frac{\omega\alpha}{2}}{\frac{\omega\alpha}{2}}, \tag{7-4-7}$$

$$F_2(\omega) = e^{i\left(-\frac{\omega\alpha}{2}\right)} = e^{i\Theta} \tag{7-4-8}$$

とおいて、それぞれグラフを描いてみます。ただし、$F_2(\omega)$ の方は、位相部分（Θ）を描くこととします。図 7-4-7 に示される $F_1(\omega)$ は、左右対称なパルスの場合（図 7-4-2）とまったく同じですが、$F_2(\omega)$ があるので位相スペクトル成分が表れてきています。この位相成分は、原点 $\omega = 0$ を通る傾き $-\alpha/2$ の直線ですが、位相表現を $\pm\pi$ に限るという習慣によって $\pm\pi$ で折り返されています。

さらに、振幅スペクトルとして F_1 の負の部分を正に折り返す操作を位相スペクトルに反映させるために、その周波数部分の位相スペクトルが $\pm\pi$ だけシフトしていることも図 7-4-8 には示されていますので、確認しましょう。

7.4.3　正弦波変調減衰関数のフーリエ変換

次に、式 (7-4-9) や図 7-4-9 で表されるパルスのフーリエ変換を考えます。

$$f(t) = \begin{cases} \sin(\omega_0 t)\exp(-at) & (t \geq 0) \\ 0 & (t < 0) \end{cases} \tag{7-4-9}$$

このパルスのフーリエ変換 $F(\omega)$ は次式で与えられます。

$$F(\omega) = \int_0^\infty \sin(\omega_0 t)\exp(-at)\exp(-i\omega t)dt = \int_0^\infty \sin(\omega_0 t)e^{-at}e^{-i\omega t}dt. \tag{7-4-10}$$

ここで、もとの波形 $f(t)$ が負の時間 $(t < 0)$ でゼロであることから、負の時間領域は積分範囲に含める必要はなく、積分範囲がゼロから無限大 (∞) となっていることに注意します。

さて、オイラーの公式を使えば、サイン関数は次のように指数関数で書くことができるのでした。

$$\sin\theta = \frac{e^{i\theta} - e^{-i\theta}}{2i}.$$

すると、式 (7-4-10) は次のように変形できます。

$$\begin{aligned} F(\omega) &= \int_0^\infty \sin(\omega_0 t)e^{-at}e^{-i\omega t}dt = \int_0^\infty \frac{e^{i\omega_0 t} - e^{-i\omega_0 t}}{2i}e^{-(a+i\omega)t}dt \\ &= \frac{1}{2i}\left\{\int_0^\infty e^{i\omega_0 t-(a+i\omega)t}dt - \int_0^\infty e^{-i\omega_0 t-(a+i\omega)t}dt\right\} \\ &= \frac{1}{2i}\left\{\left[\frac{e^{i\omega_0 t-(a+i\omega)t}}{i\omega_0-(a+i\omega)}\right]_0^\infty - \left[\frac{e^{-i\omega_0 t-(a+i\omega)t}}{-i\omega_0-(a+i\omega)}\right]_0^\infty\right\} \\ &= \frac{1}{2i}\lim_{b\to\infty}\left\{\frac{e^{i\omega_0 b-(a+i\omega)b}-1}{i\omega_0-(a+i\omega)} - \frac{e^{-i\omega_0 b-(a+i\omega)b}-1}{-i\omega_0-(a+i\omega)}\right\}. \end{aligned}$$

ここで、定積分を計算するために指数関数の無限大 t での挙動を見てみましょう。

$$\lim_{b\to\infty}e^{-(a+i\omega)b} = \lim_{b\to\infty}e^{-ab}e^{-i\omega b} = \lim_{b\to\infty}e^{-ab}\cdot\lim_{b\to\infty}e^{-i\omega b}$$

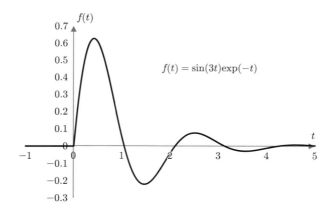

図 7-4-9　振動しつつ減衰するパルス

となりますが、後半部は実数 b を増やしても振幅 1 で振動し続けるだけなので、前半部の指数関数的な減衰が支配することになり、結局はゼロに収束することになります。よって、スペクトルは以下のように求まります。

$$
\begin{aligned}
F(\omega) &= \frac{1}{2i} \lim_{b \to \infty} \left\{ \frac{e^{i\omega_0 b - (a+i\omega)b} - 1}{i\omega_0 - (a+i\omega)} - \frac{e^{-i\omega_0 b - (a+i\omega)b} - 1}{-i\omega_0 - (a+i\omega)} \right\} \\
&= \frac{1}{2i} \left\{ \frac{-1}{i\omega_0 - (a+i\omega)} - \frac{-1}{-i\omega_0 - (a+i\omega)} \right\} \\
&= -\frac{1}{2i} \left\{ \frac{1}{i\omega_0 - (a+i\omega)} + \frac{1}{i\omega_0 + (a+i\omega)} \right\} \\
&= -\frac{1}{2i} \left\{ \frac{\{i\omega_0 + (a+i\omega)\} + \{i\omega_0 - (a+i\omega)\}}{\{i\omega_0 - (a+i\omega)\}\{-i\omega_0 - (a+i\omega)\}} \right\} \\
&= -\frac{1}{2i} \left\{ \frac{-2i\omega_0}{-(i\omega_0)^2 + (a+i\omega)^2} \right\} = \frac{\omega_0}{\omega_0^2 + (a+i\omega)^2}
\end{aligned}
\tag{7-4-11}
$$

ただ、これではどんな形をしているのかがわかりにくいと思う読者もいるかもしれません。そこで、振幅／位相スペクトルを求めておきましょう。

$$
F(\omega) = \frac{\omega_0}{\omega_0^2 + (a+i\omega)^2} = \frac{\omega_0}{\omega_0^2 + a^2 - \omega^2 + 2ia\omega} = \frac{\omega_0}{A + 2ia\omega}
\tag{7-4-12}
$$

と書くと、

$$
\begin{aligned}
|F(\omega)| &= \sqrt{F(\omega) \cdot F^*(\omega)} = \sqrt{\frac{\omega_0}{A + 2ia\omega} \cdot \frac{\omega_0}{A - 2ia\omega}} = \sqrt{\frac{\omega_0^2}{A^2 + 4a^2\omega^2}} \\
&= \sqrt{\frac{\omega_0^2}{(\omega_0^2 + a^2 - \omega^2)^2 + 4a^2\omega^2}}
\end{aligned}
\tag{7-4-13}
$$

となります。一方、

$$
F(\omega) = \frac{\omega_0}{\omega_0^2 + (a+i a\omega)^2} = \frac{\omega_0}{A + 2ia\omega} = \frac{\omega_0 (A - 2ia\omega)}{(A + 2ia\omega)(A - 2ia\omega)} = \frac{\omega_0 (A - 2ia\omega)}{A^2 + 4a^2\omega^2}
$$

と書き換えられるので、式 (7-2-5) $\arg[F(\omega)] = -\mathrm{Arctan}(B(\omega)/A(\omega))$ を思い出すと、位相スペクトル $\arg[F(\omega)]$ は

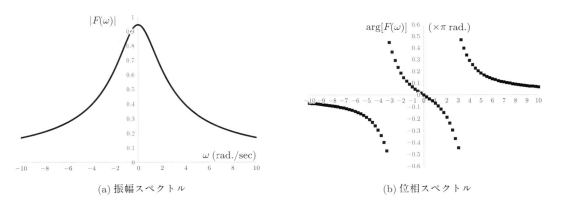

(a) 振幅スペクトル　　　　　　　　　　(b) 位相スペクトル

図 7-4-10　$f(t) = \sin(3t)\exp(-t)$ の振幅スペクトルと位相スペクトル

$$\arg[F(\omega)] = \mathrm{Arctan}\left(-\frac{2a\omega}{A}\right) = -\mathrm{Arctan}\left(\frac{2a\omega}{\omega_0^2 + a^2 - \omega^2}\right) \tag{7-4-14}$$

となります。前にも述べましたが、位相が負になっていることに注意しましょう。

　求められたスペクトルを、図 7-4-10 にプロットします。(b) 位相スペクトルは主値をとって計算しているために $\pm\pi/2$ の範囲に折りたたまれています。

7.4.4　ランプ波形のフーリエ変換

　ここでは、時間とともに直線的に値が増大する形のランプ波形（奇関数）のフーリエ変換を求めましょう。ランプ (ramp) とは坂道、傾斜路のことです。波形を図 7-4-11 に、数式での定義を以下に示します。

$$f(t) = \begin{cases} 0 & (-\infty < t < -\frac{T}{2}) \\ \frac{E}{T}t & (-\frac{T}{2} \leq t < \frac{T}{2}) \\ 0 & (\frac{T}{2} \leq t < \infty) \end{cases} \tag{7-4-15}$$

フーリエスペクトル $F(\omega)$ は次のように計算されます。

$$F(\omega) = \int_{-\infty}^{\infty} f(t)e^{-i\omega t}dt = \int_{-T/2}^{T/2} \frac{E}{T}te^{-i\omega t}dt = \frac{E}{T}\int_{-T/2}^{T/2} t\left(\frac{e^{-i\omega t}}{-i\omega}\right)' dt$$

　ここで、最後の変形に少し解説を加えます。この計算では被積分関数が t と $\exp(-i\omega t)$ の積の形になっていることから、部分積分を利用します。つまり一般に、$f(x), g(x)$ という二つの関数に関して

$$\int_a^b f \cdot g' dx = \left[f \cdot g'\right]_a^b - \int_a^b f' \cdot g\, dx$$

という形で積分を部分的に実行することで、積の積分を解消します。ただし g' は g の x についての微分を表します。これより

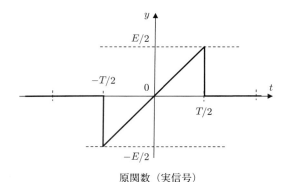

原関数（実信号）

図 7-4-11　孤立ランプ波形

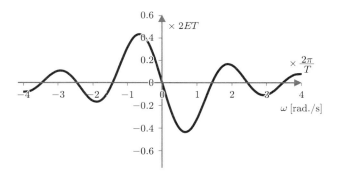

図 7-4-12　孤立ランプ波形のスペクトル（虚部のみ）

$$
\begin{aligned}
F(\omega) &= \int_{-T/2}^{T/2} \frac{E}{T} t e^{-i\omega t} dt = \frac{E}{T} \int_{-T/2}^{T/2} t \left(\frac{e^{-i\omega t}}{-i\omega} \right)' dt \\
&= \frac{E}{T} \left\{ \left[t \frac{e^{-i\omega t}}{-i\omega} \right]_{-T/2}^{T/2} - \int_{-T/2}^{T/2} t' \cdot \left(\frac{e^{-i\omega t}}{-i\omega} \right) dt \right\} \\
&= \frac{E}{-i\omega T} \left\{ \left(\frac{T}{2} e^{-i\omega \frac{T}{2}} + \frac{T}{2} e^{i\omega \frac{T}{2}} \right) - \left[\frac{e^{-i\omega t}}{-i\omega} \right]_{-T/2}^{T/2} \right\} \\
&= \frac{E}{-i\omega T} \left\{ T \cdot \frac{e^{-i\omega \frac{T}{2}} + e^{i\omega \frac{T}{2}}}{2} + \frac{1}{i\omega} \left(e^{-i\omega \frac{T}{2}} - e^{i\omega \frac{T}{2}} \right) \right\} \\
&= \frac{E}{-i\omega T} \left(T \cdot \cos \frac{\omega T}{2} - \frac{2}{\omega} \frac{e^{i\omega \frac{T}{2}} - e^{-i\omega \frac{T}{2}}}{2i} \right) = \frac{\frac{ET}{2} i}{\frac{\omega T}{2}} \left(\cos \frac{\omega T}{2} - \frac{2}{\omega T} \sin \frac{\omega T}{2} \right)
\end{aligned}
\tag{7-4-16}
$$

とスペクトル $F(\omega)$ が求まります。

　図 7-4-12 に図を描きます。すべてが虚部になっており、実部はないことに注意しましょう。こ
れはもとの波形（図 7-4-11）が奇関数になっているためです。

7.4.5　三角波パルスのフーリエ変換

　次に、図 7-4-13 に示すような三角波パルスのフーリエ変換を考えてみましょう。数式で表現す
ると、次のようになります。

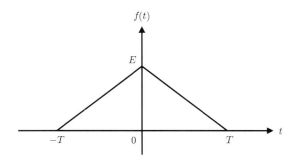

図 7-4-13　三角パルス波形

$$f(t) = \begin{cases} E\left(1 - \frac{t}{T}\right) & (t \geq 0) \\ E\left(1 + \frac{t}{T}\right) & (t < 0) \end{cases} \tag{7-4-17}$$

これをフーリエ変換しますが、t の負の部分と正の部分に分けて積分します。

$$F(\omega) = \int_{-\infty}^{\infty} f(t)e^{-i\omega t}dt = \int_{-T}^{0} E\left(1 + \frac{t}{T}\right)e^{-i\omega t}dt + \int_{0}^{T} E\left(1 - \frac{t}{T}\right)e^{-i\omega t}dt. \tag{7-4-18}[a]$$

このままでは面倒なので、第 1 の積分の変数を $t = -x$ と変換します。すると、積分範囲は T から 0 となりますが、積分変数も $-dx$ となるので、2 行目から 3 行目に移るときにこのマイナスを使って積分上界と下界を入れ替えます。すると、

$$\begin{aligned} F(\omega) &= \int_{-T}^{0} E\left(1 + \frac{t}{T}\right)e^{-i\omega t}dt + \int_{0}^{T} E\left(1 - \frac{t}{T}\right)e^{-i\omega t}dt \\ &= \int_{T}^{0} E\left(1 - \frac{x}{T}\right)e^{i\omega x}(-dx) + \int_{0}^{T} E\left(1 - \frac{t}{T}\right)e^{-i\omega t}dt \\ &= \int_{0}^{T} E\left(1 - \frac{x}{T}\right)e^{i\omega x}dx + \int_{0}^{T} E\left(1 - \frac{t}{T}\right)e^{-i\omega t}dt \\ &= \int_{0}^{T} E\left(1 - \frac{t}{T}\right)e^{i\omega t}dt + \int_{0}^{T} E\left(1 - \frac{t}{T}\right)e^{-i\omega t}dt \\ &= \int_{0}^{T} E\left(1 - \frac{t}{T}\right)\left(e^{i\omega t} + e^{-i\omega t}\right)dt = 2E \int_{0}^{T}\left(1 - \frac{t}{T}\right)\cos \omega t\, dt \end{aligned} \tag{7-4-18}[b]$$

となります。2 行目の一番目の積分で積分変数が $dt \to dx$ となっていますが、これは定積分ですから積分変数が何であっても積分してしまえば同じためです。

結局、与えられた三角波パルスは偶関数なので、負の部分 $(-T < t < 0)$ の積分値と正の部分 $(0 < t < T)$ の積分値は同じになるため、偶関数の $-T < t < T$ のような対称区間での積分は、正の部分 $0 < t < T$ のコサイン変換の 2 倍になります（7.3 節参照）。その結果、$1 - t/T$ と $\cos \omega t$ との積の積分となりますから、計算を進めるためにまた部分積分を行います。

$$\begin{aligned} F(\omega) &= 2E \int_{0}^{T}\left(1 - \frac{t}{T}\right)\cos \omega t\, dt = 2E \int_{0}^{T}\left(1 - \frac{t}{T}\right)\left(\frac{\sin \omega t}{\omega}\right)' dt \\ &= 2E\left\{\left[\left(1 - \frac{t}{T}\right)\left(\frac{\sin \omega t}{\omega}\right)\right]_{0}^{T} - \int_{0}^{T}\left(-\frac{1}{T}\right)\left(\frac{\sin \omega t}{\omega}\right)dt\right\} \\ &= 2E\left\{\left[\left(1 - \frac{t}{T}\right)\left(\frac{\sin \omega t}{\omega}\right)\right]_{0}^{T} + \frac{1}{T\omega}\int_{0}^{T}\sin \omega t\, dt\right\} \\ &= 2E\left\{\left\{\left(1 - \frac{T}{T}\right)\left(\frac{\sin(\omega T)}{\omega}\right) - \left(1 - \frac{0}{T}\right)\left(\frac{\sin(0)}{\omega}\right)\right\} - \frac{1}{\omega T}\left[\frac{\cos \omega t}{\omega}\right]_{0}^{T}\right\} \\ &= 2E\left\{-\frac{1}{\omega T}\left\{\frac{\cos(\omega T)}{\omega} - \frac{\cos(0)}{\omega}\right\}\right\} = 2E\left\{-\frac{1}{\omega^2 T}\left\{\cos(\omega T) - 1\right\}\right\} \\ &= 2E\left\{\frac{1}{\omega^2 T}\left\{1 - \cos(\omega T)\right\}\right\}. \end{aligned} \tag{7-4-18}[c]$$

これをもう一段、半角の公式を使って変形します。公式を覚えていない人は式の傍の囲みを見て、自分でも導けるようにしておきましょう。

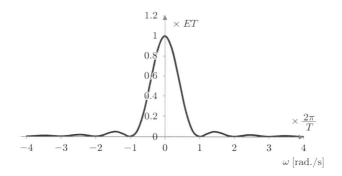

図 7-4-14　三角波パルスのフーリエスペクトル

$$F(\omega) = 2E \left\{ \frac{1}{\omega^2 T} \left(1 - \cos(\omega T) \right) \right\}$$

$$= \frac{2E}{\omega^2 T} 2 \sin^2 \left(\frac{\omega T}{2} \right)$$

$$= ET \left(\frac{2}{\omega T} \right)^2 \sin^2 \left(\frac{\omega T}{2} \right) \qquad (7\text{-}4\text{-}19)$$

$$= ET \frac{\sin^2 \left(\frac{\omega T}{2} \right)}{\left(\frac{\omega T}{2} \right)^2} = ET \left\{ \frac{\sin \left(\frac{\omega T}{2} \right)}{\frac{\omega T}{2}} \right\}^2 .$$

$$\cos(\alpha + \beta) = \cos \alpha \cdot \cos \beta - \sin \alpha \cdot \sin \beta$$
$$\cos(\alpha - \beta) = \cos \alpha \cdot \cos \beta + \sin \alpha \cdot \sin \beta$$
$$\overline{\cos(\alpha + \beta) - \cos(\alpha - \beta) = -2 \sin \alpha \cdot \sin \beta}$$
$$\alpha = \beta \text{ のとき、} \cos(2\alpha) - 1 = -2(\sin \alpha)^2.$$
$$2\alpha = \omega T \text{ とおくと}$$
$$1 - \cos \omega T = 2 \sin^2 \left(\frac{\omega T}{2} \right).$$

　最後にこれを図 7-4-14 に示します。こちらは実部のみとなりますが、これはもとの波形が偶関数（y 軸に関して対称）であるためです。そしてこの関数形は、矩形パルスのフーリエスペクトルの関数形であるシンク関数、例えば式 (7-4-2) $F(\omega) = E\alpha \sin(\omega\alpha/2)/(\omega\alpha/2)$ の二乗の形をしていることに注意しましょう。このことは、相関関数に関する節（10.2 節）でもう一度着目することになります。

7.4.6　ガウス型関数のフーリエ変換

　これまでの例では、もとの波形とフーリエ変換波形は異なっていました。しかし例外的に、ガウス波形のフーリエ変換はガウス型になります。ただし、時間波形の減衰を決定するパラメータ a が、スペクトルでは指数の分母に $-\omega^2/4a$ として入っていることから、<u>時間的に狭いパルスほど周波数スペクトルは広くなる</u>ことになります。

$$e^{-at^2} = \exp \left(-at^2 \right) \quad \leftrightarrow \quad \sqrt{\frac{\pi}{a}} \exp \left(-\frac{\omega^2}{4a} \right) \quad (a > 0). \qquad (7\text{-}4\text{-}20)$$

ここで両端に矢印がついた記号は「その左側の時間関数と右側のスペクトルが互いにフーリエ変換／逆変換の関係（フーリエ変換対）にある」ことを示します。以下でそれを確認しましょう。

　ガウス波形は、正の実数 a を用いて、e の指数が変数 x のマイナス二乗（$-ax^2$）になっている偶関数です。この指数関数 $\exp(-at^2)$ をフーリエ変換すると次式のようになります。

$$F(\omega) = \int_{-\infty}^{\infty} f(t) e^{-i\omega t} dt = \int_{-\infty}^{\infty} e^{-at^2} e^{-i\omega t} dt = \int_{-\infty}^{\infty} e^{-at^2} (\cos \omega t - i \sin \omega t) dt. \qquad (7\text{-}4\text{-}21)$$

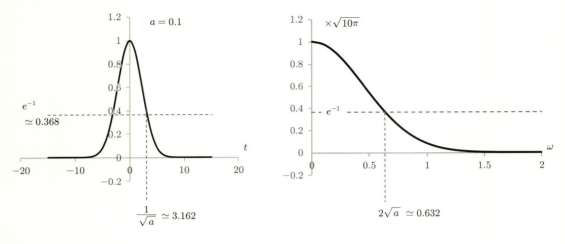

$$\exp(-0.1t^2) \quad \leftrightarrow \quad \sqrt{\frac{\pi}{0.1}}\exp\left(-\frac{\omega^2}{0.4}\right) \quad (a = 0.1)$$

図 7-4-15　ガウス型波形とそのフーリエスペクトル（ガウス型）

とオイラーの公式で変形して二つの積分の和に分割すると、第一の積分は偶関数の積分ですから 0 から無限大の積分値の 2 倍に、第二の積分は奇関数を $-\infty$ から $+\infty$ で積分するので積分値は 0 になります。

$$F(\omega) = \int_{-\infty}^{\infty} e^{-at^2}\cos\omega t dt - i\int_{-\infty}^{\infty} e^{-at^2}\sin\omega t dt = 2\int_{0}^{\infty} e^{-at^2}\cos\omega t dt. \tag{7-4-22}$$

ここでは、次に示す「ラプラスの積分」が利用できます。

$$\int_{0}^{\infty} e^{-\alpha^2 x^2}\cos\beta x \cdot dx = \frac{\sqrt{\pi}}{2\alpha}\exp\left(-\frac{\beta^2}{4\alpha^2}\right) \tag{7-4-23}$$

で $\alpha^2 = a$, $\beta = \omega$, $x = t$ とおくと、

$$F(\omega) = 2\int_{0}^{\infty} e^{-at^2}\cos\omega t dt = \sqrt{\frac{\pi}{a}}\exp\left(-\frac{\omega^2}{4a}\right). \tag{7-4-24}$$

つまり、ガウス波形のフーリエ変換はまたガウス波形であることがわかります。パラメータ α が 0.1 の場合の波形とスペクトルを図 7-4-15 に示します。

7.4.7　減少する指数関数のフーリエ変換

図 7-4-16 に示すような減少する指数関数のフーリエ変換を考えます。これを式で示すと次式 (7-4-25) になります。

$$f(x) = \begin{cases} e^{-ax} & (x \geq 0) \\ 0 & (x < 0) \end{cases} \quad (a > 0) \tag{7-4-25}$$

これのフーリエ変換は次のように計算されます。ただし、積分上界である ∞ は状態であって数ではないので実数 b とおいて、これを無限大にする極限として考えます。

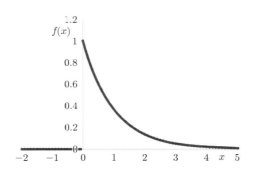

図 **7-4-16** 減少する指数関数

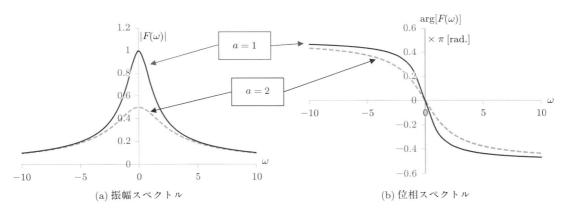

(a) 振幅スペクトル   (b) 位相スペクトル

図 **7-4-17** 減少する指数関数のスペクトル

$$\int_{-\infty}^{\infty} f(x)e^{-i\omega x}dx = \int_{0}^{\infty} e^{-ax}e^{i\omega x}dx = \int_{0}^{\infty} e^{-(a+i\omega)x}dx = \left[\frac{e^{-(a+i\omega)x}}{-(a+i\omega)}\right]_{0}^{\infty}$$
$$= -\frac{1}{a+i\omega}\left[\lim_{b\to\infty}e^{-(a+i\omega)b} - e^{0}\right] = -\frac{1}{a+i\omega}\left[\lim_{b\to\infty}e^{-ab}e^{-i\omega b} - 1\right]$$
$$= -\frac{1}{a+i\omega}(0-1) = \frac{1}{a+i\omega} = F(\omega) \tag{7-4-26}$$

これだけではいまひとつわかりにくいので、振幅スペクトル（絶対値）と位相スペクトルに分けて考えます。まず、有理化すると次のようになります。

$$F(\omega) = \frac{1}{a+i\omega} = \frac{a-i\omega}{(a+i\omega)(a-i\omega)} = \frac{a-i\omega}{a^2+\omega^2}. \tag{7-4-27}$$

これから振幅スペクトル $|F(\omega)|$ と位相スペクトル $\arg[F(\omega)]$ は次のように計算されます。

$$|F(\omega)| = \sqrt{F(\omega)F^*(\omega)} = \sqrt{\frac{1}{(a+i\omega)(a-i\omega)}} = \frac{1}{\sqrt{a^2+\omega^2}},$$
$$\arg[F(\omega)] = \arctan\left(\frac{-\omega/(a^2+\omega^2)}{a/(a^2+\omega^2)}\right) = \arctan\left(-\frac{\omega}{a}\right). \tag{7-4-28}$$

最後にこの振幅スペクトルと位相スペクトルを $a=1$ と $a=2$ の場合について図 7-4-17 にプロットします。

7.5　フーリエ変換の性質

7.5.1　パワースペクトルとエネルギースペクトル

　図 7-5-1 のような非周期波形は雑音を観測するときなどによく出会うものです。この場合、無限時間区間を考えるとエネルギーは発散してしまうという問題に出会うことになります。この困難を回避するために、単位時間あたりについて考えることにして、以下の方策をとります。

　観測の対象を有限の時間間隔 T に限定して、観測時間内の平均電力 P_T を考えます。図 7-5-2 に示すように、観測時間 T 以外はゼロとなる截断波形 (Truncated function) $g_T(t)$ を用いると、

$$P_T = \frac{1}{T}\int_{-T/2}^{T/2} |g(t)|^2 dt = \frac{1}{T}\int_{-\infty}^{\infty} |g_T(t)|^2 dt \tag{7-5-1}$$

と書いても同じですね。$g_T(t)$ のフーリエ変換を $G_T(\omega)$ とすると、パーセバルの等式は次のようになります。

$$
\begin{aligned}
P_T &= \frac{1}{T}\int_{-T/2}^{T/2} |g(t)|^2 dt = \int_{-\infty}^{\infty} \frac{|g_T(t)|^2}{T} dt = \int_{-\infty}^{\infty} \frac{g_T(t)\cdot g_T^*(t)}{T} dt \\
&= \int_{-\infty}^{\infty} \frac{g_T(t)}{T} \frac{1}{2\pi}\left(\int_{-\infty}^{\infty} G^*(\omega)e^{-i\omega t}d\omega\right) dt = \frac{1}{2\pi}\int_{-\infty}^{\infty}\int_{-\infty}^{\infty} \frac{g_T(t)}{T} e^{-i\omega t}dt\, G^*(\omega)d\omega \\
&= \frac{1}{2\pi}\int_{-\infty}^{\infty} \frac{G_T(\omega)G_T^*(\omega)}{T} d\omega = \frac{1}{2\pi}\int_{-\infty}^{\infty} \frac{|G_T(\omega)|^2}{T} d\omega.
\end{aligned}
$$

結局、次の関係が得られます。

$$P_T = \int_{-\infty}^{\infty} \frac{|g_T(t)|^2}{T} dt = \frac{1}{2\pi}\int_{-\infty}^{\infty} \frac{|G_T(\omega)|^2}{T} d\omega. \tag{7-5-2}$$

　ここで、観測時間 T を無限に大きくすると、$g_T(t)$ は $g(t)$ に近づき、$G_T(\omega)$ は $G(\omega)$ に限りなく近づくことになりますから、非周期波形の平均電力を次式で有限確定できます。

$$P = \int_{-\infty}^{\infty} \lim_{T\to\infty} \frac{|g_T(t)|^2}{T} dt = \frac{1}{2\pi}\int_{-\infty}^{\infty} \lim_{t\to\infty} \frac{|G_T(\omega)|^2}{T} d\omega. \tag{7-5-3}$$

そこで、次のようにおけば $W(\omega)$ は単位周波数あたりの平均電力（平均電力密度）に相当します。

$$\lim_{T\to\infty} \frac{|G_T(\omega)|^2}{T} = W(\omega). \tag{7-5-4}$$

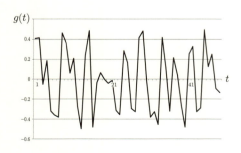

図 7-5-1　非周期波形の例

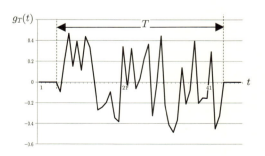

図 7-5-2　截断された非周期波形例

これを（非周期波形の）**電力密度スペクトル（パワー密度スペクトル）**とよび、その単位はワット／ヘルツ（[W/Hz]）です。つまり、単位時間あたりのエネルギーである電力 [W] に対応する周波数空間での電力は単位周波数あたりの電力であることがわかります。

一方、孤立（非周期）波形に対してもパーセバルの等式があります。この場合は、「孤立した」波形を扱うのでパルスは有限な時間範囲内に収まっていると考えられます。

$$
\begin{aligned}
E &= \int_{-\infty}^{\infty} |f(t)|^2 dt = \int_{-\infty}^{\infty} f(t)f^*(t)dt \\
&= \int_{-\infty}^{\infty} \left(f(t)\frac{1}{2\pi} \int_{-\infty}^{\infty} F^*(\omega)e^{-i\omega t}d\omega \right) dt \\
&= \frac{1}{2\pi} \int_{-\infty}^{\infty} \left(\int_{-\infty}^{\infty} f(t)e^{-i\omega t}dt \right) F^*(\omega)d\omega \\
&= \frac{1}{2\pi} \int_{-\infty}^{\infty} F(\omega)F^*(\omega)d\omega = \frac{1}{2\pi} \int_{-\infty}^{\infty} |F(\omega)|^2 d\omega.
\end{aligned}
$$

これにより

$$
E = \int_{-\infty}^{\infty} |f(t)|^2 dt = \frac{1}{2\pi} \int_{-\infty}^{\infty} |F(\omega)|^2 d\omega, \tag{7-5-5}
$$

すなわち、エネルギーは実空間（例えば時間を変数とする電圧波形）で求める左辺と周波数空間でエネルギースペクトルを積分して得られる右辺は等しいことがわかります。

7.5.2 相似則

本項以降、$F[X]$ という表記を「X のフーリエ変換」の意味で用います。

相似則は「原関数の幅を a 倍にすると、そのフーリエ変換の大きさは a 倍、幅は $1/a$ 倍になる」というものです。例えば、a が 2 とします。そして $\sin x$ と $\sin 2x$ を比較しましょう。変数 x が 0 よりだんだん大きくなって $\pi/2$ になったとすると $\sin x = \sin(\pi/2)$ は 1 になるのですが、$\sin 2x = \sin \pi$ はそれを通り越して 0 になってしまっています。つまり変数を a 倍 $(a > 1)$ すると関数は速く変化することがわかります。逆に「原関数の幅が a 倍になる」とは「ゆっくり変化する」ということですから、変数 x は a で割ればよいことがわかります。

そこで次の式を見てみましょう。

$$
F\left[f\left(\frac{x}{a}\right) \right] = \int_{-\infty}^{\infty} f\left(\frac{x}{a}\right) e^{-i\omega x}dx.
$$

ここで、$x/a = X$ という変数変換を行います。すると、$dx = a \cdot dX$ ですから、

$$
F\left[f\left(\frac{x}{a}\right) \right] = \int_{-\infty}^{\infty} f(X)e^{-i\omega \cdot aX}a \cdot dX = a\int_{-\infty}^{\infty} f(X)e^{-i\omega \cdot aX}dX = a \cdot F(a\omega) \tag{7-5-6}
$$

となります。結局、原関数の幅を a 倍にすると、フーリエ変換対のほうは大きさが a 倍、幅は $1/a$ 倍になり低周波数領域に集まります。図 7-5-3 は指数関数の場合、図 7-5-4 はガウス型関数の場合になります。確認しておきましょう。

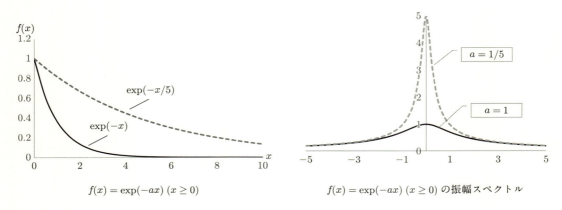

$f(x) = \exp(-ax)\ (x \geq 0)$

$f(x) = \exp(-ax)\ (x \geq 0)$ の振幅スペクトル

図 7-5-3 相似則（指数関数の例）

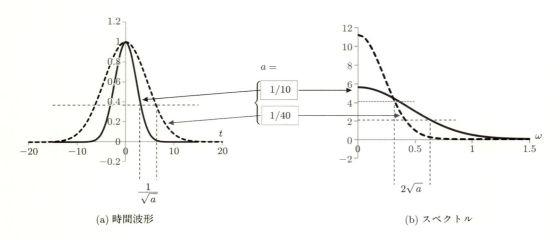

(a) 時間波形

(b) スペクトル

図 7-5-4 相似則（ガウス型関数の例）

7.5.3 シフト則

シフト則というのは、「原関数をその座標軸に沿って a だけシフトすると、フーリエ変換対は位相が a だけ変化する」というもので、数式で表すとシフトされた関数は $f(x - a)$ ですから、そのフーリエ変換は

$$F[f(x-a)] = \int_{-\infty}^{\infty} f(x-a)e^{-i\omega x}dx \tag{7-5-7}$$

となります。ここで $x - a = X$ という変数変換を行い、変数 X についてのフーリエ変換とみると

$$F[f(x-a)] = \int_{-\infty}^{\infty} f(x-a)e^{-i\omega x}dx = \int_{-\infty}^{\infty} f(X)e^{-i\omega(a+X)}dX$$
$$= e^{-ia\omega}\int_{-\infty}^{\infty} f(X)e^{-i\omega X}dX = e^{-ia\omega} \cdot F(\omega) \tag{7-5-8}$$

となりますが、図 7-4-1 に示した孤立した矩形パルスは y 軸に対して対称な偶関数であったため、そのスペクトルは式 (7-4-2) のように実部だけでした。そしてそれをパルス幅半分 $(\alpha/2)$ だけ時間

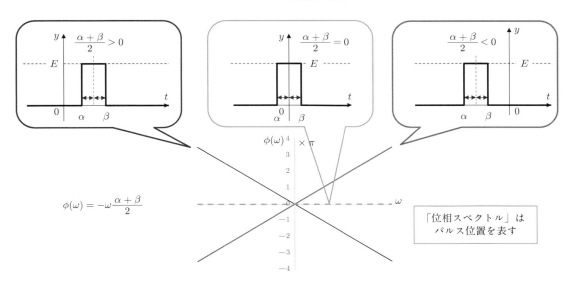

図 7-5-5 矩形パルスの位置と位相スペクトルの関係

軸の正方向にシフトした「原点で立ち上がるパルス」は、式 (7-4-6) のように、位相が $-\omega\alpha/2$ だけ生じるのでした。シフト則はそのことを一般的に述べています。位相はエネルギーや電力には無関係ですから、原関数をシフトしてもエネルギーや電力は変わらないのです。

　ここで、パルス位置を一般化して、立ち上がり時刻を α、立ち下がり時刻を β とする高さ E のパルス

$$f(t) = \begin{cases} E & (\alpha \leq x < \beta) \\ 0 & (その他) \end{cases} \tag{7-5-9)[a]}$$

のフーリエスペクトル $F(\omega)$ を次式 (7-5-9)[b] で表します。

$$F(\omega) = E(\beta - \alpha)\frac{\sin\left\{\omega\left(\frac{\beta-\alpha}{2}\right)\right\}}{\omega\left(\frac{\beta-\alpha}{2}\right)}\exp\left(-i\omega\frac{\alpha+\beta}{2}\right) \tag{7-5-9)[b]}$$

すると、位相スペクトル $\phi(\omega) = -\omega(\alpha+\beta)/2$ はパルスの平均位置 $(\alpha+\beta)/2$ によって決まることがわかります。つまり、パルスの中心が負の領域にあるか、原点にあるか、正の領域にあるかで位相の傾きが図 7-5-5 のように変化します。パルス中心が原点にあるとき、パルスは偶関数になりますから位相はすべての周波数領域でゼロになります。

7.5.4 対称性

　フーリエ変換には重要な対称性があります。いま、原関数 $f(t)$ とそのフーリエ変換 $F(\omega)$ があるとします。この関係を $f(t) \leftrightarrow F(\omega)$ と表記すると、

$$F(t) \leftrightarrow 2\pi \cdot f(-\omega) \tag{7-5-9}$$

という関係が成り立ちます。

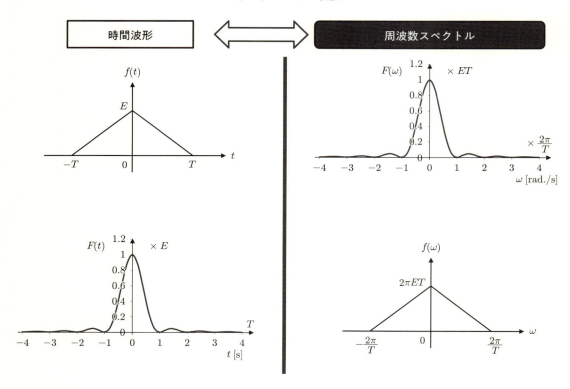

図 7-5-6　波形とスペクトルの対称性

　この関係を理解するために、まず図 7-5-6 を見てみましょう。三角波パルスのフーリエ変換はその右に描かれている $(\sin(x)/x)^2$ の形の関数でした。そして、時間波形として $(\mathrm{sinc}(x)/x)^2$ の形の関数があるとすると、そのフーリエ変換対は三角波形の関数になります。これは三角波に限らず一般に成り立つ性質で、非常に重要なものです。例えば、矩形パルスのフーリエ変換は $\sin(x)/x$ の形の関数でしたが、時間波形として $\sin(x)/x$ の形のパルスがあったとすると、そのスペクトルは矩形になるのです。

　ただ、ある特定の周波数で突然立ち上がったり立ち下がったりする周波数フィルタというのも作れませんし、一方 $\sin(x)/x$ 形の関数は $-\infty$ から波形が振幅を増しながら原点のピークに向かってきて、また無限大に向かって振動しながら減衰していくので、厳密にはそんなパルスには現実性がないといえます。しかし似たようなことは可能なのです。

　本節最後に「対称性」の証明を記しておきます。

$$f(t) = \frac{1}{2\pi} \int_{-\infty}^{\infty} F(\omega)e^{i\omega t}d\omega$$

において t を $-t$ とすると

$$f(-t) = \frac{1}{2\pi} \int_{-\infty}^{\infty} F(\omega)e^{-i\omega t}d\omega$$

となります。ここで t と ω を入れ換えると

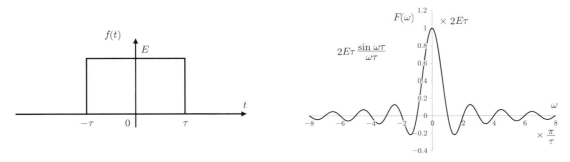

図 7-5-7 矩形パルス波形（左）と $\sin x / x$ 形のスペクトル（右）

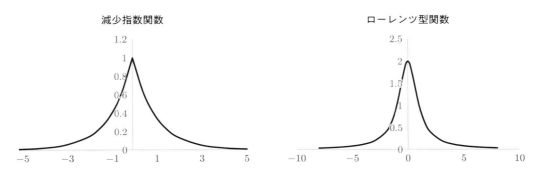

図 7-5-8 フーリエ変換のペアの例 $(a = 1)$

$$f(-\omega) = \frac{1}{2\pi} \int_{-\infty}^{\infty} F(t) e^{-it\omega} dt,$$

$$2\pi \cdot f(-\omega) = \int_{-\infty}^{\infty} F(t) e^{-i\omega t} dt \tag{7-5-10}$$

が得られ、右辺はフーリエ変換そのものなので、式 (7-5-9) の関係が成り立つことがわかります。

具体的な例をもう一つ挙げておきましょう。それは減少する指数関数とローレンツ型関数の組合せです。時間領域の関数が

$$f(t) = e^{-a|t|} \quad (a > 0) \tag{7-5-11}$$

のとき、そのフーリエ変換は

$$F(\omega) = \frac{2a}{a^2 + \omega^2} \tag{7-5-12}$$

となりますが、逆に時間波形がローレンツ型

$$F(t) = \frac{2a}{a^2 + t^2} \tag{7-5-13}$$

のとき、スペクトルは減少指数関数で

$$2\pi f(\omega) = 2\pi e^{-a|\omega|} \tag{7-5-14}$$

となります。

　式 (7-5-11) をフーリエ変換して式 (7-5-12) を得る計算を以下に記しますので、確認しましょう。

$$\int_{-\infty}^{\infty} f(x)e^{-i\omega x}dx = \int_{-\infty}^{0} e^{ax}e^{-i\omega x}dx + \int_{0}^{\infty} e^{-ax}e^{-i\omega x}dx$$

$$= \int_{\infty}^{0} e^{-ax}e^{i\omega x}(-dx) + \int_{0}^{\infty} e^{-ax}e^{-i\omega x}dx$$

$$= \int_{0}^{\infty} e^{-ax}e^{i\omega x}dx + \int_{0}^{\infty} e^{-(a+i\omega)x}dx$$

$$= \int_{0}^{\infty} e^{-(a-i\omega)x}dx + \int_{0}^{\infty} e^{-(a+i\omega)x}dx$$

$$= \left[\frac{e^{-(a-i\omega)x}}{-(a-i\omega)}\right]_{0}^{\infty} + \left[\frac{e^{-(a+i\omega)x}}{-(a+i\omega)}\right]_{0}^{\infty}$$

$$= -\frac{1}{a-i\omega}\left\{\lim_{b\to\infty} e^{-(a-i\omega)b} - e^0\right\} - \frac{1}{a+i\omega}\left\{\lim_{b\to\infty} e^{-(a+i\omega)b} - e^0\right\}$$

$$= -\frac{1}{a-i\omega}(0-1) - \frac{1}{a+i\omega}(0-1) = \frac{1}{a-i\omega} + \frac{1}{a+i\omega}$$

$$= \frac{(a+i\omega)+(a-i\omega)}{(a-i\omega)(a+i\omega)} = \frac{2a}{a^2+\omega^2} = F(\omega). \tag{7-5-15}$$

7.5.5　時間微分

　もう一つ大切な性質は「ある関数の時間微分のフーリエ変換は、もとの関数のフーリエ変換に $i\omega$ を掛けたものに等しい」というものです。

$$f(t) = \frac{1}{2\pi}\int_{-\infty}^{\infty} F(\omega)e^{i\omega t}d\omega$$

というフーリエ逆変換の式の両辺を時間で微分します。すると

$$\frac{d}{dt}f(t) = \frac{1}{2\pi}\frac{d}{dt}\int_{-\infty}^{\infty} F(\omega)e^{i\omega t}d\omega = \frac{1}{2\pi}\int_{-\infty}^{\infty} F(\omega)\frac{de^{i\omega t}}{dt}d\omega$$

$$= \frac{1}{2\pi}\int_{-\infty}^{\infty} F(\omega)\cdot i\omega \cdot e^{i\omega t}d\omega = \frac{1}{2\pi}\int_{-\infty}^{\infty} \{i\omega F(\omega)\}e^{i\omega t}d\omega \tag{7-5-16}$$

となりますから、$f(t) \leftrightarrow F(\omega)$ のとき

$$\frac{d}{dt}f(t) \quad \leftrightarrow \quad i\omega \cdot F(\omega) \tag{7-5-17}$$

となります。これを微分方程式を解く際に使うと、微分方程式が代数方程式に変わってしまうという御利益がもたらされます。

　例として、時間領域の 2 階の微分方程式を考えましょう。

$$a_1\frac{d^2y}{dt^2} + a_2\frac{dy}{dt} + a_0y = f(t). \tag{7-5-18}$$

これは、$f(t)$ を駆動項として入力すると、出力 $y(t)$ が得られることを意味します。フーリエ変換すると「微分は "$i\omega \times$ スペクトル"」ですから、2 階微分ではその二乗がスペクトルにかかることになります。つまり、上の微分方程式は周波数領域では、$y(t) \leftrightarrow Y(\omega)$, $f(t) \leftrightarrow F(\omega)$ として、次

のように表されることになります。

$$\{(i\omega)^2 a_1 + i\omega a_2 + a_0\}Y(\omega) = F(\omega). \tag{7-5-19}$$

ここで、$K(\omega) \equiv (i\omega)^2 a_1 + i\omega a_2 + a_0$ とおくと、$K(\omega)Y(\omega) = F(\omega)$ と書けて、出力スペクトル $Y(\omega)$ は

$$Y(\omega) = \frac{F(\omega)}{K(\omega)} \tag{7-5-20}$$

となりますから、これを逆変換すれば出力波形 $y(t)$ が得られます。

$$y(t) = \frac{1}{2\pi} \int_{-\infty}^{\infty} Y(\omega)e^{i\omega t}d\omega = \frac{1}{2\pi} \int_{-\infty}^{\infty} \frac{F(\omega)}{K(\omega)}e^{i\omega t}d\omega. \tag{7-5-21}$$

ここで、$H(\omega) = 1/K(\omega)$ とおくと、

$$y(t) = \frac{1}{2\pi} \int_{-\infty}^{\infty} F(\omega)H(\omega)e^{i\omega t}d\omega = \int_{-\infty}^{\infty} f(\tau)h(t-\tau)d\tau \tag{7-5-22}$$

となります。

この最後の積分は**たたみ込み積分**とよばれています。これについては8.7節で詳しく説明します。

7.5.6　振幅変調

もう一つ大切な性質は「時間領域での振幅変調は周波数軸上での移動となる」というものです。いま、ある周波数 ω_0 を一定値とすると $e^{i\omega_0 t}f(t)$ のスペクトル $G(\omega)$ は次のようになります。

$$G(\omega) = F\left[e^{i\omega_0 t}f(t)\right] = e^{i\omega_0 t}\int_{-\infty}^{\infty} f(t)e^{-i\omega t}dt = \int_{-\infty}^{\infty} f(t)e^{-i(\omega-\omega_0)t}dt.$$

そこで、$\omega - \omega_0 = \Omega$ とおいて、新しい周波数 Ω を考えると

$$G(\omega) = F\left[e^{i\omega_0 t}f(t)\right] = \int_{-\infty}^{\infty} f(t)e^{-it\Omega}dt = F(\Omega) = F(\omega - \omega_0) \tag{7-5-23}$$

ですから、最初に述べたことが証明できました。この式は、周波数 ω_0 の波が $f(t)$ で変調されたときのフーリエ変換は、もとのスペクトル $F(\omega)$ の周波数が ω_0 だけ上昇して現れることを表しています。

コサイン波とサイン波の場合のスペクトルシフトを以下に示します。

$$\begin{aligned} f(t)\cos\omega_0 t &\quad\leftrightarrow\quad \frac{1}{2}\{F(\omega-\omega_0) + F(\omega+\omega_0)\}, \\ f(t)\sin\omega_0 t &\quad\leftrightarrow\quad \frac{1}{2i}\{F(\omega-\omega_0) - F(\omega+\omega_0)\} = \frac{i}{2}\{-F(\omega-\omega_0) + F(\omega+\omega_0)\}. \end{aligned} \tag{7-5-24}$$

具体例として矩形パルスをコサイン波で変調する場合を考えます。このときのスペクトルは

$$F_c(\omega) = \frac{1}{2}\left\{2E\tau\left(\frac{\sin(\omega-\omega_0)\tau}{(\omega-\omega_0)\tau} + \frac{\sin(\omega+\omega_0)\tau}{(\omega+\omega_0)\tau}\right)\right\}$$

となります。図 7-5-9 で確認しましょう。

一部重複しますが、サイン波による変調とコサイン波による変調の違いを図 7-5-10 に示します。

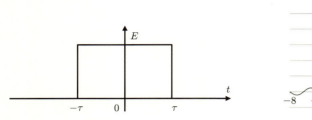
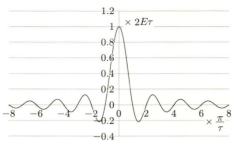

(a) 変調前

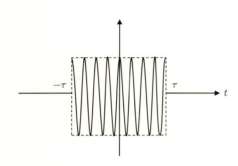
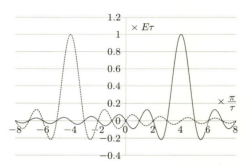

(b) 変調後

図 7-5-9　コサイン波による矩形パルスの変調（左に波形、右にスペクトルを示す）

$$F_s(\omega) = \frac{1}{2i} \left\{ 2Er \left(\frac{\sin(\omega-\omega_0)\tau}{(\omega-\omega_0)\tau} - \frac{\sin(\omega+\omega_0)\tau}{(\omega+\omega_0)\tau} \right) \right\} = \frac{i}{2} \left\{ 2E\tau \left(\frac{\sin(\omega+\omega_0)\tau}{(\omega+\omega_0)\tau} - \frac{\sin(\omega-\omega_0)\tau}{(\omega-\omega_0)\tau} \right) \right\}$$

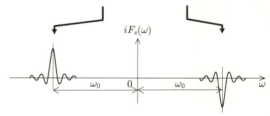

$$F_c(\omega) = \frac{1}{2} \left\{ 2Er \left(\frac{\sin(\omega-\omega_0)\tau}{(\omega-\omega_0)\tau} + \frac{\sin(\omega+\omega_0)\tau}{(\omega+\omega_0)\tau} \right) \right\}$$

図 7-5-10　サイン波変調とコサイン波変調の比較

この場合、変調周波数が充分に高い場合を想定しているので、スペクトルは互いに遠く離れています。コサイン波変調の方のスペクトル縦軸は実数ですが、サイン波変調の方はこれが虚数軸になっています。さらに、スペクトルもプラス側が下向きに反転して、奇関数の形になっていることがわかります。

　ある周波数 ω_0 の信号で何かの信号（例えば矩形波）を振幅変調すると、この矩形波のスペクトルは $\pm\omega_0$ だけずれて、二つに分かれて周波数軸上に表れます。この二つのうち一つだけを周波数フィルタで選び出すと、もとの信号スペクトルを変調周波数 ω_0 にシフトできることになります。電話ネットワークが運ぶ音声信号のように、もとの信号は同じような周波数の信号でも、それぞれに対して変調周波数を変えれば、一本のケーブルに多くの信号を多重することができます。これらを一本のケーブルの周波数軸上に並べることを**周波数分割多重** (FDM: Frequency-Division Multiplexing) といいます。**周波数分割** (frequency-division) とは、広い周波数領域を分けてそれぞれのユーザの音声信号に割り当てて多重することを意味しています。この技術は、アナログ通信時代に長らく、電話信号を同軸ケーブルに多重伝送する際に用いられてきました。

デルタ関数とたたみ込み積分

8.1 デルタ関数の定義

物理学や工学では、何らかの入力に対するシステムの応答を考える際に、この入力波形を瞬間の衝撃力（インパルス）が並んだものとして、まずは単独のインパルスに対する応答を考え、次にそれぞれのインパルス応答の重ね合わせを考える手法（8.7 節参照）があります。そのインパルスは**デルタ関数**（δ 関数）とよばれ、しばしば「変数 t がゼロのときだけ無限大で、それ以外はゼロ」で、かつ「全領域での積分値が 1」のように定義されます。しかし、無限大は状態であって数ではないので、等式の中で数のような扱いをするのは適切ではありません。

そこで「面積 1 のパルスを無限に狭くした極限」として定義します。無限に狭くしたまさにその場所では高さは無限大で、それ以外ではゼロになるので、普通の関数ではありません。デルタ関数の定義では、パルスの種類は特に限定されず、いろんな形の偶関数で定義できます。

例えば図 8-1-1 に示すように、面積が 1 の矩形パルスを無限に狭くするような定義もできます。ここでは、全幅 a、高さ $1/a$ の矩形パルスとその半分の幅、1/4 幅の矩形パルスを例として挙げています。幅が狭くなるにつれて高さが倍、4 倍になります。数式では

$$s_a(t) = \begin{cases} 0 & (|t| > a/2) \\ 1/a & (|t| \leq a/2) \end{cases} \tag{8-1-1}$$

となり、この矩形の面積は「幅 $a \times$ 高さ $1/a = 1$」ですね。この全幅 a をどんどん狭くしてゼロに近づけていくと、高さ $1/a$ は無限に大きくなって、その極限はデルタ関数になります。

それ以外でも、例えば

$$\text{正弦積分型} \qquad \delta(t) = \lim_{\lambda \to \infty} \frac{\sin \lambda t}{\pi t} \tag{8-1-2}$$

$$\text{ガウス型パルス} \qquad \delta(t) = \lim_{n \to \infty} \sqrt{\frac{n}{\pi}} e^{-nt^2} \tag{8-1-3}$$

$$\text{ローレンツ型パルス} \qquad \delta(t) = \lim_{\varepsilon \to \infty} \frac{\varepsilon}{t^2 + \varepsilon^2} \tag{8-1-4}$$

でも定義できます。図 8-1-2 〜図 8-1-4 にそれらの例を示しますが、それらの幅を無限に狭くした極限がデルタ関数です。

ここで大事なことは、「面積 1 のパルスを無限に狭くした極限」としてデルタ関数を定義していることです。ということは、面積 2 のパルスも無限に狭くすることができ、そのときは "$2\delta(t)$" に

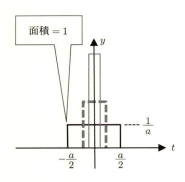

図 **8-1-1** 矩形パルスを狭くし
ていく極限としてのデルタ関数
の定義

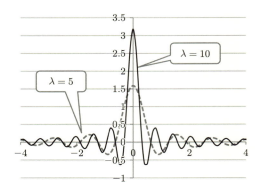

図 **8-1-2** 正弦積分型パルス（式 (8-1-2)）

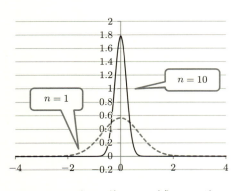

図 **8-1-3** ガウス型パルス（式 (8-1-3)）

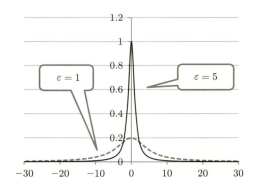

図 **8-1-4** ローレンツ型パルス（式 (8-1-4)）

なります。同じようにして、面積 a の偶関数パルスから出発して得られるデルタ関数は "$a\delta(t)$" と
なります。

次に、連続関数 $f(t)$ をデルタ関数に掛けて積分した値について考えてみましょう。そのために、
まず、さきほどの式 (8-1-2) の矩形関数 $s_a(t)$ を $f(t)$ に掛けて積分してから a をゼロに近づけた極
限値を考えましょう。

$$I_a = \int_{-\infty}^{\infty} s_a(t)f(t)dt = \frac{1}{a}\int_{-a/2}^{a/2} f(t)dt \tag{8-1-5}$$

に対して積分の平均値の定理（図 8-1-5）を適用します。この定理は次のように述べられます。

$$\int_{\alpha}^{\beta} f(x)dx = (\beta - \alpha)f(\xi) \text{ が成り立つような } \xi \text{ が積分区間 } [\alpha, \beta] \text{ の中にある。}$$

そこで、$\alpha = -a/2$, $\beta = a/2$, $\xi = \xi_a$ を式 (8-1-5) に代入すると、

$$I_a = \frac{1}{a}\left\{\frac{a}{2} - \left(-\frac{a}{2}\right)\right\}f(\xi_a) = f(\xi_a) \tag{8-1-6}$$

となります。ここで a をゼロに近づける極限をとると積分区間 $[\alpha, \beta] = [-a/2, a/2]$ がどんどん原

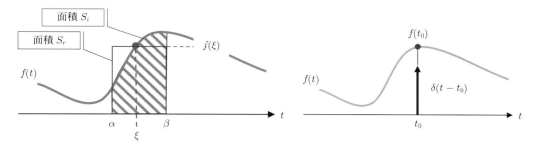

図 **8-1-5** 積分の平均値の定理   図 **8-1-6** デルタ関数によるサンプリング

S_i と S_r が等しくなるような ξ が α と β の間に存在する。

点に向かって縮んでいくので、ξ_a もゼロに近づき、

$$\lim_{a \to 0} I_a = \lim_{a \to 0} f(\xi_a) = f(0)$$

となります。つまり、

$$\int_{-\infty}^{\infty} f(t)\delta(t)dt = f(0) \tag{8-1-7}$$

となります。

　これはデルタ関数が原点に立っている場合でしたが、必ずしも原点である必要もなく、一般的には「変数 t の関数 $f(t)$ に、$t = \tau$ に立っているデルタ関数 $\delta(t - \tau)$ を掛けて全範囲で積分すると、関数 $f(t)$ の $t = \tau$ での値 $f(\tau)$ が得られる」ことがいえます。これを**「サンプリングする」**とよびます。式で表すと、

$$\int_{-\infty}^{\infty} f(t)\delta(t - \tau)dt = f(\tau) \tag{8-1-8}$$

となります（図 8-1-6 参照）。

　積分範囲が $-\infty$ から $+\infty$ となっていますが、このデルタ関数は $t = \tau$ 以外ではゼロですから、それ以外のところが含まれていようがいまいが実際には関係ありません。要するに、デルタ関数 $\delta(t - \tau)$ を含んだ変域で積分すればよいのです。これはデルタ関数が通常の関数でないためにできることで、積分にも通常の意味はありません。単に、「対応」関係を表しているもので、このような関数から数値への対応を**汎関数**とよんでいます。さらに汎関数のうち、特に連続線形であるものは**超関数** (generalized function) とよばれます[11]。超関数の理論によると、「超関数とは、任意の関数 $\phi(t)$ を数値（応答）$R[\phi(t)]$ に割り当てる過程」と定義され、次式で表されます。

$$\int_{-\infty}^{+\infty} g(t)\phi(t)dt = R[\phi(t)]. \tag{8-1-9}$$

例えば、何かの装置から電圧信号 V が出力されているときに、電圧計を用いてデータ $v(t)$ に対応させる測定過程です。

　一般に、関数 $\phi(t)$ は**試験関数** (testing function) とよばれ、連続でありつつ有限区間の外ではゼ

11）　B. フリードマン 著，佐藤良泰・大安和彬 訳，『新しい応用数学 原理とテクニック』，p.135，地人書館 (1974).

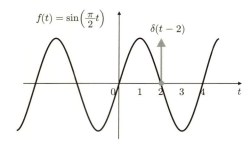

図 8-1-7　サイン関数とデルタ関数

ロであり、すべての階数の導関数が連続であるとされます[12]。超関数がデルタ関数である場合が
式 (8-1-7) や式 (8-1-8) なのです。

　では具体的に、$f(t) = ae^{bt}$ に対するデルタ関数の積分（式 (8-1-8)）を求めてみます。

$$\int_{-\infty}^{\infty} f(t)\delta(t - t_0)dt = ae^{bt_0} = a \cdot \exp(bt_0) \tag{8-1-10}$$

はすぐに求まります。他の関数でも見てみましょう。

【例 8-1-1】　$f(t) = 3\cos\omega t$ のとき、$t_0 = 0$ に立つデルタ関数を掛けて積分してみます。

$$\int_{-\infty}^{\infty} 3\cos\omega t \cdot \delta(t)dt = 3\cos 0 = 3 \tag{8-1-11}$$

となります。簡単ですね。

【例 8-1-2】　$f(t) = \sin\frac{\pi}{2}t$ のとき、$t_0 = 2$ に立つデルタ関数では、

$$\int_{-\infty}^{\infty} f(t) \cdot \delta(t - 2)dt = \int_{-\infty}^{\infty} \sin\frac{\pi}{2}t \cdot \delta(t - 2)dt = \sin\pi = 2 \cdot 0 = 0$$

となります（図 8-1-7）。

8.2　デルタ関数の性質

　超関数 $g(t)$ が線形であるということは重ね合わせの原理が成り立つことを意味します。つまり、
「和の入力は、それぞれの出力の和」で

$$\int_{-\infty}^{\infty} g(t)\{a_1\phi_1(t) + a_2\phi_2(t)\}dt = a_1\int_{-\infty}^{\infty} g(t)\phi_1(t)dt + a_2\int_{-\infty}^{\infty} g(t)\phi_2(t)dt \tag{8-2-1}$$

ですから、二つの超関数の和としての $g(t) = g_1(t) + g_2(t)$ は次式で定義されます。

$$\int_{-\infty}^{\infty} g(t)\phi(t)dt = \int_{-\infty}^{\infty} g_1(t)\phi(t)dt + \int_{-\infty}^{\infty} g_2(t)\phi(t)dt. \tag{8-2-2}$$

また、時間軸方向への平行移動 $g(t + t_0)$ は

---

12)　E. O. Bringham 著，宮川 洋・今井秀樹 訳，『高速フーリエ変換』，補遺 I　インパルス関数：超関数，p. 255，科学技
　術出版社 (1985).

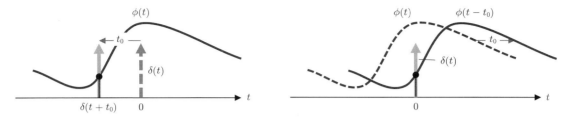

図 8-2-1 「サンプリング積分」での超関数 $\delta(t)$ の時間移動と $\varphi(t)$ の逆方向への時間移動は同じ

$$\int_{-\infty}^{\infty} g(t+t_0)\phi(t)dt = \int_{-\infty}^{\infty} g(t)\phi(t-t_0)dt \tag{8-2-3}$$

となります。超関数 $g(t)$ がデルタ関数 $\delta(t)$ の場合について図 8-2-1 に示します。「サンプリング積分」での $\phi(t)$ の時間移動と超関数 $\delta(t)$ の逆方向への時間移動は同じ結果であることを確認しましょう。また、式 (8-1-7) に時間軸方向の移動の式 (8-2-3) を適用すると

$$\int_{-\infty}^{\infty} f(t)\delta(t-t_0)dt = f(t_0)$$

となって、式 (8-1-8) が再確認できます。

8.3 デルタ関数の導関数

　超関数の導関数は「積分の中で導関数 $g(t)$ 自身は部分的に積分される代わりに、相手の連続関数 $\varphi(t)$ が微分されて符号が変わる」という性質があります。つまり次式で表されます。

$$\int_{-\infty}^{\infty} \frac{dg(t)}{dt}\phi(t)dt = [g(t)\phi(t)]_{-\infty}^{\infty} - \int_{-\infty}^{\infty} g(t)\frac{d\phi(t)}{dt}dt = -\int_{-\infty}^{\infty} g(t)\frac{d\phi(t)}{dt}dt. \tag{8-3-1}$$

ここでは、$\phi(t)$ が $\pm\infty$ でゼロになると仮定し、部分積分を形式的に適用しています。「"$\varphi(t)$ が $\pm\infty$ でゼロ"なんてなんでわかるんだ」と思うかもしれませんが、ここでもう一つのアプローチとして、普通の導関数の定義

$$\frac{dg(t)}{dt} = \lim_{\varepsilon \to 0} \frac{g(t+\varepsilon) - g(t)}{\varepsilon} \tag{8-3-2}$$

を超関数 $g(t)$ に形式的に適用してみます。

　積分をいったんばらして、時間軸方向への平行移動の式 (8-2-3) を利用すると

$$\begin{aligned}
\int_{-\infty}^{\infty} \frac{g(t+\varepsilon) - g(t)}{\varepsilon}\phi(t)dt &= \int_{-\infty}^{\infty} \frac{g(t+\varepsilon)}{\varepsilon}\phi(t)dt - \int_{-\infty}^{\infty} \frac{g(t)}{\varepsilon}\phi(t)dt \\
&= \int_{-\infty}^{\infty} \frac{g(t)}{\varepsilon}\phi(t-\varepsilon)dt - \int_{-\infty}^{\infty} \frac{g(t)}{\varepsilon}\phi(t)dt \\
&= \int_{-\infty}^{\infty} g(t)\frac{\phi(t-\varepsilon) - \phi(t)}{\varepsilon}dt
\end{aligned}$$

となるため

$$\lim_{\varepsilon \to 0} \int_{-\infty}^{\infty} \frac{g(t+\varepsilon) - g(t)}{\varepsilon} \phi(t)dt = \int_{-\infty}^{\infty} \frac{dg(t)}{dt} \phi(t)dt$$

$$= \lim_{\varepsilon \to 0} \int_{-\infty}^{\infty} g(t) \frac{\phi(t-\varepsilon) - \phi(t)}{\varepsilon} dt = -\int_{-\infty}^{\infty} g(t) \frac{d\phi(t)}{dt} dt \tag{8-3-3}$$

のように式 (8-3-1) と同じ結果を得ます。無限大を考えなくても式 (8-3-1) と同じ結果が得られることから、少なくとも超関数に関する計算においては、さきほど $\phi(t)$ が $\pm\infty$ でゼロになると仮定したことは問題ないことが確認できました。実は、このことは 8.1 節の超関数の理論で「試験関数は連続でありつつ有限区間の外ではゼロ」という条件に適合しているのです。そして、この結果を繰り返し用いることにより、

$$\int_{-\infty}^{\infty} \frac{d^n g(t)}{dt^n} \phi(t)dt = (-1)^n \int_{-\infty}^{\infty} g(t) \frac{d^n \phi(t)}{dt^n} dt \tag{8-3-4}$$

という式が超関数の n 次導関数として定義できます。具体的に、デルタ関数の n 次導関数は

$$\int_{-\infty}^{\infty} \frac{d^n \delta(t)}{dt^n} \phi(t)dt = (-1)^n \int_{-\infty}^{\infty} \delta(t) \frac{d^n \phi(t)}{dt^n} dt \tag{8-3-5}$$

ですから、その 1 次導関数として（$n=1$ として）

$$\int_{-\infty}^{\infty} \delta'(t)\phi(t)dt = -\int_{-\infty}^{\infty} \delta(t)\phi'(t)dt \tag{8-3-6}$$

が得られます。

　本節の結びに、ステップ関数 $U(t)$ の導関数がデルタ関数に等しいことを示します。ここで、ステップ関数は原点 ($t = 0$) で突然ゼロから 1 に立ち上がるもので、符号関数 (sgn t)[13]（図 8-3-1）を使って、次のように定義されます。

$$\mathrm{sgn}\, t = \frac{t}{|t|} = \begin{cases} 1 & (t > 0) \\ -1 & (t < 0) \end{cases} \tag{8-3-7}[a]$$

$$U(t) = \frac{1}{2} + \frac{1}{2}\mathrm{sgn}\, t \tag{8-3-7}[b]$$

　このとき、デルタ関数は単位ステップ関数の微分となります。これは式 (8-3-5) を単位ステップ関数 $U(t)$ に適用するとわかります。つまり、

$$\int_{-\infty}^{\infty} \frac{dU(t)}{dt} \phi(t)dt = -\int_{-\infty}^{\infty} U(t) \frac{d\phi(t)}{dt} dt = -\int_{0}^{\infty} \frac{d\phi(t)}{dt} dt = -(\phi(\infty) - \phi(0)) \tag{8-3-8}$$

となり、例によって $\phi(\infty) = 0$ とすれば

$$\int_{-\infty}^{\infty} \frac{dU(t)}{dt} \phi(t)dt = \phi(0) \tag{8-3-9}$$

となります。ここで、$\phi(0)$ はまたデルタ関数を用いて

$$\phi(0) = \int_{-\infty}^{\infty} \delta(t)\phi(t)dt \tag{8-3-10}$$

と表されますから、結局次式のように書けることになります。

---

13)　A. パポリス著, 大槻 喬・平岡寛二 監訳, 『工学のための応用フーリエ積分』, p. 25, オーム社 (1967).

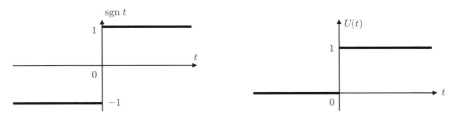

図 **8-3-1** 符号関数 $\operatorname{sgn} t$ 図 **8-3-2** 単位ステップ関数

$$\int_{-\infty}^{\infty} \frac{dU(t)}{dt} \phi(t)dt = \phi(0) = \int_{-\infty}^{\infty} \delta(t)\phi(t)dt. \tag{8-3-11}$$

この式がどんな連続関数 $\varphi(t)$ についても成立するのですから、積分の中身を比較すると

$$\frac{dU(t)}{dt} = \delta(t) \tag{8-3-12}$$

ということがわかります。

図 8-3-2 を見ると、左から右（時間が増大する方向）に進んできたときにステップを上るような「単位ステップ関数 $U(t)$」を微分すると、上向きに立ったデルタ関数 $\delta(t)$ になるということがなんだか感覚的にも理解できます。

8.4 デルタ関数のフーリエ変換

デルタ関数のフーリエ変換は

$$\int_{-\infty}^{\infty} f(t)\delta(t-\tau)dt = f(\tau) \tag{8-1-8：再掲}$$

の $f(t)$ をフーリエ積分核 $\exp(-i\omega t)$ にすればよいのですから、

$$\int_{-\infty}^{\infty} e^{-i\omega t}\delta(t-\tau)dt = e^{-i\omega\tau} \tag{8-4-1}$$

となります。これは振幅 1 で周波数 (ω) 空間内で振動する波を複素数で表したものといえます。特に $\tau = 0$ の場合は

$$\int_{-\infty}^{\infty} e^{-i\omega t}\delta(t)dt = e^{-i\omega \cdot 0} = 1 \tag{8-4-2}$$

となり、原点に立つインパルスの周波数成分は周波数依存性をもたず、定数 1 ということを示し

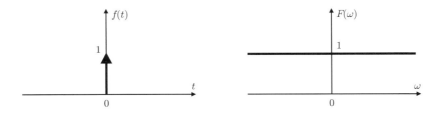

図 **8-4-1** 原点に立つデルタ関数とそのフーリエスペクトル

ています。図で示すと、図8-4-1のようになります。

逆に、フーリエ変換 $F(\omega) = \int_{-\infty}^{\infty} e^{-i\omega t} f(t) dt$ の対応関係を $F(\omega) \leftrightarrow f(t)$ と書くとき、式 (8-4-1) で τ の符号を反転させると

$$\int_{-\infty}^{\infty} e^{-i\omega t} f(t) dt = \int_{-\infty}^{\infty} e^{-i\omega t} \delta(t + \tau) dt = e^{i\omega\tau} \tag{8-4-3}$$

と書けます。これは

$$e^{i\omega\tau} \leftrightarrow \delta(t + \tau) \qquad 《F(\omega) \leftrightarrow f(t)》 \tag{8-4-4}$$

という関係です。

ここで、対称性 $F(t) \leftrightarrow 2\pi \cdot f(-\omega)$ を適用すると、もともとスペクトル $F(\omega)$ で変数だった ω が変数 t に、定数だった τ が定数 ω_0 になります。もとの時間波形 $f(t)$ の時間変数 t, τ も周波数 $-\omega, \omega_0$ に変換して、

$$e^{i\omega_0 t} \leftrightarrow 2\pi\delta(-\omega + \omega_0) \tag{8-4-5}$$

となります。さらに、デルタ関数は偶関数ですから変数の符号を反転させても変わりなく、

$$e^{i\omega_0 t} \leftrightarrow 2\pi\delta(\omega - \omega_0) \tag{8-4-6}$$

という関係であることがわかります。式でこれを表すと

$$e^{i\omega_0 t} = \frac{1}{2\pi} \int_{-\infty}^{\infty} e^{i\omega t} 2\pi\delta(\omega - \omega_0) d\omega = \int_{-\infty}^{\infty} e^{i\omega t} \delta(\omega - \omega_0) d\omega \tag{8-4-7}$$

が得られます。

これは「周波数 ω_0 に立つ高さ 2π のデルタ関数は、実空間では周波数 ω_0 で振動する振幅1の波を表す」ことを意味していて、本節の始めに示した式 (8-5-1) が「時刻 τ に立つデルタ関数は、周波数空間で振幅1で振動する波を表す」ことと対称をなしています。

また、式 (8-4-7) で $\omega_0 = 0$ とおくと

$$1 = \frac{1}{2\pi} \int_{-\infty}^{\infty} e^{i\omega t} 2\pi\delta(\omega) d\omega = \int_{-\infty}^{\infty} e^{i\omega t} \delta(\omega) d\omega \tag{8-4-8}$$

なる関係が得られます（図8-4-2参照）。定数関数のフーリエ変換は原点に立つ高さ 2π のデルタ関数になります。

念のため、今一度、具体的な場合を考えてみましょう。

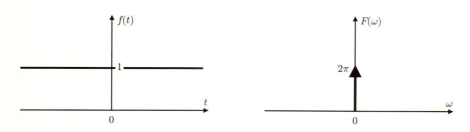

図 8-4-2 定数関数とそのフーリエスペクトル

【例 8-4-1】 定数関数 $f(t) = \frac{1}{2}$ のフーリエ変換を求めてみます。フーリエ変換の定義によれば、

$$F(\omega) = \int_{-\infty}^{\infty} \frac{1}{2} e^{-i\omega t} dt = \frac{1}{2} \int_{-\infty}^{\infty} e^{-i\omega t} dt \tag{8-4-9}$$

となり、デルタ関数のフーリエ変換 $F[\delta(t)] = 1$ (8-4-2) を思い出すと、

$$\delta(t) \leftrightarrow 1 \qquad 《f(t) \leftrightarrow F(\omega)》$$

ですから、これの対称性を考えると

$$1 \quad \leftrightarrow \quad 2\pi\delta(-\omega) = 2\pi\delta(\omega) \tag{8-4-10}$$

となります。この最後の等号はデルタ関数が偶関数であることを利用しています。すると、この式 (8-4-10) は「定数関数 $f(t) = 1$ のフーリエ変換は $2\pi\delta(\omega)$ である」ことを表しています。これを踏まえて問題の式 (8-4-9) をみると、積分の部分は 1 のフーリエ変換 $F[1]$ ですから、対称性を適用して

$$F(\omega) = \frac{1}{2} \int_{-\infty}^{\infty} e^{-i\omega t} dt = \frac{1}{2} F[1] = \frac{1}{2} 2\pi\delta(\omega) = \pi\delta(\omega) \tag{8-4-11}$$

となります。なお、これは式 (8-4-8) の両辺を 2 で割ったもの

$$\frac{1}{2} = \frac{1}{2} \left(\frac{1}{2\pi} \int_{-\infty}^{\infty} e^{i\omega t} 2\pi\delta(\omega) d\omega \right) = \frac{1}{2\pi} \int_{-\infty}^{\infty} e^{i\omega t} \{\pi\delta(\omega)\} d\omega \tag{8-4-12}$$

に相当しています。

ここで式 (8-4-6) にオイラーの公式を適用すると、左辺は $e^{i\omega_0 t} = \cos\omega_0 t + i\sin\omega_0 t$ でしたから、

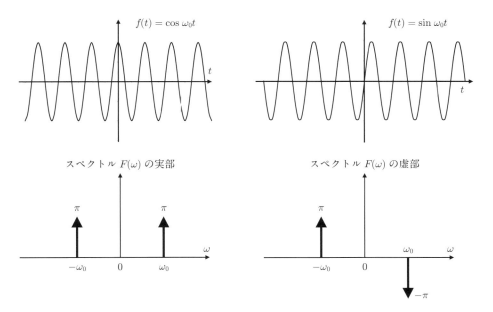

図 **8-4-3** コサイン波とスペクトル   図 **8-4-4** サイン波とスペクトル

$$\cos \omega_0 t = \frac{1}{2} \left(e^{i\omega_0 t} + e^{-i\omega_0 t} \right) \quad \leftrightarrow \quad \pi\{\delta(\omega - \omega_0) + \delta(\omega + \omega_0)\} \tag{8-4-13}$$

$$\sin \omega_0 t = \frac{1}{2i} \left(e^{i\omega_0 t} - e^{-i\omega_0 t} \right) \quad \leftrightarrow \quad i\pi\{\delta(\omega + \omega_0) - \delta(\omega - \omega_0)\} \tag{8-4-14}$$

という重要な関係が得られます。これらを図 8-4-3 と図 8-4-4 に示します。これらはフーリエ級数展開を学んだときに、例えば「コサイン波 $\cos 3\omega_0 t$ のスペクトルは $n = \pm3$ のみが 1/2 で、あとはすべてゼロ」という結果を数式で表したものに相当します。デルタ関数はこのように離散的なスペクトルを数式で表せて便利なのです。

当たり前ですが、ある関数 $f(t)$ のフーリエ変換 $F[f(t)]$ をフーリエ逆変換するともとの関数に戻ります。すなわち $f(t) = F^{-1}\left[F[f(t)]\right]$ となります。それとデルタ関数のフーリエ変換 $F[\delta(t)] = 1$ (8-4-2) を利用すると

$$\delta(t) = F^{-1}\left[F[\delta(t)]\right] = \frac{1}{2\pi} \int_{-\infty}^{\infty} F[\delta(t)] e^{i\omega t} d\omega = \frac{1}{2\pi} \int_{-\infty}^{\infty} e^{i\omega t} d\omega \tag{8-4-15}$$

と表せることがわかります。これを**デルタ関数の積分表示**といいます。同様に、デルタ関数の立っている時間を t_0 にシフトすると、

$$\begin{aligned} \delta(t - t_0) &= F^{-1}\left[F[\delta(t - t_0)]\right] = \frac{1}{2\pi} \int_{-\infty}^{\infty} F[\delta(t - t_0)] e^{i\omega t} d\omega \\ &= \frac{1}{2\pi} \int_{-\infty}^{\infty} e^{-i\omega t_0} e^{i\omega t} d\omega = \frac{1}{2\pi} \int_{-\infty}^{\infty} e^{i\omega(t - t_0)} d\omega \end{aligned} \tag{8-4-16}$$

でもあります。これは、デルタ関数のフーリエ変換式 (8-4-1) を逆変換の形で表したものです。

【例 8-4-2】 図 8-4-5 のようなデルタ関数

$$f(t) = 4\delta(t - 2)$$

のフーリエ変換を求めてみましょう。

$$F(\omega) = \int_{-\infty}^{\infty} 4\delta(t - 2) e^{-i\omega t} dt = 4e^{-i\omega 2} = 4e^{-i2\omega}. \tag{8-4-17}$$

この振幅スペクトルは、スペクトル $F(\omega)$ とその複素共役 $F^*(\omega)$ を掛けたものの平方根として、次のように求まります。

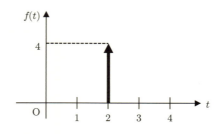

図 8-4-5　$f(t) = 4\delta(t - 2)$

$$|F(\omega)| = \sqrt{F(\omega)F^*(\omega)} = \sqrt{4e^{-i2\omega} \cdot 4e^{i2\omega}} = 4\sqrt{e^{-i2\omega} \cdot e^{i2\omega}} = 4\sqrt{e^{-i2\omega+i2\omega}} = 4. \qquad (8\text{-}4\text{-}18)$$

エネルギー密度スペクトルはこれの自乗で

$$|F(\omega)|^2 = F(\omega)F^*(\omega) = 4^2 = 16 \qquad (8\text{-}4\text{-}19)$$

です。一方、位相スペクトルはスペクトルを $F(\omega) = re^{i\theta}$ としたときの "θ" ですから、式 (8-4-17) より直接求まります。

$$\arg\left[F(\omega)\right] = \arg\left[4e^{-i2\omega}\right] = -2\omega. \qquad (8\text{-}4\text{-}20)$$

ここに虚数単位 "i" は入りませんので、注意しましょう。

もう一つ、複素数の実部と虚部から計算する方法を記しておきます。与式 (8-4-17) のスペクトルを実部と虚部 $(a + ib)$ および振幅と位相 $(re^{i\theta})$ で表します。

$$F(\omega) = \int_{-\infty}^{\infty} 4\delta(t-2)e^{-i\omega t}dt = 4e^{-i2\omega} = 4\cos 2\omega - i4\sin 2\omega = a + ib = re^{i\theta}.$$

すると、以下のように上の結果（式 (8-4-18), 式 (8-4-20)）と同じ結果が得られます。

$$r = \sqrt{a^2 + b^2} = \sqrt{(4\cos 2\omega)^2 + (4\sin 2\omega)^2} = \sqrt{4^2\left(\cos^2 2\omega + \sin^2 2\omega\right)} = \sqrt{4^2} = 4, \qquad (8\text{-}4\text{-}21)$$

$$\theta = \arctan\left(\frac{b}{a}\right) = \arctan\left(\frac{-4\sin 2\omega}{4\cos 2\omega}\right) = -\arctan\left(\tan 2\omega\right) = -2\omega. \qquad (8\text{-}4\text{-}22)$$

【例 8-4-3】 図 8-4-6 のようにデルタ関数が二つ並んだ場合でも同様です。

$$f(t) = 3\delta(t) + 2\delta(t-2) \qquad (8\text{-}4\text{-}23)$$

のフーリエ変換を求めてみましょう。

$$F(\omega) = \int_{-\infty}^{\infty} \{3\delta(t) + 2\delta(t-2)\} e^{-i\omega t}dt = 3e^{-i\omega 0} + 2e^{-i\omega 2} = 3 + 2e^{-2i\omega}. \qquad (8\text{-}4\text{-}24)$$

さて、この振幅スペクトルは

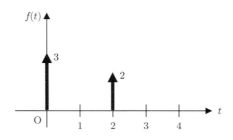

図 8-4-6 $f(t) = 3\delta(t) + 2\delta(t-2)$

$$|F(\omega)| = \sqrt{F(\omega)F^*(\omega)} = \sqrt{(3 + 2e^{-2i\omega}) \cdot (3 + 2e^{2i\omega})}$$

$$= \sqrt{9 + 6e^{-i2\omega} + 6e^{i2\omega} + 4e^{i2\omega - i2\omega}} \tag{8-4-25}$$

$$= \sqrt{9 + 6(e^{-i2\omega} + e^{i2\omega}) + 4} = \sqrt{13 + 12\cos 2\omega},$$

エネルギー密度スペクトルは

$$|F(\omega)|^2 = F(\omega)F^*(\omega) = 13 + 12\cos 2\omega \tag{8-4-26}$$

と求まります。

　ただ、このままでは位相スペクトルが不明のままです。そこで、例 8-4-2 と同じようにスペクトル（式 (8-4-24)）を実部と虚部に書き直します。ただし、少し工夫します。

$$F(\omega) = 3 + 2e^{-i\omega 2} = e^{-i\omega}(3e^{i\omega} + 2e^{-i\omega}) = e^{-i\omega}(3\cos\omega + 3i\sin\omega + 2\sin\omega - 2i\sin\omega)$$

$$= e^{-i\omega}(5\cos\omega + i\sin\omega) = F_1(\omega)F_2(\omega) \tag{8-4-27}$$

このように積の形にすると、位相スペクトル $\arg[F(\omega)]$ は $F_1(\omega)$ と $F_2(\omega)$ のそれぞれの偏角の和になります。

$$\arg[F_1(\omega)] = -\omega, \ \arg[F_2(\omega)] = \arctan\left(\frac{\sin\omega}{5\cos\omega}\right) = \arctan\left(\frac{\tan\omega}{5}\right).$$

よって、

$$\arg[F(\omega)] = \arg[F_1(\omega)] + \arg[F_2(\omega)] = -\omega + \arctan\left(\frac{\tan\omega}{5}\right) \tag{8-4-28}$$

と求まりました。

　ここで、スペクトル（式 (8-4-27)）の位相を $\arctan$（虚部/実部）で直接計算すると次式が得られます。

$$\arg[F(\omega)] = \arctan\left(\frac{-4\tan\omega}{5 + \tan^2\omega}\right) \tag{8-4-29}$$

ただし、これはあまり見通しがよくないので、逆三角関数の公式

$$\arctan x \pm \arctan y = \arctan\frac{x \pm y}{1 \mp xy} \quad (|\arctan x + \arctan y| \le \pi/2) \tag{8-4-30}$$

を適用すると、式 (8-4-28) のように変形することもできます。

8.5　等間隔パルス列のフーリエ変換

　等間隔パルス $\delta(t - nT)$ の列を $s_T(t)$ とします。これは、図 8-5-1 に示すように、

$$s_T(t) = \sum_{n=-\infty}^{\infty} \delta(t - nT) \tag{8-5-1}$$

と書かれます。この関数のフーリエ変換を考えます。数式で考える前に、定性的ではありますが直感的に理解してみましょう。そのために、もとに戻ってデルタ関数の定義の最初に示した「面積 1

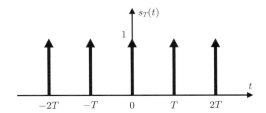

図 8-5-1 等間隔パルス列 $\delta(t - nT)$

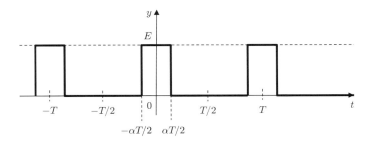

図 8-5-2 矩形パルス列（$E\alpha$ が一定とする）

の矩形パルス」が並んだ矩形パルス列 $f(t)$ を考え、そのフーリエ係数を考えます。

$$f(t) = \begin{cases} 0 & \left(-\frac{T}{2} \le t < -\frac{\alpha T}{2}\right) \\ E & \left(-\frac{\alpha T}{2} \le t < \frac{\alpha T}{2}\right) \\ 0 & \left(\frac{\alpha T}{2} \le x < \frac{T}{2}\right) \end{cases} \tag{8-5-2}$$

図 8-5-2 に示すように、その幅は周期 T の α 倍とします（$0 < \alpha < 1$）。波高を E とすると、一周期あたりのパルスエネルギーは $E\alpha$ となります。すると、そのフーリエ係数 c_n は次のように求められます。

$$c_n = \frac{1}{T} \int_{-\alpha T/2}^{\alpha T/2} E \cdot e^{-i\frac{2\pi}{T} nt} dt = \frac{E}{i2\pi n} \left(e^{i\pi n\alpha} - e^{-i\pi n\alpha}\right) = \frac{E}{\pi n} \sin n\pi\alpha = E\alpha \frac{\sin \alpha n\pi}{\alpha n\pi}. \tag{8-5-3}$$

例として $\alpha = 1/4$ を図に示すと図 8-5-3 のようになり、直流から数えて ± 4 番目に第一零点があることに気がつきます。ここで、$E\alpha = 1$ と固定したまま α を小さくしていくと、スペクトルの最大の高さは 1 のままで第一零点はどんどん原点から遠ざかることになります。この様子を図 8-5-4 に示します。

無限に狭い極限（$\alpha \to 0$）ではパルスの高さは無限大になり、矩形パルス列はデルタ関数列になっていきます。一方、スペクトルとしては高さ 1 のフーリエ係数（線スペクトル）が周波数軸上にパルス周期の逆数周波数（$\omega_0 = 2\pi/T$）間隔で無限に並ぶことになります。つまり、デルタ関数列のフーリエ変換はまた周波数領域でのインパルス列になるということが予想できます。

定性的にはこれでよいのですが、実際に計算して定量的に求めてみましょう。そのためにまず、次の関数 $k_N(t)$ を定義します。これは、周波数間隔 ω_0 で $-N$ から $+N$ まで 0 次を含んで $2N+1$ 本のスペクトルが高さ 1 で並んだスペクトル群の総和を時間周期 T で割ったものです。

$$k_N(t) = \frac{1}{T} \sum_{n=-N}^{N} e^{in\omega_0 t} = \frac{1}{T}\left(e^{-iN\omega_0 t} + e^{-i(N-1)\omega_0 t} + \cdots + e^{i(N-1)\omega_0 t} + e^{iN\omega_0 t}\right). \qquad (8\text{-}5\text{-}4)$$

これは、初項が $\frac{1}{T}e^{-iN\omega_0 t}$、公比が $e^{i\omega_0 t}$ の等比級数の和ですから、まず式 (8-5-4) に公比を掛けて

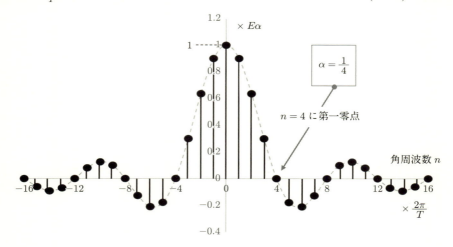

図 8-5-3 $\alpha = 1/4$ の場合のフーリエ係数

直流から数えて ± 4 番目に第一零点がある。

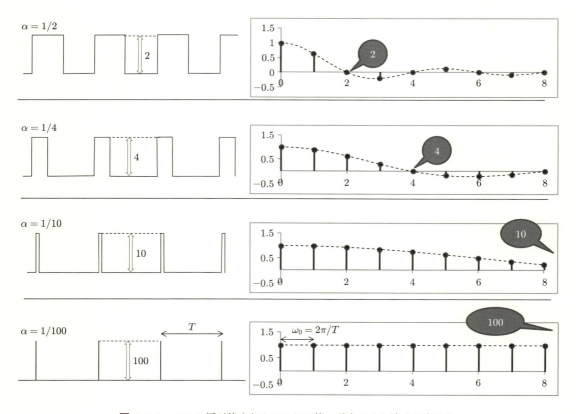

図 8-5-4 パルス幅が狭くなるにつれて第一零点はより遠くに生じる

$$e^{i\omega_0 t} k_N(t) = \frac{e^{i\omega_0 t}}{T} \sum_{n=-N}^{N} e^{in\omega_0 t} = \frac{1}{T} \left(e^{-i(N-1)\omega_0 t} + \cdots + e^{i(N-1)\omega_0 t} + e^{iN\omega_0 t} + e^{i(N+1)\omega_0 t} \right)$$

(8-5-5)

を作り、式 (8-5-4) と式 (8-5-5) の差を求めると、

$$\left(1 - e^{i\omega_0 t} \right) k_N(t) = \frac{1}{T} \left\{ e^{-iN\omega_0 t} - e^{i(N+1)\omega_0 t} \right\}$$

となるので、これを整理して変形すると、

$$k_N(t) = \frac{e^{i(N+1)\omega_0 t} - e^{-iN\omega_0 t}}{T \left(e^{i\omega_0 t} - 1 \right)} = \frac{\frac{e^{i\left(N+\frac{1}{2}\right)\omega_0 t} - e^{-i\left(N+\frac{1}{2}\right)\omega_0 t}}{2i} e^{i\frac{\omega_0 t}{2}}}{T \left(\frac{e^{i\frac{\omega_0 t}{2}} - e^{-i\frac{\omega_0 t}{2}}}{2i} \right) e^{i\frac{\omega_0 t}{2}}} = \frac{\sin\left(N+\frac{1}{2}\right)\omega_0 t}{T \sin\frac{\omega_0 t}{2}}$$

(8-5-6)

と書けます。これは $2\pi/\omega_0 = T$ を周期とする周期関数で、**フーリエ級数核**とよばれます。

その第一零点の場所は分子がゼロとなるところですから、

$$\sin\left(N+\frac{1}{2}\right)\omega_0 t = 0$$

を満たす最小の $t = t_{0,\min}$ を求めればよく、それは

$$\left(N+\frac{1}{2}\right)\omega_0 t_{0,\min} = \pi \quad \text{つまり} \quad t_{0,\min} \frac{2\pi}{(2N+1)\omega_0} = \frac{T}{2N+1}$$

です。これは N の増大に反比例して小さくなることがわかります。一方、その極大値は $t = 0$ にありますが、$k_N(0)$ は 0/0 型なのでロピタルの定理

$$\lim_{x \to c} \frac{f(x)}{g(x)} = \lim_{x \to c} \frac{f'(x)}{g'(x)}$$

を用いることにして、分母と分子を別々に微分します。すると、

$$k_N(0) = \lim_{t \to 0} \frac{\left(N+\frac{1}{2}\right)\omega_0 \cos\left(N+\frac{1}{2}\right)\omega_0 t}{T \frac{\omega_0}{2} \cos\frac{\omega_0 t}{2}} = \frac{2N+1}{T}$$

と求まり、極大値は N の増大とともに大きくなることがわかります。

N が $1, 2, 4, 6$ の場合について図で示すと、図 8-5-5 のようになります。実際、N が大きくなるにつれて周期 T の整数倍のところ ($t = nT$) だけが尖っていくことがわかるでしょう。

このことから、このフーリエ級数核は $N \to \infty$ の極限においてデルタ関数が周期 T で並んだものであることが予想できます。式 (8-5-6) を少し変形すると、

$$k_N(t) = \frac{\sin\left(N+\frac{1}{2}\right)\omega_0 t}{T \sin\frac{\omega_0 t}{2}} = \frac{\sin\left(N+\frac{1}{2}\right)\omega_0 t}{Tt} \frac{t}{\sin\frac{\omega_0 t}{2}}$$

(8-5-7)

と書けます。前半部については、デルタ関数の定義式の一つである式 (8-1-2) を思い出すと、$\delta(t) = \lim_{\lambda \to \infty} \frac{\sin \lambda t}{\pi t}$ (8-1-2) より $\frac{\pi}{T}\delta(t) = \lim_{\lambda \to \infty} \frac{\sin \lambda t}{Tt}$ ですから、$\left(N+\frac{1}{2}\right)\omega_0 = \lambda$ と考えれば、

$$\lim_{N \to \infty} \frac{\sin\left(N+\frac{1}{2}\right)\omega_0 t}{Tt} = \frac{\pi}{T}\delta(t)$$

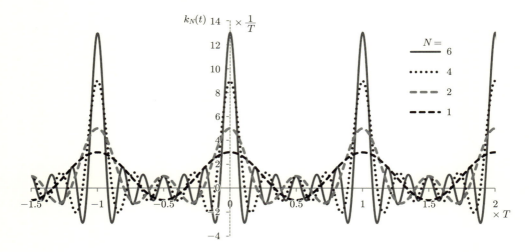

図 8-5-5　フーリエ級数核 ($N = 1, 2, 4, 6$)

となります。一方、後半部は次のように変形するとシンク関数の逆数が現れて、

$$\frac{t}{\sin \frac{\omega_0 t}{2}} = \frac{\frac{\omega_0 t}{2}}{\sin \frac{\omega_0 t}{2}} \frac{2}{\omega_0} = \frac{\frac{\omega_0 t}{2}}{\sin \frac{\omega_0 t}{2}} \frac{2}{\frac{2\pi}{T}} \to \frac{T}{\pi}$$

となりますから、

$$\lim_{N \to \infty} k_N(t) = \lim_{N \to \infty} \frac{\sin \left(N + \frac{1}{2}\right) \omega_0 t}{Tt} \frac{t}{T \sin \frac{\omega_0 t}{2}} = \left. \frac{t}{T \sin \frac{\omega_0 t}{2}} \right|_{t=0} \cdot \frac{\pi}{T} \delta(t) = \frac{T}{\pi} \cdot \frac{\pi}{T} \delta(t) = \delta(t)$$

となることがわかります。つまり、フーリエ級数核は $N \to \infty$ の極限の極限においてデルタ関数が周期 T で並んだものになることが示されました。

$$\lim_{N \to \infty} k_N(t) = \frac{1}{T} \sum_{n=-\infty}^{\infty} e^{in\omega_0 t} = \sum_{n=-\infty}^{\infty} \delta(t - nT) = s_T(t) \tag{8-5-8}$$

は周期 T の等間隔パルス $\delta(t - nT)$ の列 $s_T(t)$ に他ならないことを意味しています。

$s_T(t)$ のフーリエ変換を $s_{\omega_0}(\omega)$ とすると、フーリエ逆変換を用いて

$$s_T(t) = \frac{1}{2\pi} \int_{-\infty}^{\infty} s_{\omega_0}(\omega) e^{i\omega t} d\omega \tag{8-5-9}$$

のように書けて、これで $s_{\omega_0}(\omega)$ を定義します。一方、$s_T(t)$ は式 (8-5-8) のようにも書けるので、これらを等値すると

$$s_T(t) = \frac{1}{2\pi} \int_{-\infty}^{\infty} s_{\omega_0}(\omega) e^{i\omega t} d\omega = \frac{1}{T} \sum_{n=-\infty}^{\infty} e^{in\omega_0 t} \tag{8-5-10}$$

のようになります。この式の最後は ω_0 の逆数時間間隔の整数倍にスペクトルが並ぶことを意味します。ここで、各成分 $e^{in\omega_0 t}$ のフーリエ変換（スペクトル）は式 (8-4-6)

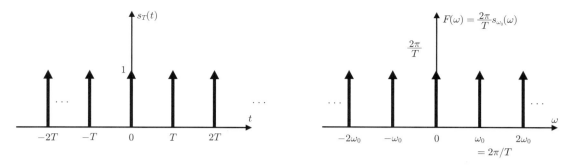

図 8-5-6 デルタ関数列 $s_T(t)$ のフーリエ変換対もまたデルタ関数列 $\omega_0 s_{\omega_0}(\omega)$

$$e^{in\omega_0 t} \leftrightarrow 2\pi\delta(\omega - n\omega_0) \qquad (8\text{-}5\text{-}11)$$

であったことを思い出して、これらの総和をとると

$$\sum_{n=-\infty}^{\infty} e^{in\omega_0 t} \leftrightarrow 2\pi \sum_{n=-\infty}^{n} \delta(\omega - n\omega_0) \qquad (8\text{-}5\text{-}12)$$

の関係が得られますから、次のように変形できます。

$$s_T(t) = \frac{1}{T} \sum_{n=-\infty}^{\infty} e^{in\omega_0 t} \leftrightarrow \frac{2\pi}{T} \sum_{n=-\infty}^{\infty} \delta(\omega - n\omega_0) = s_{\omega_0}(\omega) \qquad (8\text{-}5\text{-}13)$$

よって、次の関係が得られます。

$$s_{\omega_0}(\omega) = \frac{2\pi}{T} \sum_{n=-\infty}^{\infty} \delta(\omega - n\omega_0) = \omega_0 \sum_{n=-\infty}^{\infty} \delta(\omega - n\omega_0). \qquad (8\text{-}5\text{-}14)$$

すなわち、時間領域でのデルタ関数列（周期 T）は周波数空間でのデルタ関数列（周期 ω_0 $= 2\pi/T$）とフーリエ変換対であることがわかりました（$s_T(t) \leftrightarrow s_{\omega_0}(\omega)$）。

　念のため、図でも示しておきましょう（図 8-5-6）。これで図 8-5-4 での予想「パルス幅が狭くなるにつれて第一零点はより遠くに生じる」が正しかったことが示されました。つまり、偶関数パルス列を無限に狭くして得られるデルタ関数列として得られる線スペクトル列はそのまま周波数領域でのデルタ関数列に収束していくことがわかりました。

8.6　線形時不変回路

　われわれが利用する回路の多くは、何らかの入力に対して一定の操作が加えられた出力を得るものです。入力波形 $f(t)$ と出力波形 $g(t)$ の関係を線形演算子 Lin で表すと、$g(t) = Lin[f(t)]$ となります。

　線形とは「重ね合わせの原理が成り立つもの」を意味します。つまり、互いに独立な入力 $f_1(t)$, $f_2(t)$ があるとき、α_1, α_2 を任意の定数として

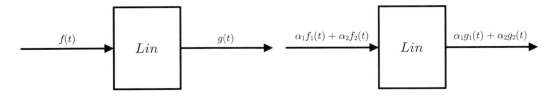

図 8-6-1　線形演算子 $g(t) = Lin[f(t)]$ 図 8-6-2　重ね合わせの原理

$$Lin\left[\alpha_1 \cdot f_1(t) + \alpha_2 \cdot f_2(t)\right] = \alpha_1 \cdot g_1(t) + \alpha_2 \cdot g_2(t) \tag{8-6-1}$$

が成り立ちます（図 8-6-1, 図 8-6-2 参照）。つまり、「和の出力は、それぞれの出力の和」です。入力が 2 倍になれば出力も 2 倍になるという比例関係が成立しており、このとき線形 (Linear) であるといわれます。

　線形増幅器は入力波形がそのまま（相似形に）増幅されて出力されることを意味しています。逆に、入力信号が大きすぎたりして、出力波形が歪んで入出力間の相似関係が失われると、線形増幅器とはよべなくなります。

　また、その関係が入力時点によらないことを時不変性とよびます。昨日入力しても今日入力しても結果は変わらない、というごく当たり前のことをいっています。時不変性を式で表すと

$$g(t - \tau) = Lin[f(t - \tau)] \tag{8-6-2}$$

がいかなる “τ” についても成立する、ということになります。

　これら両方の特性を兼備しているものは線形時不変回路とよばれます。これ以降登場する「回路」や「システム」はこの条件を満たしているものとします。

8.7　インパルス応答とその周波数表現

　線形時不変回路に対する $t = \tau$ におけるインパルス入力 $f_i(t)$ をデルタ関数で表しましょう。

$$f_i(t) = \delta(t - \tau). \tag{8-7-1}$$

これに対する回路の応答を $h(t)$ と書き、インパルス応答とよびます（図 8-7-1）。

$$h(t - \tau) = Lin[\delta(t - \tau)] \tag{8-7-2}$$

これは、回路の動作帯域よりも十分鋭い、すなわち広い帯域をもつパルスを入力したときの出力を調べるもので、回路の応答を調べる手法としてよく用いられます。

　次に、任意の入力波形 $f(t)$ を加えたときの応答波形 $g(t)$ を考えましょう。入力波形を細かくスライスして、デルタ関数が並んだものと考えると、出力はそれぞれのインパルス応答を重ね合わせたものになると考えられます。このときは、入力パルスの時間座標を τ として区別します。すると、入力 $f(\tau)$ に対するインパルス応答波形は $f(\tau)$ に比例するはずですから $f(\tau)h(t - \tau)$ で表されます。このときの τ は応答パルスの発生時刻、t は観測時刻です。これを時刻 t で観測すると出

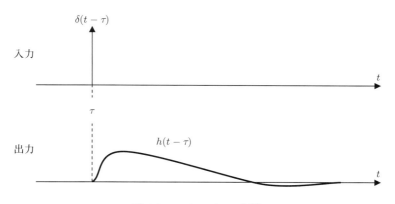

図 **8-7-1** インパルス応答

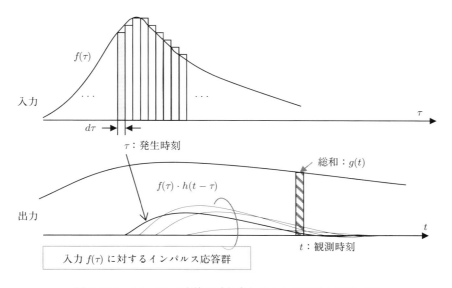

図 **8-7-2** インパルス応答の重ね合わせとしての出力波形 $g(t)$

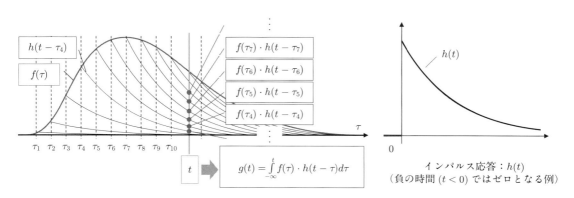

図 **8-7-3** 具体的なたたみ込み積分の例

力波形 $g(t)$ が得られます（図 8-7-2）。入力波形の t は、観測時刻に至るすべての発生時刻 τ に関して総和をとる、つまり積分すればよいので、一般式は次の式で得られます。

$$g(t) = \int_{-\infty}^{\infty} f(\tau)h(t-\tau)d\tau = f(t) \otimes h(t). \tag{8-7-3}$$

これは**たたみ込み積分（重畳積分、Convolution Integral）**とよばれます。

　たたみ込み積分を少し具体的に考えます。図 8-7-3 に示す例では、インパルス応答波形 $h(t)$ として減少指数形を考えます。ここで大切なことは負の時間 $(t < 0)$ では $h(t) = 0$、つまりインパルスが入力される $(t = 0)$ 前には出力はないということです。この場合、各時刻 $(\tau_1, \tau_2, \tau_3, \ldots)$ から始まるインパルス応答は時刻 t において $f(\tau_i)h(t-\tau_i)$ の積をとり、すべて合算されて観測されることになります。ここでは、時刻 t 以後の、つまり未来のインパルスからの応答はありませんから、積分は t で終わりで、

$$g(t) = \int_{-\infty}^{t} f(\tau) \cdot h(t-\tau)d\tau \tag{8-7-4}$$

がたたみ込み積分値を与えることになります。

　もちろん、インパルスが入力される前にも出力がある場合を含めると積分の上界は無限大とすべきで、式 (8-7-3) はそういう場合を含んでいます。ただ、「インパルスが入力される前にも出力がある場合」とは「原因が起こる前に結果が現れる」ことを意味しますから、現実には起こりえません。ですが、理論的にはあり得ます。

　例えば、図 8-7-4 に示すようなシンク関数は無限の過去から少しずつ振動が始まって、原点 $(t = 0)$ で最大値 1 をとり、また無限の将来に向かって振動しつつ減少していくようなインパルス応答を意味します。このような「将来発生するインパルスを予測して振動を始める」といった「因果律を満たさない」インパルス応答も含んで考えるとき、たたみ込み積分は式 (8-7-3) になるのです。

　さて、具体的に積分を計算しようとすると、図 8-7-3 の形では面倒この上ないでしょう。そこで、少し工夫してこれを見やすくします。図 8-7-5 に示すように、$h(t-\tau)$ を左右反転させて、t から左に向けて逆に描きます。そうすると、各 τ_i 時点での積 $f(\tau_i)h(t-\tau_i)$ を求めて積分すれば、図 8-7-3 と同じたたみ込み積分が計算できることがわかります。

　では、具体例について計算してみましょう。簡単のために $f(t) = h(t) = e^{-t}$ として、たたみ込み積分を求めます。図 8-7-6 で確認すればわかるように、$e^{-\tau}$ の方は負の τ についてはゼロで、一

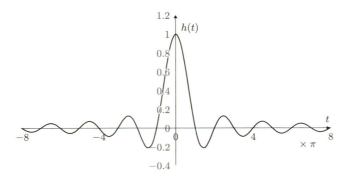

図 8-7-4　シンク関数型のインパルス応答

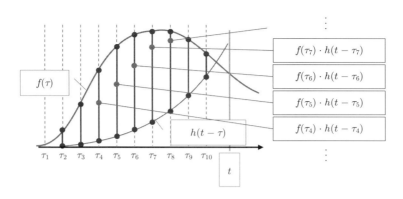

図 8-7-5 実際のたたみ込み積分の計算

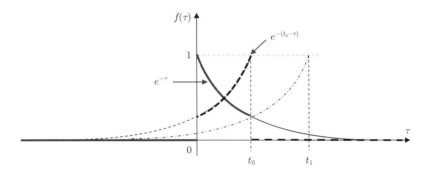

図 8-7-6 たたみ込み積分の計算例

方の変数を反転させた $e^{-(t-\tau)}$ の方は t_0 より大きい τ についてゼロなので、積分範囲は $0 < \tau < t_0$ でよいことになります。そしてこの t_0 が変動することで最終的に変数 t になるので、指数関数どうしのたたみ込み積分 $f \otimes f$ は次のようになります。

$$f \otimes f = g(t) = \int_{-\infty}^{\infty} f(t-\tau)f(\tau)d\tau = \int_0^t e^{-(t-\tau)}e^{-\tau}d\tau = \int_0^t e^{-t}e^{\tau}e^{-\tau}d\tau$$

$$= \int_0^t e^{-t}d\tau = e^{-t}\int_0^t d\tau = e^{-t}\left[\tau\right]_0^t = e^{-t}\left(t-0\right) = te^{-t}. \tag{8-7-5}$$

要するに、片方の関数の座標軸を反転させて、重なる部分（図 8-7-6 では 0 から t_0）を変数 τ として積分すればよいのです。

次に、これを周波数領域で考えることにします。そこで、インパルス応答 $h(t)$、入力波形 $f(t)$、出力波形 $g(t)$ のスペクトルを各々 $H(\omega), F(\omega), G(\omega)$ とします。

$$H(\omega) = \int_{-\infty}^{\infty} h(t)e^{-i\omega t}dt \quad F(\omega) = \int_{-\infty}^{\infty} f(t)e^{-i\omega t}dt \quad G(\omega) = \int_{-\infty}^{\infty} g(t)e^{-i\omega t}dt$$

$$h(t) \leftrightarrow H(\omega) \qquad\qquad f(t) \leftrightarrow F(\omega) \qquad\qquad g(t) \leftrightarrow G(\omega) \tag{8-7-6}$$

これら 1 行目と 2 行目は同じことを表しています。ここで、インパルス応答のフーリエ変換 $H(\omega)$ は周波数応答とよばれますが、考えたいのは周波数応答と入出力スペクトル $(F(\omega), G(\omega))$ の関係です。出力波形 $g(t)$ のスペクトルは、式 (8-7-3) を代入して

$$G(\omega) = \int_{-\infty}^{\infty} g(t)e^{-i\omega t}dt = \int_{-\infty}^{\infty} \left(\int_{-\infty}^{\infty} f(\tau)h(t-\tau)d\tau \right) e^{-i\omega t}dt \tag{8-7-7}$$

となりますが、ここで $1 = \exp{(-i\omega\tau)} \cdot \exp{(+i\omega\tau)}$ という積分因子を掛けて積分を分けると

$$G(\omega) = \int_{-\infty}^{\infty} f(\tau)e^{-i\omega\tau}d\tau \left(\int_{-\infty}^{\infty} h(t-\tau)e^{-i\omega(t-\tau)}dt \right) = F(\omega) \cdot H(\omega) \tag{8-7-8}$$

となります。つまり、周波数空間では入力スペクトルと回路の周波数応答の積演算で出力が求められます。

　積分演算はたいへん面倒ですが、積演算ならばまだ直感的にわかりやすいし比較的容易という理由で、この周波数領域での解析が一般的に行われています。出力波形は出力スペクトル $G(\omega)$ を次式でフーリエ逆変換すれば求められます（7.5 節参照）。

$$g(t) = \frac{1}{2\pi} \int_{-\infty}^{\infty} G(\omega)e^{i\omega t}d\omega. \tag{8-7-9}$$

　なお、式 (8-7-8) のような「たたみ込み積分のフーリエ変換 $G(\omega)$ はそれぞれのスペクトルの積 $F(\omega) \cdot H(\omega)$ になっている」という関係は**たたみ込み定理** (convolution theorem) とよばれています（図 8-7-7 参照）。逆の関係も成り立ちます。図 8-7-8 に示すように、時間領域での関数の積と周波数空間でのたたみ込み積分はまたフーリエ変換の関係があります。

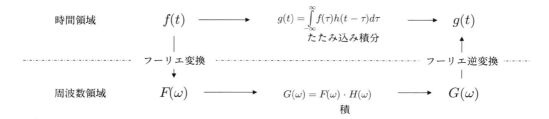

図 8-7-7　時間領域でのたたみ込み積分 $g(t)$ とスペクトル積 $G(\omega)$ の関係「たたみ込み定理」

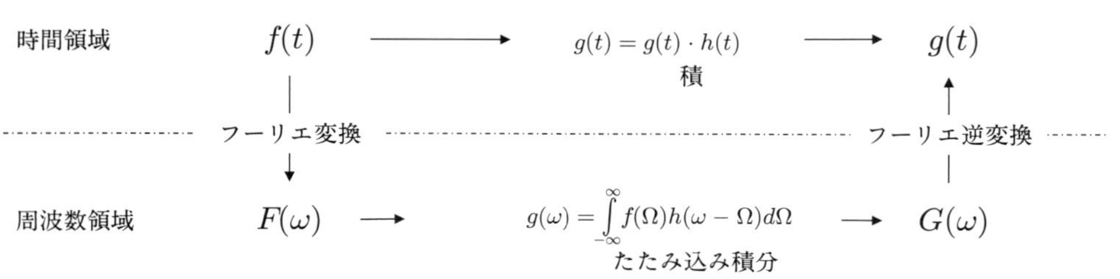

図 8-7-8　時間領域での積 $g(t)$ とスペクトルのたたみ込み積分 $G(\omega)$ もフーリエ変換の関係

8.8　周期関数のスペクトル

　フーリエ級数展開の最後にサイン波やコサイン波のスペクトルを求めましたが、それをデルタ関数で表してみましょう。そのために、図 8-8-1 に示すように $f(t) = f(t + T)$ を満たす周期関数の 1 周期 T のみを切り出した関数を $f_0(t)$ とします。

$$f_0(t) = \begin{cases} f(t) & (|t| > T/2) \\ 0 & (|t| < T/2) \end{cases} \tag{8-8-1}$$

これを用いると、$f(t)$ は

$$f(t) = \sum_{n=-\infty}^{\infty} f_0(t + nT) \tag{8-8-2}$$

と表すことができます。また、デルタ関数列

$$s_T(t) = \sum_{n=-\infty}^{\infty} \delta(t - nT)$$

とのたたみ込み積分を用いて

$$f(t) = f_0(t) \otimes s_T(t) = \int_{-\infty}^{\infty} f_0(\tau) s_T(t - \tau) d\tau \tag{8-8-3}$$

と書いても同様です。

　たたみ込み積分のフーリエ変換はそれぞれのスペクトルの積ですから、孤立波形 $f_0(t)$ のフーリエ変換を

$$F_0(\omega) = \int_{-\infty}^{\infty} f_0(t)e^{-i\omega t}dt = \int_{-T/2}^{T/2} f_0(t)e^{-i\omega t}dt \tag{8-8-4}$$

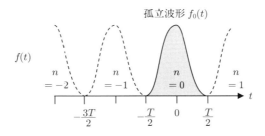

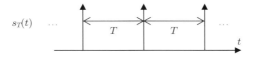

図 8-8-1　孤立波形 $f_0(t)$ とデルタ関数列 $s_T(t)$ のたたみ込み積分で周期関数を表す

とすると、$s_T(t) \leftrightarrow s_{\omega_0}(\omega)$ なる関係を用いて、

$$F(\omega) = F_0(\omega) \cdot F[s_T(t)] = F_0(\omega) \cdot \sum_{n=-\infty}^{\infty} \omega_0 \delta(\omega - n\omega_0)$$
$$= \frac{2\pi}{T} \sum_{n=-\infty}^{\infty} F_0(n\omega_0)\delta(\omega - n\omega_0) \tag{8-8-5}$$

となります。

　これは、孤立関数 $f_0(t)$ のフーリエ変換は連続関数 $F_0(\omega)$ であったのに、もとの関数を周期関数 $f(t)$ とすると、スペクトルは離散的な値をとる $(F_0(n\omega_0))$ ことを意味しています。これはフーリエ係数に他なりません。

　一方、複素フーリエ係数 c_n は

$$c_n = \frac{1}{T} \int_{-T/2}^{T/2} f(t)e^{-in\omega_0 t} dt$$

と定義されるため、この式と式 (8-8-4) を比べると

$$c_n = \frac{F_0(n\omega_0)}{T} \tag{8-8-6}$$

であることがわかります。結局、式 (8-8-5) は

$$F(\omega) = \frac{2\pi}{T} \sum_{n=-\infty}^{\infty} F_0(n\omega_0)\delta(\omega - n\omega_0) = 2\pi \sum_{n=-\infty}^{\infty} c_n \delta(\omega - n\omega_0) \tag{8-8-7}$$

のように、フーリエ係数 c_n が周波数空間に等間隔 ω_0 に並んだものとなります。式の中に、フーリエ次数 n、基本周波数 ω_0 が入っているため、これがフーリエ級数展開を数式で表したものといえます。

　ここで、具体例について検討してみましょう。前節でも登場した、高さ E、幅 A の矩形パルスが周期 T で並んだ波形 $f(t)$ を考えます（図 8-8-2 の実線と破線）。すると、原点のところに立つ一つだけを切りだしたものは $f_0(t)$ です（図 8-8-2 の実線）。この孤立パルスのフーリエ変換 $F_0(\omega)$ は次のように求まります。

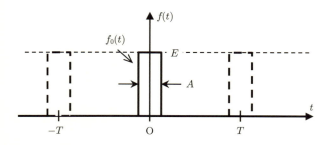

図 8-8-2　矩形パルス（実線）とその繰り返しによるパルス列（破線）

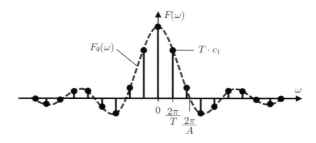

図 **8-8-3** 矩形パルス列のフーリエスペクトル

$$F_0(\omega) = \int_{-\infty}^{\infty} f_0(t)e^{-i\omega t}dt = \int_{-A/2}^{A/2} Ee^{-i\omega t}dt = \frac{E}{-i\omega}\left[e^{-i\omega t}\right]_{-A/2}^{A/2}$$

$$= \frac{E}{-i\omega}\left(e^{-i\omega\frac{A}{2}} - e^{i\omega\frac{A}{2}}\right) = \frac{2E}{\omega}\left(\frac{e^{i\omega\frac{A}{2}} - e^{-i\omega\frac{A}{2}}}{2i}\right) = \frac{2AE}{\omega A}\sin\frac{A\omega}{2} = AE\frac{\sin\frac{A\omega}{2}}{\frac{A\omega}{2}}. \qquad (8\text{-}8\text{-}8)$$

式 (8-8-6) によれば、これを周期 T で割って、周期 T に対するパルス幅 A の比を $\alpha = A/T$ とし、周波数 ω を周期 $\omega_0 = 2\pi/T$ の整数倍 $\omega = n\omega_0 = 2\pi n/T$ に限定すれば、パルス列 $f(t)$ のフーリエ係数 c_n に等しくなるため、

$$c_n = \frac{F_0(n\omega_0)}{T} = \frac{AE}{T}\frac{\sin\frac{An\omega_0}{2}}{\frac{An\omega_0}{2}} = \alpha E\frac{\sin\frac{\alpha Tn\omega_0}{2}}{\frac{\alpha Tn\omega_0}{2}} = \alpha E\frac{\sin\alpha n\pi}{\alpha n\pi} \qquad (8\text{-}8\text{-}9)$$

となり、式 (8-5-3) と同じ結果が得られます。具体的なスペクトル波形を図 8-8-3 に示します。例えば、フーリエ級数 c_1 を T 倍すると、$F_0(\omega)$ の ω_0 での値 $F_0(\omega_0)$ に一致することがわかります。

8.9 標本化定理

サンプリング点 $t = nT$ で連続な任意関数を $f(t)$ とします。それぞれのサンプル値 $f(nT)$ を時間 T だけ保持（ホールド）した矩形パルスの「面積」は $Tf(nT)$ になります。これをピーク値とする等間隔矩形パルス列からなる関数 $g(t)$（図 8-9-1）は次のように書かれます。

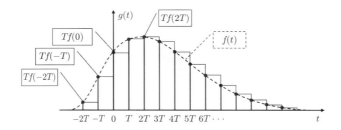

図 **8-9-1** 等時間間隔 T での関数値高さと時間幅 T をもつパルス列

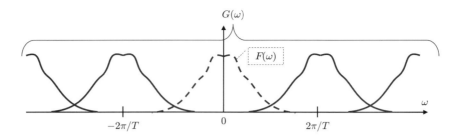

図 8-9-2　上のパルス列のスペクトルは周波数空間でも等間隔
$\omega_0 = 2\pi/T$ に並ぶ

$$g(t) = T \sum_{n=-\infty}^{\infty} f(nT)\delta(t - nT). \tag{8-9-1}$$

このフーリエ変換 $G(\omega)$ は関数の積の変換ですから、それぞれのフーリエ変換のたたみ込み積分に
なり、

$$\begin{aligned} F_s(\omega) &= T \int_{-\infty}^{\infty} f(t) \sum_{n=-\infty}^{\infty} \delta(t-nT)e^{-i\omega t}dt = \frac{T}{2\pi}F(\omega) \otimes \frac{2\pi}{T} \sum_{n=-\infty}^{\infty} \delta(\omega - n\omega_0) \\ &= \int_{-\infty}^{\infty} F(\Omega) \sum_{n=-\infty}^{\infty} \delta(\omega - n\omega_0 - \Omega)d\Omega = \sum_{n=-\infty}^{\infty} F(\omega - n\omega_0) \end{aligned} \tag{8-9-2}$$

であることがわかります。これは図 8-9-2 に示すように、$G(\omega)$ は「角周波数間隔 $2\pi/T$ で等間隔
に $F(\omega)$ が並んだもの」であることを意味しています。

　実は、図 8-9-2 のようにスペクトルの裾野が重なり合うと、周波数空間で矩形フィルタを掛けて
ももとの信号が復元できません（折り返し雑音）。このような裾野の重なりが生じないためには、
サンプリング周波数 $1/T_s$ が信号の最高周波数 f_{max} の 2 倍以上でなければなりません。これは**標
本化定理**とよばれます。以下ではこれについて説明します。

　標本化定理はサンプリング定理ともよばれ、情報伝送の分野では重要な定理です。関数（波形）
$f(t)$ がある角周波数 ω_c より上の領域において、フーリエスペクトル $F(\omega)$ がゼロになるとしま
す。この「帯域制限信号」は図 8-9-3 右に示すように

$$F(\omega) = 0 \quad (|\omega| \geq \omega_c) \tag{8-9-3}$$

と表されます。このとき、サンプリング定理は、$f(t)$ が時間間隔 π/ω_c におけるサンプリング値の
並び $f_n = f(n\pi/\omega_c)$ で決定されてしまう、という重大なことを意味しています。

　これを理解するために、スペクトルからの逆変換式を考えてみましょう。まず準備をします。図
8-9-4 に示すように、フーリエ級数展開理論によれば、時間領域での周期 T の周期関数 $f(t)$ のフ
ーリエ変換は、周波数間隔が $\omega_0 = 2\pi/T$ の離散スペクトル c_n になるのでした。その逆に、時間
領域での周期 T の等間隔パルス列 A_n のフーリエ変換は周期的なスペクトル $g(\omega)$ になります。そ
の具体的な式は前節で述べましたが、その周波数周期を $\Omega = 2\pi/T$ とします。

　本来の時間領域での周期関数 $f(t)$ に対する複素フーリエ級数展開を式 (8-9-4)[a] に、周波数領

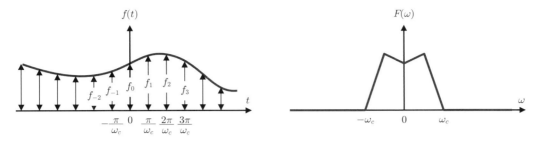

図 8-9-3 角周波数 ω_c に帯域制限された波形のサンプリング

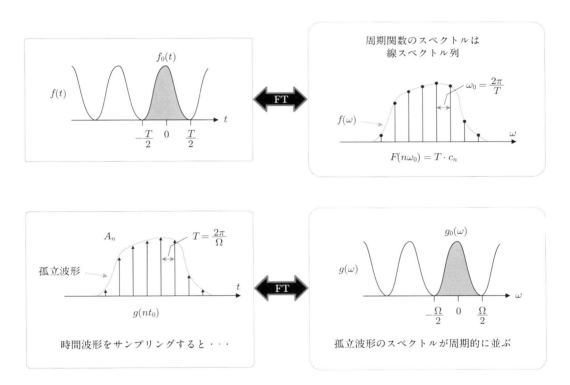

図 8-9-4 周期関数とデルタ関数パルス列の対称的な関係

域での周期関数 $g(\omega)$ に対するフーリエ級数係数 A_n を式 (8-9-4)[b] に示します。ただし、[a] では時間領域での積分のフーリエ積分核の指数 $(-in2\pi t/T)$ は負で、[b] では周波数積分のフーリエ積分核の指数 $(in2\pi\omega/\Omega)$ は正としています。

$$c_n = \frac{1}{T}\int_{-T/2}^{T/2} f(t)e^{-in\frac{2\pi}{T}t}dt, \qquad f(t) = \sum_{n=-\infty}^{\infty} c_n e^{in\frac{2\pi}{T}t}, \qquad (8\text{-}9\text{-}4)[a]$$

$$A_n = \frac{1}{\Omega}\int_{-\Omega/2}^{\Omega/2} g(\omega)e^{in\frac{2\pi}{\Omega}\omega}d\omega, \qquad g(\omega) = \sum_{n=-\infty}^{\infty} A_n e^{-in\frac{2\pi}{\Omega}\omega}. \qquad (8\text{-}9\text{-}4)[b]$$

図 8-9-3 で示したように角周波数 ω_c よりも絶対値の大きい周波数ではスペクトルはゼロですから、A_n を与える逆変換式の積分範囲は $\pm\omega_c$ に限られます。よって、$\Omega/2 = \omega_c$ とおけばよいこと

がわかります。また、この場合のスペクトルは図 8-9-3 の $F(\omega)$ ですから、

$$A_n = \frac{1}{\Omega} \int_{-\Omega/2}^{\Omega/2} g(\omega) e^{in\frac{2\pi}{\Omega}\omega} d\omega \bigg|_{\substack{\Omega/2=\omega_c \\ g(\omega)=F(\omega)}}$$

$$= \frac{1}{2\omega_c} \int_{-\omega_c}^{\omega_c} F(\omega) e^{in\frac{\pi}{\omega_c}\omega} d\omega = \frac{\pi}{\omega_c} \frac{1}{2\pi} \int_{-\omega_c}^{\omega_c} F(\omega) e^{in\frac{\pi}{\omega_c}\omega} d\omega \tag{8-9-5}$$

と書けることになります。一方、フーリエ逆変換

$$f(t) = \frac{1}{2\pi} \int_{-\infty}^{\infty} F(\omega) e^{i\omega t} d\omega$$

の式で、帯域が $\pm\omega_c$ に制限され、間隔 $t = n\pi/\omega_c$ でサンプリングされたことを反映すると

$$f_n = f\left(n\frac{\pi}{\omega_c}\right) = \frac{1}{2\pi} \int_{-\omega_c}^{\omega_c} F(\omega) e^{in\frac{\pi}{\omega_c}\omega} d\omega \tag{8-9-6}$$

と表せることになります。ここで、式 (8-9-5) と式 (8-9-6) を比較すると

$$A_n = T f_n = \frac{\pi}{\omega_c} f_n \tag{8-9-7}$$

であることがわかります。つまり、係数を別にすれば A_n はサンプリングされた波形と等価です。
　一方で、前節で述べたように、時間軸上でのパルス列であるサンプルされた信号のスペクトルは周波数空間でも周期的です。つまり、式 (8-9-2)[b] で、$\Omega = 2\omega_c$ とおけば、A_n に対するスペクトル $G(\omega)$ は周波数空間で周期的であり、

$$G(\omega) = \sum_{n=-\infty}^{\infty} A_n \exp(-in\pi\omega/\omega_c) = \sum_{n=-\infty}^{\infty} \frac{\pi}{\omega_c} f_n e^{-i\frac{n\pi\omega}{\omega_c}} \tag{8-9-8}$$

は $F(\omega)$ を周期的に繰り返したものに他なりません（図 8-9-5）。式 (8-9-6) の偏角を見ればわかるように

$$\frac{n\pi\omega}{\omega_c} = 2n\pi$$

を満たすのは $\omega = 2\omega_c$ の場合ですから、$G(\omega)$ の角周波数周期は $2\omega_c$ です。つまり図 8-9-5 に示すように、帯域制限された信号 $g(t)$ のスペクトルが $G(\omega)$ として周波数領域に隙間なく並んでいることになります。
　これは最初に決めたようにサンプリング間隔 $T_s = 2\pi/2\omega_c$ との関係があります。では、サンプ

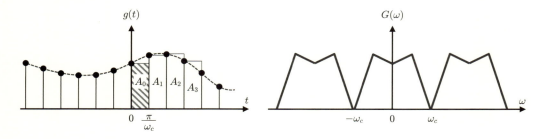

図 8-9-5　周期 π/ω_c でのサンプリング——ホールド波形と帯域制限スペクトル

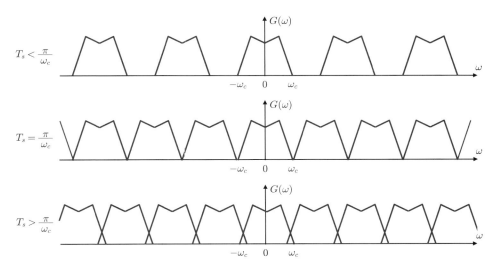

図 8-9-6 サンプリング間隔 T_s とサンプルされたスペクトル

リング間隔が最高周波数の 2 倍である $2\omega_c$ より大きい場合と小さい場合について、スペクトルを比較します。図 8-9-6 を見てみましょう。帯域制限信号の最高周波数の 2 倍の逆数 π/ω_c よりもサンプリング間隔が短い場合（上段）では、繰り返すスペクトルは互いに離れています。これらが等しい場合（中段）ではスペクトルは互いに接しています。そして、サンプリング間隔が $2\pi/2\omega_c$ よりも長い場合（下段）では、スペクトルは互いに重なってしまっています。最後の「サンプリングによって周波数空間に並んだスペクトルの裾が重なり合ってはいけない」というのが標本化定理の要求するところです。

さて、この並んだスペクトル列を見ると、上段と中段の場合、周波数区間 $(-\omega_c, \omega_c)$ に限ればそれは $F(\omega)$ と同じです。見方を変えれば、$F(\omega)$ は周波数空間における矩形ウィンドウ $p_{\omega_c}(\omega)$ を $G(\omega)$ に掛けたものともいえます。この「矩形ウィンドウ $p_{\omega_c}(\omega)$」とは「直流から周波数 $\pm\omega_c$ までの信号はそのまま通過させるが、それ以上の周波数の信号は通さない」という低域通過フィルタです。

ぎりぎり限界の場合として中段のケース、つまりサンプリング間隔 T_s が π/ω_c の場合について考えましょう。これは、図 8-9-7 に示すように、スペクトル空間に $2\omega_c$ 間隔で並んだスペクトルのうち最も低周波に位置するスペクトルだけを抜き出す操作を意味します。

$$F(\omega) = p_{\omega_c}(\omega) \cdot G(\omega) = p_{\omega_c}(\omega) \sum_{n=-\infty}^{\infty} \frac{\pi}{\omega_c} f_n e^{-i\frac{n\pi\omega}{\omega_c}}. \tag{8-9-9}$$

ここで $\pi f_n/\omega_c$ は当面忘れて、$p_{\omega_c}(\omega)e^{-in\pi\omega/\omega_c}$ のフーリエ逆変換を考えましょう。

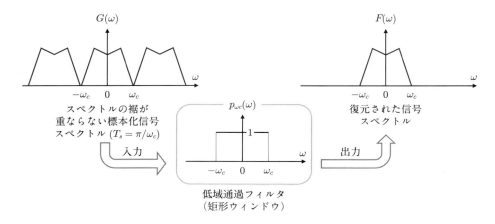

図 8-9-7　矩形ウィンドウによる信号の復元

$$f(t) = \frac{1}{2\pi} \int_{-\infty}^{\infty} p_{\omega_c}(\omega) e^{-in\pi\omega/\omega_c} e^{i\omega t} d\omega = \frac{1}{2\pi} \int_{-\omega_c}^{\omega_c} e^{-i\left(\frac{n\pi}{\omega_c}-t\right)\omega} d\omega = \frac{1}{2\pi} \left[\frac{e^{-i\left(\frac{n\pi}{\omega_c}-t\right)\omega}}{-i\left(\frac{n\pi}{\omega_c}-t\right)} \right]_{-\omega_c}^{\omega_c}$$

$$= \frac{1}{2\pi} \frac{e^{-i\left(\frac{n\pi}{\omega_c}-t\right)\omega_c} - e^{i\left(\frac{n\pi}{\omega_c}-t\right)\omega_c}}{-i\left(\frac{n\pi}{\omega_c}-t\right)} = \frac{\omega_c}{\pi} \frac{e^{i(n\pi-\omega_c t)} - e^{-i(n\pi-\omega_c t)}}{2i(n\pi-\omega_c t)} \tag{8-9-10}$$

$$= \frac{\omega_c}{\pi} \frac{\sin(\omega_c t - n\pi)}{(\omega_c t - n\pi)} = \frac{\omega_c}{\pi} \frac{\sin(n\pi - \omega_c t)}{n\pi - \omega_c t}$$

ですから

$$\frac{\omega_c}{\pi} \frac{\sin(\omega_c t - n\pi)}{\omega_c t - n\pi} \quad \leftrightarrow \quad p_{\omega_c}(\omega) e^{-in\pi\omega/\omega_c} \tag{8-9-11}$$

という関係があることがわかります。これを踏まえて式 (8-9-9) のフーリエ逆変換を考えると、これは式 (8-9-11) に $\pi f_n/\omega_c$ を掛けたものにすぎませんから、

$$f(t) = \sum_{n=-\infty}^{\infty} f_n \frac{\pi}{\omega_c} \frac{\omega_c}{\pi} \frac{\sin(\omega_c t - n\pi)}{\omega_c t - n\pi} = \sum_{n=-\infty}^{\infty} f_n \frac{\sin(\omega_c t - n\pi)}{\omega_c t - n\pi} \tag{8-9-12}$$

ということがわかります。

　この式は驚くべきことを主張しています。右辺の f_n はサンプリング周期 $T_s = \pi/\omega_c$ で標本化された値の数列です。そのときのサンプリング関数の間隔は、その第一零点と同じです ($\omega_c t = \pi$)。それにサンプリング関数列 $\sin(\omega_c t - n\pi)/(\omega_c t - n\pi)$ を掛けて総和をとると、左辺にあるもとの $f(t)$ が復元されるのです。標本点はその時点に立っているシンク関数が表現し、その前後のシンク関数は他の標本点ではすべてゼロになるので、全く影響しません。

　さらに驚くのは、サンプリング点の間の値が、すべてのサンプリング関数を足し合わせることで復元されるということです。

　この様子を図 8-9-8 に示します。直感的には少し信じがたいところもありますが、数式が保証してくれていますので安心しましょう。ただし、サンプリング周波数 f_s は

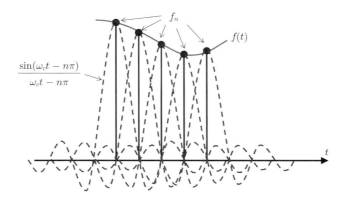

$$f_n$$

$$\frac{\sin(\omega_c t - n\pi)}{\omega_c t - n\pi}$$

図 8-9-8 サンプリング関数の内挿による $f(t)$ の復元

$$f_s = \frac{1}{T_s} = \frac{2\omega_c}{2\pi} = 2f_c$$

の関係から、帯域制限信号の最高周波数 f_c の 2 倍あるいはそれ以上でなければなりません。これが**標本化（サンプリング）定理**です。この T_s は**ナイキスト間隔**とよばれています。

8.10 フーリエ積分の証明

8.10.1 連続関数に対する証明

実関数 $f(t)$ のフーリエ変換を $F(\omega)$ とするとき、次の関係があるとしました。

$$F(\omega) = \int_{-\infty}^{\infty} f(t)e^{-i\omega t}dt, \tag{8-10-1}$$

$$f(t) = \frac{1}{2\pi} \int_{-\infty}^{\infty} F(\omega)e^{i\omega t}d\omega. \tag{8-10-2}$$

この第 2 の式（フーリエ逆変換）は**フーリエ積分**ともよばれますが、これが成り立つことをデルタ関数を用いて以下に示します。

まずは、関数 $f(t)$ が連続である場合について、有限の周波数区間 $[-\Omega, \Omega]$ で考えます。

$$f_\Omega(t) = \frac{1}{2\pi} \int_{-\Omega}^{\Omega} F(\omega)e^{i\omega t}d\omega. \tag{8-10-3}$$

そして、これが $\Omega \to \infty$ の極限で $f(t)$ に収束する、つまり $\lim_{\Omega \to \infty} f_\Omega(t) = f(t)$ となることを示します。そこで、式 (8-10-1) を式 (8-10-3) に代入して積分順序を入れ替えます。

$$
\begin{aligned}
f_\Omega(t) &= \frac{1}{2\pi} \int_{-\Omega}^{\Omega} \int_{-\infty}^{\infty} f(\tau)\, e^{-i\omega\tau}\, d\tau\, e^{i\omega t} d\omega = \frac{1}{2\pi} \int_{-\infty}^{\infty} f(\tau) \left\{ \int_{-\Omega}^{\Omega} e^{i\omega(t-\tau)}\, d\omega \right\} d\tau \\
&= \frac{1}{2\pi} \int_{-\infty}^{\infty} f(\tau) \frac{e^{i\Omega(t-\tau)} - e^{-i\Omega(t-\tau)}}{i\,(t-\tau)}\, d\tau = \int_{-\infty}^{\infty} f(\tau) \frac{\sin \Omega\,(t-\tau)}{\pi\,(t-\tau)}\, d\tau.
\end{aligned} \tag{8-10-4}
$$

この式はフーリエ核 $\dfrac{\sin \Omega\,(t-\tau)}{\pi\,(t-\tau)}$ を荷重とする $f(t)$ の荷重平均とみなせますが、このフーリエ核

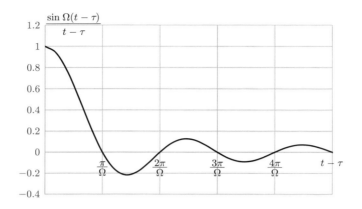

図 8-10-1　フーリエ核（ただし縦軸は $1/\pi$ 倍必要）

が Ω を無限大とした極限でデルタ関数に収束すれば、式 (8-1-8)[14] と同じ意味になります。

そこで、このフーリエ核の全時間変数域 $[-\infty, \infty]$ での積分値が 1 になることを確認しましょう。$\Omega(t-\tau) = x$ とおくと、積分範囲は同じで、$\Omega dt = dx \rightarrow dt = \frac{dx}{\Omega}$ ですから、

$$\int_{-\infty}^{\infty} \frac{\sin \Omega(t-\tau)}{\pi(t-\tau)} dt = \frac{1}{\pi} \int_{-\infty}^{\infty} \frac{\sin x}{\frac{x}{\Omega}} \frac{dx}{\Omega} = \frac{1}{\pi} \int_{-\infty}^{\infty} \frac{\sin x}{x} dx = \frac{2}{\pi} \int_{0}^{\infty} \frac{\sin x}{x} dx \qquad (8\text{-}10\text{-}5)$$

となります。この最後の変形では、シンク関数 $(\sin x)/x$ が偶関数であることを利用して、積分範囲を正の x に限って 2 倍しています。

この定積分は、一般には積分範囲を変数とした正弦積分とよばれる有名なもので、第 5 章のギブスの現象のところでも登場しています[15]。無限大まで積分する場合は後に紹介する複素積分を使えば比較的容易に導出できますが、使わなければかなり面倒な計算が必要になります。どれくらい違うことになるかを実見するために、この章末ノートに定積分の計算を示しておきます。

いずれにせよ、その結果は

$$\int_{0}^{\infty} \frac{\sin x}{x} dx = \frac{\pi}{2} \qquad (8\text{-}10\text{-}6)$$

です。よって、フーリエ核の全変数域での積分値は 1 であることがわかります。

$$\frac{2}{\pi} \int_{0}^{\infty} \frac{\sin x}{x} dx = \frac{2}{\pi} \cdot \frac{\pi}{2} = 1. \qquad (8\text{-}10\text{-}7)$$

図 8-10-1 に示すように Ω を無限大とした極限で π/Ω の第一零点は原点に無限に近づきますから、この関数は正弦積分型デルタ関数としての資格をもっています[16]。よって

$$\lim_{\Omega \to \infty} \frac{\sin \Omega(t-\tau)}{\pi(t-\tau)} = \delta(t-\tau) \qquad (8\text{-}10\text{-}8)$$

がわかり、

---

14)　$f(\tau) = \int_{-\infty}^{\infty} f(t)\delta(t-\tau)\, dt$　(8-1-8)

15)　第 5 章では「積分正弦関数 Si」と紹介しました。名称は文献によって微妙に異なります。

16)　$\delta(t) = \lim_{\lambda \to \infty} \frac{\sin \lambda t}{\pi t}$　(8-1-2)

$$\lim_{\Omega \to \infty} f_\Omega(t) = \lim_{\Omega \to \infty} \int_{-\infty}^{\infty} f(\tau) \frac{\sin \Omega(t - \tau)}{\pi(t - \tau)} d\tau = \int_{-\infty}^{\infty} f(\tau) \delta(t - \tau) d\tau \tag{8-10-9}$$

であること、すなわち連続関数に対してフーリエ積分（式 (8-11-2)）は完全にもとの関数を与えることがわかりました。□

8.10.2　不連続を含む関数に対する証明

まず、不連続を含む関数 $f(t)$ を連続関数 $f_c(t)$ と単位ステップ関数 $U(t)$ の定数倍の和で表すことにします。これを図 8-10-2 と式で示すと、ステップ関数の振幅（ピークピーク値）は不連続点での段差 $f(0^+) - f(0^-)$ になりますから

$$f(t) = f_c(t) + \left\{ f(0^+) - f(0^-) \right\} U(t) \tag{8-10-10}$$

と書けます。これを式 (8-10-4) のようにフーリエ核を用いて表すと、次のようになります。

$$f_\Omega(t) = \int_{-\infty}^{\infty} f_c(\tau) \frac{\sin \Omega(t - \tau)}{\pi(t - \tau)} d\tau + \left\{ f(0^+) - f(0^-) \right\} \int_{-\infty}^{\infty} U(\tau) \frac{\sin \Omega(t - \tau)}{\pi(t - \tau)} d\tau. \tag{8-10-11}$$

ただ、この第 1 項の連続関数に対する積分は、連続関数 $f_c(t)$ に収束することが前節でわかっているので、第 2 項の積分について調べればよいことになります。その積分だけを取り出すと、

$$U_\Omega(\tau) = \int_{-\infty}^{\infty} U(\tau) \frac{\sin \Omega(t - \tau)}{\pi(t - \tau)} d\tau = \int_{0}^{\infty} \frac{\sin \Omega(t - \tau)}{\pi(t - \tau)} d\tau \tag{8-10-12}$$

ですが、変数変換するために $\Omega(t - \tau) = x$ とおくと、積分変数は右の表のように変わりますから、式 (8-10-12) は次のようになります。

τ	0	$\to$	∞
X	Ωt	$\to$	∞

$$U_\Omega(t) = \int_{\Omega t}^{-\infty} \frac{\sin x}{\frac{\pi}{\Omega} x} \left(-\frac{dx}{\Omega} \right) = \int_{-\infty}^{\Omega t} \frac{\sin x}{\pi x} dx.$$

さらに、この積分を変数 t の負の部分と正の部分に分割します。すると

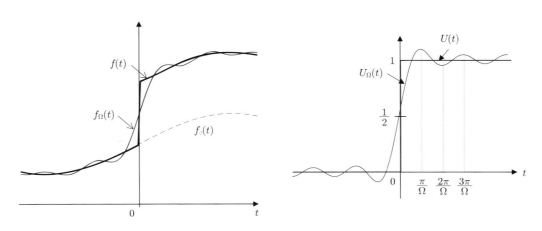

図 8-10-2　不連続を含む関数 $f(t)$ を連続関数とステップ関数 $U(t)$ の和で表す

$$U_\Omega(t) = \int_{-\infty}^{0} \frac{\sin x}{\pi x} dx + \int_{0}^{\Omega t} \frac{\sin x}{\pi x} dx = \frac{1}{\pi} \int_{-\infty}^{0} \frac{\sin x}{x} dx + \frac{1}{\pi} \int_{0}^{\Omega t} \frac{\sin x}{x} dx = \frac{1}{\pi} \frac{\pi}{2} + \frac{1}{\pi} \mathrm{Si}(\Omega t)$$

$$(8\text{-}10\text{-}13)$$

となり、第 1 項は 1/2、第 2 項が示す正の領域は正弦積分関数で振動的になります。第 2 項がギブスの現象に他なりません。

さて、図 8-10-2 を見ればわかるように、$U_\Omega(0) = 1/2$ であり、連続関数 $f_c(t)$ の連続部分の立ち上がる寸前では $f(0^-)$ ですから、式 (8-10-11) は次のようになります。

$$\begin{aligned}\lim_{\Omega \to \infty} f_\Omega(0) &= f_c(0) + \frac{1}{2}\left\{f(0^+) - f(0^-)\right\} = f(0^-) + \frac{1}{2}\left\{f(0^+) - f(0^-)\right\}\\ &= \frac{1}{2}\left\{f(0^+) + f(0^-)\right\}.\end{aligned}$$

$$(8\text{-}10\text{-}14)$$

これは、フーリエ積分で得られる波形は不連続部分の中点を通ることを意味します。逆にいえば、$f(t)$ の不連続部では中点値をとる、つまり

$$f(t) = \frac{1}{2}\left\{f(t^+) + f(t^-)\right\}$$

と定義すれば、不連続部でもフーリエ積分は収束することになります。

〈ノート〉　正弦積分関数の積分 [1]

本章の最後に、前節で求めた正弦積分関数の無限大までの積分値

$$\int_{0}^{\infty} \frac{\sin x}{x} dx = \frac{\pi}{2}$$

$$(8\text{-}10\text{-}15)$$

を、複素関数を使わずに求めておきます[17]。後に紹介するように、同じ結果を求めるのに複素関数を用いると、これが嘘のようにあっけなく計算できるので、それと対比させてみましょう。

まず、次の公式からスタートします。

$$\int_{0}^{\infty} e^{-px} \cos qx\, dx = \frac{p}{p^2 + q^2}, \quad p > 0.$$

$$(8\text{-}10\text{-}16)$$

これを q に関して $0 \sim q$ で 2 回積分します。すると、左辺は

$$\int_{0}^{\infty} e^{-px} \frac{1 - \cos qx}{x^2} dx$$

$$(8\text{-}10\text{-}17)$$

となり、右辺については 1 回積分すると $\mathrm{Arctan}\,(q/p)$ になります。

これをもう一度 q で積分するので、見通しを良くするために $q/p = t$ とおきます。すると、

$$\int_{0}^{q/p} \mathrm{Arctan}(t)p\,dt = p\left[t\,\mathrm{Arctan}(t)\right]_{0}^{q/p} - p\int_{0}^{q/p} \frac{t}{1 + t^2} dt$$

$$(8\text{-}10\text{-}18)$$

となります。さらに $t^2 = x$ とおくと、積分できて、

---

17)　高木貞治 著,『解析概論〔改訂第 3 版〕』, 第 4 章　無限級数 一様収束, pp.168-169, 岩波書店 (1983).

$$\int_0^{q/p} \operatorname{Arctan}(t)p\,dt = p\left(\frac{q}{p}\operatorname{Arctan}\frac{q}{p} - 0\right) - \frac{p}{2}\int_0^{(q/p)^2}\frac{1}{1+x}\,dt$$

$$= q\operatorname{Arctan}\frac{q}{p} - \frac{p}{2}\left[\log\left(x+1\right)\right]_0^{(q/p)^2} \tag{8-10-19}$$

$$= q\operatorname{Arctan}\frac{q}{p} - \frac{p}{2}\left\{\log\left(\frac{q^2}{p^2}+1\right) - \log 1\right\}.$$

となり、これを整理して次式が得られます。

$$\int_0^\infty e^{-px}\frac{1-\cos qx}{x^2}\,dx = q\operatorname{Arctan}\frac{q}{p} - \frac{p}{2}\log\left(p^2+q^2\right) + p\log p. \tag{8-10-20}$$

ここで、$q=1,\,p=0$ とすると

$$\int_0^\infty \frac{1-\cos x}{x^2}\,dx = \frac{\pi}{2} \tag{8-10-21}$$

という関係が得られます。これを部分積分して、ようやく所望の式 (8-10-15) を得ます。

$$\int_0^\infty \frac{1-\cos x}{x^2} = \int_0^\infty (1-\cos x)\left(\frac{-1}{x}\right)'\,dx$$

$$= -\left\{\left[\frac{1-\cos x}{x}\right]_0^\infty - \int_0^\infty \frac{\sin x}{x}\,dx\right\}$$

$$= -\left\{0 - \lim_{b\to 0}\frac{1-\cos b}{b}\right\} + \int_0^\infty \frac{\sin x}{x}\,dx \tag{8-10-22}$$

$$= \lim_{b\to 0}\frac{0+\sin b}{1} + \int_0^\infty \frac{\sin x}{x}\,dx$$

$$= 0 + \int_0^\infty \frac{\sin x}{x}\,dx = \frac{\pi}{2}. \qquad \square$$

ラプラス変換

9.1 ラプラス変換とは

フーリエ変換は便利な数学的ツールではありますが、これまで見てきたように、対象が孤立パルスなどに制限されています。具体的にその制限とは、関数 $f(t)$ がフーリエ変換できる条件は

$$\int_{-\infty}^{\infty} |f(t)|dt = M < \infty \tag{9-1-1}$$

つまり、関数の絶対値を全領域で積分した値が有限でなければならないということでした。ところが、発振波形などはこれには収まりません。図 9-1-1 を見れば違いは明らかですね。発振回路からの出力のように、時間とともに増大するような波形も含めて解析するには、ひと工夫が必要です。

われわれが通常扱う波形では指数関数で表されるものが最も急速に増大するため、図 9-1-1 に破線で示す包絡線よりも速やかに減少する指数関数 $e^{-\alpha t}$ を掛けることで、式 (9-1-1) の条件を満たすようにします。これがラプラス変換です。

具体例を以下に示します。$x(t) = \exp(0.4t)$ は図 9-1-2 に示す増大振動波形の包絡線を表しています。これは明らかに絶対値が増大しつづける関数で、式 (9-1-1) の条件を満たしませんが、例え

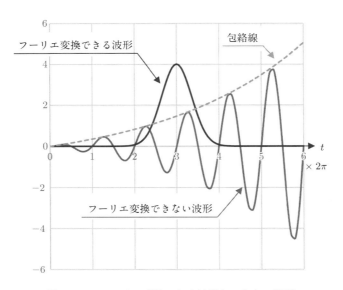

図 9-1-1 フーリエ変換できる波形とできない波形

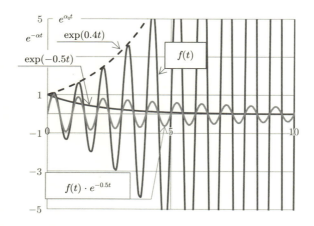

図 9-1-2 フーリエ変換できない増大波形に減少指数関数を掛けて
収束させる（収束座標の例）

ば $\exp(-\alpha_0 t) = \exp(-0.5t)$ を掛ければ収束させることができ、フーリエ変換できるようになります。この α_0 は必ずしも 0.5 である必要はありません。0.4 より少しでも大きければよいのです（$\alpha_0 > 0.4$）。このような実数 α_0（ここでは 0.4）を関数 $x(t)$ の**収束座標**とよんでいます。

　この収束座標を用いれば、増大する $f(t)$ であってもフーリエ変換可能な $g(t)$ にできます。

$$g(t) = \begin{cases} 0 & (t < 0) \\ f(t)e^{-\alpha t} & (t \geq 0) \end{cases} \tag{9-1-2}$$

$$\int_0^\infty |g(t)|dt < \infty \tag{9-1-3}$$

　ここで、t がゼロより前（$t < 0$）、つまり負の時間については $g(t)$ はゼロ（$g(t) = 0$）とおかれていることに注意しましょう。ラプラス変換では t が正の範囲しか扱わないのです。この $g(t)$ をフーリエ変換します。

$$G(\omega) = \int_{-\infty}^\infty g(t)e^{-i\omega t}dt = \int_0^\infty f(t)e^{-(\alpha + i\omega)t}dt. \tag{9-1-4}$$

ここで、$p = \alpha + i\omega$ とおくと $\frac{p-\alpha}{i} = \omega$, $\frac{dp}{i} = d\omega$ となるので、$G(\omega) = G\left(\frac{p-\alpha}{i}\right) = F(p)$ として

$$F(p) = L[f(t)] = \int_0^\infty f(t)e^{-pt}dt \tag{9-1-5}$$

が得られます。この $L[f]$ は関数 f のラプラス変換を表します。この逆変換は次式になります。

$$L^{-1}[F(p)] = \frac{1}{2\pi i}\int_{\alpha-i\infty}^{\alpha+i\infty} F(p)e^{pt}dt = f(t)U(t). \tag{9-1-6}$$

ここで、$U(t)$ は第 8 章で登場した単位ステップ関数（図 9-1-3 に再掲）で、

$$U(t) = \frac{1}{2} + \frac{1}{2}\mathrm{sgn}(t) = \begin{cases} 0 & (t < 0) \\ 1 & (t > 0) \end{cases} \tag{9-1-7}$$

と定義され、結局は負の時間（$t < 0$）では関数 $f(t)$ がゼロになるようにしています。また、積分

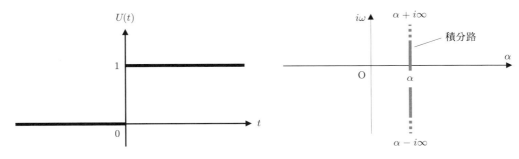

図 9-1-3 単位ステップ関数　　　　**図 9-1-4** ラプラス逆変換における積分路

範囲が $\alpha - \infty < t < \alpha + \infty$ と見慣れないものになっていますが、これについては 9.4 節で説明することにします。

　$f(t)$ を**原関数** (original function)、$F(p)$ を**像関数** (image function) とよびます。ラプラス変換は線形性があるので、原関数の和や差のラプラス変換はそれぞれを個別に変換した像関数の和や差となります。それは逆変換 $L^{-1}[F(p)]$ に関しても同じです。次式で表しておきましょう。定数倍が前へ出せるのも、通常の積分と同じです。

$$L[af_1(t) \pm bf_2(t)] = L[af_1(t)] \pm L[bf_2(t)] = aF_1(p) \pm bF_2(p), \tag{9-1-8}$$

$$L^{-1}[aF_1(p) \pm bF_2(p)] = L^{-1}[aF_1(p)] \pm L[bF_2(p)] = af_1(t) \pm bf_2(t). \tag{9-1-9}$$

9.2　ラプラス変換の例と公式

　本節ではまず、さまざまな関数のラプラス変換の例を挙げます。

【**例 9-2-1**】　**単位ステップ関数**（式 (9-1-7)、図 9-1-3）

　いま考えている変数域は t がゼロ以上 $(t \geq 0)$ の領域だけなので、単位ステップ関数は値 1 の定数関数に相当します。これをラプラス変換すると、以下のようになります。

$$L[U(t)] = \int_0^\infty 1 \cdot e^{-pt} dt = \left[\frac{e^{-pt}}{-p} \right]_0^\infty = \lim_{b \to \infty} \frac{e^{-pb} - e^0}{-p} = \frac{-1}{-p} = \frac{1}{p}. \tag{9-2-1}$$

【**例 9-2-2**】　**指数関数**

　γ を定数として、

$$f(t) = \begin{cases} 0 & (t < 0) \\ e^{\gamma t} & (t \geq 0) \end{cases} \tag{9-2-2}$$

をラプラス変換すると、

$$L\left[e^{\gamma t}\right] = \int_0^\infty e^{\gamma t} \cdot e^{-pt} dt = \int_0^\infty e^{-(p-\gamma)t} dt = \left[\frac{e^{-(p-\gamma)t}}{-(p-\gamma)} \right]_0^\infty = \frac{-1}{-(p-\gamma)} = \frac{1}{p-\gamma} \tag{9-2-3}$$

となります。定数 γ を $-\gamma$ としたときは

$$L\left[e^{-\gamma t}\right] = \int_0^\infty e^{-\gamma t} \cdot e^{-pt} dt = \int_0^\infty e^{-(p+\gamma)t} dt = \left[\frac{e^{-(p+\gamma)t}}{-(p+\gamma)}\right]_0^\infty = \frac{-1}{-(p+\gamma)} = \frac{1}{p+\gamma} \quad (9\text{-}2\text{-}4)$$

となります。

　さらに、三角関数について考えてみますが、ここでオイラーの公式が再登場します。

$$\sin\omega t = \frac{e^{i\omega t} - e^{-i\omega t}}{2i}, \quad \cos\omega t = \frac{e^{i\omega t} + e^{-i\omega t}}{2}.$$

【例 9-2-3】 $f(t) = \begin{cases} 0 & (t < 0) \\ \sin\omega t & (t > 0) \end{cases}$

$$\begin{aligned}
L[\sin\omega t] &= \int_0^\infty \frac{e^{i\omega t} - e^{-i\omega t}}{2i} \cdot e^{-pt} dt = \frac{1}{2i} \int_0^\infty \left(e^{-(p-i\omega)t} - e^{-(p+i\omega)t}\right) dt \\
&= \frac{1}{2i}\left\{\int_0^\infty e^{-(p-i\omega)t} dt - \int_0^\infty e^{-(p+i\omega)t} dt\right\} = \frac{1}{2i}\left\{\left[\frac{e^{-(p-i\omega)t}}{-(p-i\omega)}\right]_0^\infty - \left[\frac{e^{-(p+i\omega)t}}{-(p+i\omega)}\right]_0^\infty\right\} \\
&= \frac{1}{2i}\left\{\frac{-1}{-(p-i\omega)} - \frac{-1}{-(p+i\omega)}\right\} = \frac{1}{2i}\left\{\frac{1}{p-i\omega} - \frac{1}{p+i\omega}\right\} \\
&= \frac{1}{2i}\frac{(p+i\omega) - (p-i\omega)}{(p-i\omega)(p+i\omega)} = \frac{\omega}{p^2+\omega^2}.
\end{aligned}$$

$$\quad (9\text{-}2\text{-}5)$$

【例 9-2-4】 $f(t) = \begin{cases} 0 & (t < 0) \\ \cos\omega t & (t > 0) \end{cases}$

$$\begin{aligned}
L[\cos\omega t] &= \int_0^\infty \frac{e^{i\omega t} + e^{-i\omega t}}{2} \cdot e^{-pt} dt = \frac{1}{2} \int_0^\infty \left(e^{-(p-i\omega)t} + e^{-(p+i\omega)t}\right) dt \\
&= \frac{1}{2}\left\{\int_0^\infty e^{-(p-i\omega)t} dt + \int_0^\infty e^{-(p+i\omega)t} dt\right\} = \frac{1}{2}\left\{\left[\frac{e^{-(p-i\omega)t}}{-(p-i\omega)}\right]_0^\infty + \left[\frac{e^{-(p+i\omega)t}}{-(p+i\omega)}\right]_0^\infty\right\} \\
&= \frac{1}{2}\left\{\frac{-1}{-(p-i\omega)} + \frac{-1}{-(p+i\omega)}\right\} = \frac{1}{2}\left(\frac{1}{p-i\omega} + \frac{1}{p+i\omega}\right) \\
&= \frac{1}{2}\frac{(p+i\omega) + (p-i\omega)}{(p-i\omega)(p+i\omega)} = \frac{p}{p^2+\omega^2}.
\end{aligned}$$

$$\quad (9\text{-}2\text{-}6)$$

【例 9-2-5】 次に、γ を定数として、

$$f(t) = \begin{cases} 0 & (t < 0) \\ te^{-\gamma t} & (t > 0) \end{cases} \quad (9\text{-}2\text{-}7)$$

のラプラス変換を考えます。ここで、次の部分積分の公式を思い出します。

$$\int u\frac{dv}{dt} dt = [uv] - \int \frac{du}{dt} v dt.$$

すると、

$$L\left[te^{-\gamma t}\right] = \int_0^\infty te^{-\gamma t}\cdot e^{-pt}dt = \int_0^\infty te^{-(p+\gamma)t}dt = \left[t\frac{e^{-(p+\gamma)t}}{-(p+\gamma)}\right]_0^\infty - \int_0^\infty t'\frac{e^{-(p+\gamma)t}}{-(p+\gamma)}dt$$

$$= \int_0^\infty \frac{e^{-(p+\gamma)t}}{p+\gamma}dt = \left[\frac{e^{-(p+\gamma)t}}{-(p+\gamma)^2}\right]_0^\infty = \frac{1}{(p+\gamma)^2} \tag{9-2-8}$$

となり、分母が p についての二乗になりました。

　次に、このほかの公式を整理しておきましょう。$L[f(t)] = \int_0^\infty f(t)e^{-pt}dt = F(p)$ とします。

◆ **公式 1**　$L[e^{-\gamma t}f(t)]$ を求めます。

$$L[f(t)] = \int_0^\infty e^{-\gamma t}f(t)\cdot e^{-pt}dt = \int_0^\infty f(t)e^{-(p+\gamma)t}dt = F(p+\gamma). \tag{9-2-9}$$

　ラプラス変換では、積分核として指数関数 e^{-pt} を掛けて積分するので、他の指数関数 $e^{-\gamma t}$ を掛けると、像関数の変数 p が γ だけシフトすることになります（図 9-2-1 参照）。

◆ **公式 2**　波形 $f(t)$ が τ だけ遅れた波形は図 9-2-1 に示すように $f(t-\tau)\cdot U(t-\tau)$ となるので、これをラプラス変換すると、

$$L[f(t-\tau)\cdot U(t-\tau)] = \int_0^\infty f(t-\tau)\cdot U(t-\tau)e^{-pt}dt$$

$$= e^{-p\tau}\int_0^\infty f(t-\tau)\cdot U(t-\tau)e^{-p(t-\tau)}dt$$

$$= e^{-p\tau}\int_0^\infty f(t')\cdot U(t')e^{-pt'} = e^{-p\tau}F(p) \tag{9-2-10}$$

となり、シフト則が得られます。公式 1 が「指数関数 $e^{-\gamma t}$ を掛けると、像関数の変数 p が γ だけシフトする」のに対して、「時間変数 t が τ だけシフトすると像関数に指数関数 $e^{-p\tau}$ が現れる」という好対照を見せています。さらに立ち上がりが原点でなく $t=\tau$ にずれた単位ステップ関数のラプラス変換を求めるために、$f(t) = U(t)$ とおくと $F(p) = 1/p$ なので、次の公式も得られます。

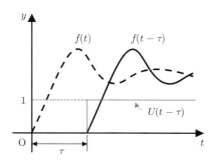

図 9-2-1　$f(t)$ を τ だけシフトした波形

◆ **公式 3**　$L[U(t - \tau)] = \dfrac{e^{-p\tau}}{p}.$　(9-2-11)

◆ **公式 4**　$L[f(at)] = \int_0^\infty f(at)e^{-pt}dt$ において $at = X$ とおくと、$dt = dX/a$ なので次の関係が得られます。

$$L[f(at)] = \int_0^\infty f(X)e^{-p\frac{X}{a}}\frac{dX}{a} = \frac{1}{a}F\left(\frac{p}{a}\right).$$　(9-2-12)

◆ **公式 5**　関数 f の微分を $df/dt = f^{(1)}$ と表すと、微分のラプラス変換は、部分積分を用いて次のようになります。

$$L\left[f^{(1)}(t)\right] = \int_0^\infty f^{(1)}(t)e^{-pt}dt = \left[f(t)e^{-pt}\right]_0^\infty - \int_0^\infty f(t)\frac{d}{dt}\left(e^{-pt}\right)dt$$
$$= \lim_{b \to \infty} f(b)e^{-pb} - f(0)e^{-p\cdot0} + p\int_0^\infty f(t)e^{-pt}dt$$　(9-2-13)
$$= -f(0) + pF(p) = pF(p) - f(0).$$

ここで、2 行目の $\lim_{b\to\infty} f(b)e^{-pb}$ の極限値がゼロになるのかいぶかっている読者もいるでしょう。我々が扱う関数では指数関数が最も急速に減少しますから、この点は心配なくゼロと考えてかまわないのです。すると、2 階微分 $f^{(2)}(t)$ 以降も同様に考えることができます。

$$L\left[f^{(2)}(t)\right] = \int_0^\infty f^{(2)}(t)e^{-pt}dt = \left[f^{(1)}(t)e^{-pt}\right]_0^\infty - \int_0^\infty f^{(1)}(t)\frac{d}{dt}\left(e^{-pt}\right)dt$$
$$= \lim_{b\to\infty}\left(f^{(1)}(b)e^{-pb}\right) - f^{(1)}(0)e^{-p\cdot0} + p\int_0^\infty f^{(1)}(t)e^{-pt}dt$$　(9-2-14)
$$= -f^{(1)}(0) + p\int_0^\infty f^{(1)}(t)e^{-pt}dt = -f^{(1)}(0) - pf(0) + p^2F(p)$$
$$= p^2F(p) - pf(0) - f^{(1)}(0),$$
$$L\left[f^{(n)}(t)\right] = p^nF(p) - p^{n-1}f(0) - p^{n-2}f^{(1)}(0) - \cdots - f^{(n-1)}(0).$$　(9-2-15)

これを見ればわかるように、微分された関数（波形）をラプラス変換すると、像関数 $F(p)$ の変数 p（複素数）が $F(p)$ に掛かります。2 階微分では p^2、n 階微分では p^n が掛かることになります。これだけを見ているとフーリエ変換で時間領域での微分がスペクトル空間では $i\omega$ を掛けることになるのに似ていますが、各微分での初期値 $f^{(n-1)}(0)$ が含まれるのがラプラス変換の特徴です。

次に、積分がラプラス変換でどうなるか見てみましょう。

◆ **公式 6**　関数 f の積分を $\int f(x)dx = f^{(-1)}$ と表すと、積分のラプラス変換は部分積分を用いて次のようになります。

$$L\left[f^{(-1)}(t)\right] = \int_0^\infty f^{(-1)}(t)e^{-pt}dt = \left[f^{(-1)}(t)\frac{e^{-pt}}{-p}\right]_0^\infty - \int_0^\infty f(t)\frac{e^{-pt}}{-p}dt$$
$$= \lim_{b\to\infty}\left(f^{(-1)}(b)\frac{e^{-pb}}{-p}\right) - f^{(-1)}(0)\frac{e^{-p\cdot0}}{-p} + \frac{1}{p}\int_0^\infty f(t)e^{-pt}dt$$　(9-2-16)
$$= \frac{f^{(-1)}(0)}{p} + \frac{F(p)}{p} = \frac{F(p)}{p} + \frac{f^{(-1)}(0)}{p},$$

$$L\left[f^{(-2)}(t)\right] = \int_0^\infty f^{(-2)}(t)e^{-pt}dt = \left[f^{(-2)}(t)\frac{e^{-pt}}{-p}\right]_0^\infty - \int_0^\infty f^{(-1)}(t)\frac{e^{-pt}}{-p}dt$$

$$= \lim_{b\to\infty}\left(f^{(-2)}(b)\frac{e^{-pb}}{-p}\right) - f^{(-2)}(0)\frac{e^{-p\cdot 0}}{-p} + \frac{1}{p}\int_0^\infty f^{(-1)}(t)e^{-pt}dt \tag{9-2-17}$$

$$= \frac{f^{(-2)}(0)}{p} + \frac{1}{p}\int_0^\infty f^{(-1)}(t)e^{-pt}dt$$

$$= \frac{f^{(-2)}(0)}{p} + \frac{1}{p}\left(\frac{f^{(-1)}(0)}{p} + \frac{F(p)}{p}\right) = \frac{F(p)}{p^2} + \frac{f^{(-1)}(0)}{p^2} + \frac{f^{(-2)}(0)}{p},$$

$$L\left[f^{(-n)}(t)\right] = \frac{F(p)}{p^n} + \frac{f^{(-1)}(0)}{p^n} + \frac{f^{(-2)}(0)}{p^{n-1}} + \cdots + \frac{f^{(-n)}(0)}{p}. \tag{9-2-18}$$

　積分された関数（波形）をラプラス変換すると、像関数 $F(p)$ が p（複素数）で割られることになります。微分と同じように初期値も $f^{(-n)}(0)/p$ のような形で必要になります。

◆ 公式 7　関数 $f(t) = t^n$ をラプラス変換しましょう。まず、例 5 の式 (9-2-8) を再掲します。

$$L\left[te^{-\gamma t}\right] = \frac{1}{(p+\gamma)^2}.$$

ここで γ をゼロとおくと、

$$L\left[te^{-0\cdot t}\right] = L[t] = \int_0^\infty t\cdot e^{-pt}dt = \frac{1}{p^2} \tag{9-2-19}$$

となるので、$f(t) = t$ $(t > 0)$ のラプラス変換が見つかりました。この両辺を形式的に p で微分すると、

$$（左辺微分）\int_0^\infty t(-t)\cdot e^{-pt}dt = -\int_0^\infty t^2\cdot e^{-pt}dt = （右辺微分）\frac{d}{dp}\left(\frac{1}{p^2}\right) = \frac{d}{dp}p^{-2} = -2p^{-3} = -\frac{2}{p^3}$$

となりますから、これを整理して

$$L\left[t^2\right] = \int_0^\infty t^2\cdot e^{-pt}dt = \frac{2}{p^3} \tag{9-2-20}$$

が得られます。これをさらに p で微分すると、

$$\int_0^\infty t^2\cdot(-t)\cdot e^{-pt}dt = -\int_0^\infty t^3\cdot e^{-pt}dt = \frac{d}{dp}\left(\frac{2}{p^3}\right) = 2\frac{d}{dp}\left(p^{-3}\right) = 2(-3)p^{-4}$$

なので、

$$L\left[t^3\right] = \int_0^\infty t^3\cdot e^{-pt}dt = \frac{3\cdot 2}{p^3} \tag{9-2-21}$$

となりますから、$f(t) = t^n$ のラプラス変換は次のようになることがわかります。

$$L\left[t^n\right] = \int_0^\infty t^n\cdot e^{-pt}dt = \frac{n!}{p^{n+1}}. \tag{9-2-22}$$

◆ 公式 8　たたみ込み積分のラプラス変換

　因果律を満たすインパルス応答のたたみ込み積分 $g(t)$ のラプラス変換（式 (8-7-4)）を考えます。

$$g(t) = \int_{-\infty}^{t} f(x)h(t-x)dx.$$

　ラプラス変換で扱う関数 $f(x)$ と $h(x)$ は、負の x のときゼロですから、図 9-2-2 に示すように $h(t-x)$ はゼロでなくてもそれらの積 $f(x)h(t-x)$ はゼロになります。そして、この積分における x の積分範囲は 0 から t としてもよいことになります。つまり、

$$g(t) = \int_{0}^{t} f(x)h(t-x)dx \tag{9-2-23}$$

のラプラス変換を考えます。これは次式で定義され、これを 2 行目のように変形します。そこでは右辺の積分核 $e^{pt} = \exp(pt)$ に $1 = \exp(0) = \exp(px - px)$ を掛けています。

$$
\begin{aligned}
L[g(t)] &= \int_{0}^{\infty} \left\{ \int_{0}^{t} f(x)h(t-x)dx \right\} e^{-pt}dt \\
&= \int_{0}^{\infty} \left\{ \int_{0}^{t} f(x)h(t-x)dx \right\} e^{-p(x-x+t)}dt.
\end{aligned}
\tag{9-2-24}
$$

　その $\exp(px - px) = e^{px}e^{-px}$ を分配して、積分が分割できるとすると、

$$L[g(t)] = \int_{0}^{\infty} f(x)e^{-px}dx \int_{x}^{\infty} h(t-x)e^{-p(t-x)}dt \tag{9-2-25}$$

となります。ここで変数変換 $t-x = X$ とおきます。すると、$dt = dX$ で、X の積分範囲はゼロから ∞ となりますから

$$H(p) = \int_{0}^{\infty} h(X)e^{-pX}dX = \int_{0}^{\infty} h(t)e^{-pt}dt \tag{9-2-26}$$

変数	下界	上界
t	x	∞
$X = t-x$	0	∞

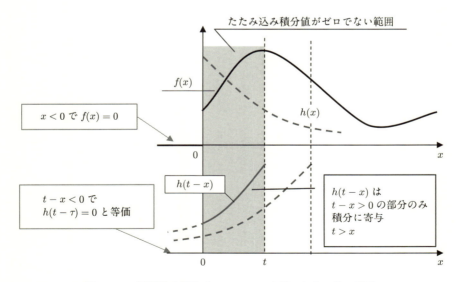

図 9-2-2　因果律を満たすインパルス応答のたたみ込み積分

であること、つまり第二の積分は $h(t)$ のラプラス変換 $H(p)$ であることがわかります。つまり、

$$L[g(t)] = \int_0^\infty f(x)e^{-px}dx \int_0^\infty h(X)e^{-pX}dX$$
$$= \int_0^\infty f(x)e^{-px}dx \int_0^\infty h(t)e^{-pt}dt = F(p)H(p)$$

(9-2-27)

と書けて、「たたみ込み積分のラプラス変換はそれぞれの関数のラプラス変換（像関数）の積になる」ことがわかりました。これはフーリエ変換の場合と同じですね。ただし、こちらの場合は式 (8-7-4) から出発したように、因果律を満たすことが前提となっています。

【例 9-2-6】 単位衝撃関数（矩形インパルス）

図 9-2-3 が示しているのは、(a) 高さが $1/\alpha$ の単位ステップ関数 $U(t)/\alpha$ と、(b) それを t の正方向に α だけシフトさせたもの $U(t-\alpha)/\alpha$ を引き算すると、(c) 面積 1 の単位衝撃関数（矩形インパルス）が得られることです。

$$f(t) = \frac{U(t) - U(t-\alpha)}{\alpha}$$

このパルスは α をどんどん小さくしていくと、原点の右側に立っていて、幅が無限に狭く、高さが無限に高いインパルス（デルタ関数 $\delta(t-0)$）に収束します。そのようなデルタ関数を考える前に、まず矩形インパルスのラプラス変換を考えてみます。

$$L[f(t)] = L\left[\frac{1}{\alpha}\{U(t) - U(t-\alpha)\}\right].$$

ここで公式 3 のシフト則を思い出すと、第 2 項のラプラス変換は $U(t)$ のラプラス変換に「位相項」が付加されたものなので

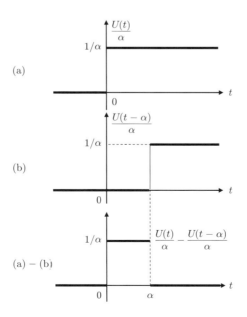

図 9-2-3 矩形インパルス

$$L[U(t - \tau)] = \frac{e^{-p\tau}}{p}$$

となりますから、

$$L[f(t)] = L\left[\frac{1}{\alpha}\{U(t) - U(t - \alpha)\}\right] = \frac{1}{\alpha}\left(\frac{1}{p} - \frac{e^{-\alpha p}}{p}\right) = \frac{1}{\alpha p}\left(1 - e^{-\alpha p}\right) \tag{9-2-28}$$

が成り立ちます。これが、矩形インパルスのラプラス変換です。この矩形インパルスの幅 α を無限に狭く、高さ $1/\alpha$ を無限に高くするとき、指数関数をマクローリン展開して最初の 2 項だけで近似します。

$$1 - e^{\alpha p} = 1 - \left(1 - \alpha p + \frac{\alpha^2 p^2}{2!} - \cdots\right) \cong \alpha p$$

$$\lim_{\alpha \to 0} \frac{1}{\alpha p}\left(1 - e^{\alpha p}\right) = \lim_{\alpha \to 0} \frac{1}{\alpha p}\left\{1 - \left(1 - \alpha p + \frac{\alpha^2 p^2}{2!} - \cdots\right)\right\}$$

$$\cong \lim_{\alpha \to 0} \frac{1}{\alpha p}\{1 - (1 - \alpha p)\} = 1 \tag{9-2-29}$$

すなわち、

$$L[\delta(t - 0)] = \int_0^\infty \delta(t - 0)e^{-pt}dt = e^{-p \cdot 0} = 1 \tag{9-2-30}$$

となります。つまり、ぎりぎり正のところに立つデルタ関数のラプラス変換は 1 です。

次にラプラス逆変換について説明しますが、その前に複素数の積分について理解する必要があります。逆変換の定義式 (9-1-6) の積分範囲が複素数になっているためです。

$$L^{-1}[F(p)] = \frac{1}{2\pi i}\int_{\alpha - i\infty}^{\alpha + i\infty} F(p)e^{pt}dt = f(t)U(t).$$

9.3 複素積分

そもそも複素積分が導入された目的は、置換積分や部分積分で太刀打ちできないような実数関数の積分を求めることにありました。それはそれで驚異的な成果を挙げているのですが、その一つの応用分野がラプラス逆変換です。変数が複素数 z の関数では、その関数値も複素数でしょう。このとき、複素数の変数を表すために複素平面が必要になります。変数 z を複素平面上に示す場合、関数 $f(z)$ の値はイメージするしかありません。

筆者も学生時代、このあたりがよくわからないままに、もやもやしていた苦い記憶が残っています。そこへ、1987 年になって長沼伸一郎さんによって大変わかりやすい解説が示されました[18]。いろいろと理解の手がかりを探していた筆者はこれを読んで、まさに「目から鱗が落ちる」思いをしました。以下に、まずその工夫を紹介します。

例えば、定数関数 $f(z) = i$ を実数軸上で 0 から 1 まで積分します。数式では、これは簡単に

---

18) 長沼伸一郎 著,『物理数学の直感的方法』, 第 8 章 複素関数・複素積分, 通商産業研究社 (1987). ただ、筆者がこの説明を知ったのは 2000 年に出版された「第 2 版」でした。

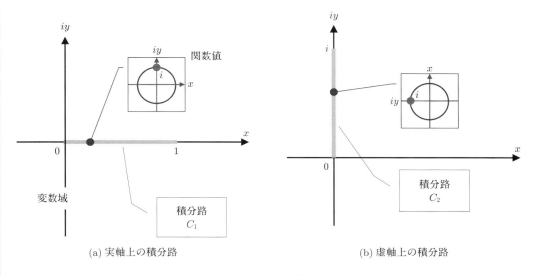

(a) 実軸上の積分路   (b) 虚軸上の積分路

図 9-3-1 定数関数の複素積分例

$$\int_{C_1} i\,dz = \int_0^1 i\,dt = i[t]_0^1 = i, \quad C_1 = \{z \mid z = t,\ 0 \le t \le 1\} \tag{9-3-1}$$

と求められます。これを図 9-3-1 (a) に示します。ここで、関数値 $f(z) = i$ を吹き出しの中の小さな複素平面に示しました。ここでは、ある変数 $z = x$ の上に画鋲をさして、そこでの関数値 $f(z) = f(x) = i$ を吹き出しの中に示しています。式 (9-3-1) は i を $0 \le x \le 1$ で積分すれば、答えは "i" であることを示しています。では、虚数軸上に沿って同じ関数を 0 から i まで定積分したらどうなるでしょうか？

図 9-3-1 (b) にその様子を示します。この方向では、積分の増分 dz は $i\,dt$ と表せますから

$$\int_{C_2} i\,dz = \int_0^i i\,dz = \int_0^1 i \cdot i\,dt = -[t]_0^1 = -1, \quad C_2 = \{z \mid z = it,\ 0 \le t \le 1\} \tag{9-3-2}$$

となり、同じ "i" を絶対値 1 ぶんだけ積分しても結果は異なることがわかります。

虚軸に沿った積分では、吹き出し内の実数軸は真上を向いています。これは、「積分路をたどる方向が、吹き出し内での x 軸の正方向になる」ことを意味しています。

この点について説明しましょう。図 9-3-2 に点線で示す点 A から点 B までの経路の長さを求めることを考えます。これは経路 AB を短い線分で分割し、この長さを足し合わせれば求まるでしょう。分割する線分を無限に短くかつ多くしていけば総和は積分となって経路 AB の長さが得られます。分割された線分の長さは実数ですから、吹き出しの中の x 軸方向に一致します。つまり、この積分（線積分の一種）において、吹き出しの中の x 軸は、積分経路の方向に一致します。

これを踏まえて図 9-3-1 (b) に戻ります。この場合、左 90 度回転した複素平面での $f(z) = i$ という関数は、外側の複素平面で見るとマイナス方向を向いて、ちょうど "-1" になっています。これを $0 \le x \le 1$ で積分すると、-1 という答えになり、式 (9-3-2) での積分計算に一致します。つまり複素積分では、「積分路をたどる方向が、吹き出し内での x 軸の正方向になる」と

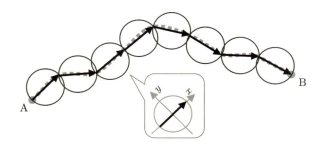

図 9-3-2　点線で示す経路 AB の長さを、分割する線分の和で求める。積分される実数値（矢印）は吹き出し中の x 軸と一致する。

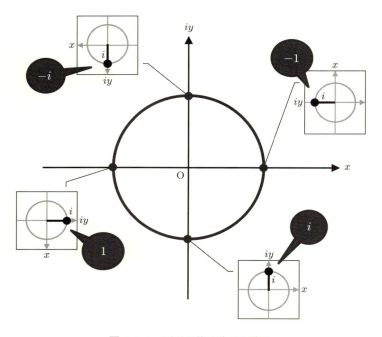

図 9-3-3　円形の積分路での積分

考え、吹き出し内での答えを外側の複素平面で読み取れば、面倒な虚数を含む変数変換をしなくても積分結果を理解できることになります。

　では、少し話を進めて、積分路が原点を中心とする円だったらどうでしょう。やはり、被積分関数は定数関数として、$f(z) = i$ を円周上で左回りに積分することを考えます（図 9-3-3）。簡単のために、図では 4 つの点しか示しませんが、吹き出しの中の x 軸が積分を進める方向を向いていることを確認しましょう。このとき、原点を挟んで対称な位置にある値は小さい複素平面の吹き出しの中では i のはずなのに、広い複素平面の立場でみると、互いに同絶対値で逆符号になっています。この例では、x 軸と交差する 2 点では -1 と $+1$ で、y 軸と交差する 2 点では $+i$ と $-i$ となって、それぞれ加えるとゼロになっています。つまり、円周上にわたって定数関数を積分すると、これらの対称な位置の値が打ち消し合って、答えはゼロになってしまいます。吹き出しの中の座標軸が回転して、定数関数が打ち消される結果、積分した結果がゼロになるのですから、これはすごい結果です。

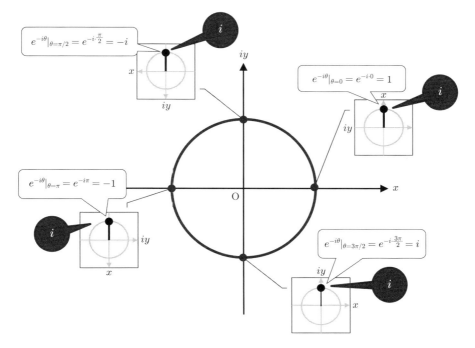

図 9-3-4 指数関数 $e^{-i\theta}$ の周回積分（$\pi/2$ の整数倍角の変数について示す）

では、どういう関数ならゼロにならないのか、考えてみましょう。一周まわって積分する間に、吹き出し中の関数値の座標軸が 逆方向に 1回転して、積分路の回転を打ち消す関数ならよいのではないでしょうか。図 9-3-4 を見てみましょう。出発点として単位円の x 軸上での値を考えましょう。ここでは偏角 θ は 0 ですから、$\exp(-i\theta)|_{\theta=0} = e^0 = 1$ ですが、積分路は虚軸に平行で上向きなので、先の定数関数の例と同じで実は "i" であることがわかります。では、$\theta = \pi/2$（90 度）地点ではどうでしょう。$\exp(-i\theta)|_{\theta=\pi/2} = e^{-i\pi/2} = -i$ のはずですが、ここでは積分路が反転して負方向を向いているため、積分値も反転して "i" となります。残りの 2 点も同様に $e^{-i\theta}$ の関数値はすべて "i" となっています。この値は、この円形の積分路どこをとっても同じですから、これを一周（2π）にわたって積分すれば、積分値は "$2\pi i$" となります。

念のため、$\pi/2$ の整数倍以外の一般の角 θ についても見ておきましょう。図 9-3-5 (1) は $\theta = 0$ の場合で、$e^{i0} = 1$ ですが、外側の複素平面で見ると積分路は上を向いていますから、複素関数値としては i になります。図 9-3-5 (2) に示すように、一般の角 θ の場合は、吹き出しの中の x 軸は上向きから左向きに θ だけ回転していますが、吹き出しの中の $e^{-i\theta}$ の角は逆に右方向に θ だけ回転します。このため、複素関数の方向（図中破線）と外の虚数軸は常に平行になるため、関数値としては常に i となるわけです。

ここで $z = e^{i\theta}$ とおくと $1/z = e^{-i\theta}$ なので、A を定数として

$$\int_C \frac{A}{z} dz = 2\pi i A \tag{9-3-3}$$

となることがわかります。さらに、以上のように考えると、この指数関数のベキ乗、つまり $z =$

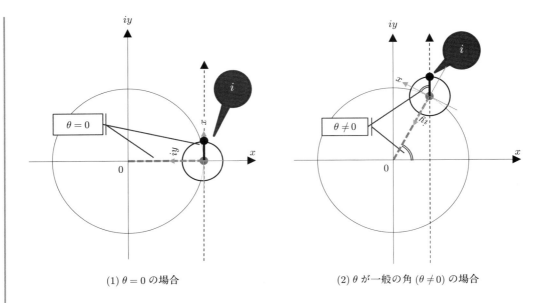

(1) $\theta = 0$ の場合　　　　　　(2) θ が一般の角 $(\theta \neq 0)$ の場合

図 9-3-5　$e^{-i\theta}$ の周回積分

$e^{in\theta}$ は、同じように打ち消しが起こって、周回積分するとすべてゼロになってしまうことがわかります。式 (9-3-3) を平行移動するのは簡単です。複素数 a だけ平行移動すると、

$$\int_C \frac{A}{z-a}dz = 2\pi iA \tag{9-3-4}$$

となります。ただし、この積分路の中に a が入っている必要はあります。ここまでくると、驚異的な公式「コーシーの積分公式」まであと一息です。

定理 9-3-1 （コーシーの積分公式）　$f(z)$ が微分可能な関数（解析的）であれば、領域 D の中の任意の点 z_0 とその領域の中の閉曲線 C に対して、

$$\int_C \frac{f(z)}{z-z_0}dz = 2\pi if(z_0) \quad \text{（コーシーの積分公式）} \tag{9-3-5}$$

が成り立ちます。これは以下のように証明されます。ここで $f(z) = f(z_0) + [f(z) - f(z_0)]$ とおくと、左辺は

$$\int_C \frac{f(z)}{z-z_0}dz = \int_C \frac{f(z_0)}{z-z_0}dz + \int_C \frac{f(z) - f(z_0)}{z-z_0}dz$$

と書き換えられますが、第 1 項は $f(z_0)$ が定数なので、式 (9-3-4) と同じですから、

$$\int_C \frac{f(z)}{z-z_0}dz = 2\pi if(z_0) + \int_C \frac{f(z) - f(z_0)}{z-z_0}dz$$

です。ここで、$f(z)$ が解析的（微分可能）という性質を使うと、第 2 項はゼロになります。それを考えるために、z を z_0 に近づけることにしましょう。ただし、$z = z_0$ のところは第 1 項が分担しているので、限りなく近づけるだけです。すると、この極限値は微分と同じです。微分可能ということは、これは微係数に収束するでしょう。つまり、微係数という定数を周回積分することにな

るため、これはゼロになります。よって、右辺第2項はゼロとなり、コーシーの積分公式 (9-3-5) が成り立つことが示されました。

　コーシーの積分公式を使えば、面倒な積分が分母をゼロとする（極の）値を代入するだけで求まってしまうのです。これはすごいことです。なお、この $f(z_0)$ は**留数**とよばれます。今後、回路や制御理論を学ぶときにお世話になる人も多いと思いますので覚えておいて損はありません。

　以上の話は「$1/z = e^{-i\theta}$ を周回積分すれば積分値はゼロになる」ということからの結論でした。では、$1/z^2 = e^{-i2\theta}$ でも同じでしょうか。次にこのことについて考えます。

　関数 $f(z)$ が閉曲線 C 内で微分可能であるとき、点 z_1, z_2 での値は、

$$f(z_1) = \frac{1}{2\pi i} \int_C \frac{f(p)}{p - z_1} dp, \quad f(z_2) = \frac{1}{2\pi i} \int_C \frac{f(p)}{p - z_2} dp \tag{9-3-6}$$

ですから、これらの差をとると次のようになります。

$$\begin{aligned} f(z_1) - f(z_2) &= \frac{1}{2\pi i} \int_C \left\{ \frac{f(p)}{p - z_1} - \frac{f(p)}{p - z_2} \right\} dp = \frac{1}{2\pi i} \int_C \frac{f(p)\{(p - z_2) - (p - z_1)\}}{(p - z_1)(p - z_2)} dp \\ &= \frac{1}{2\pi i} \int_C \frac{f(p)(z_1 - z_2)}{(p - z_1)(p - z_2)} dp. \end{aligned} \tag{9-3-7}$$

そこで、積分には関係ない $z_1 - z_2$ で両辺を割ると

$$\frac{f(z_1) - f(z_2)}{z_1 - z_2} = \frac{1}{2\pi i} \int_C \frac{f(p)}{(p - z_1)(p - z_2)} dp \tag{9-3-8}$$

となります。そこで $\Delta z = z_1 - z_2$ とおいて、これをゼロに近づけると左辺は微係数になります。

$$\lim_{\Delta z \to 0} \frac{f(z_2 + \Delta z) - f(z_2)}{\Delta z} = f'(z_2) = \frac{1}{2\pi i} \int_C \frac{f(p)}{(p - z_2)^2} dp. \tag{9-3-9}$$

結局、z_2 を変数と考えると左辺は導関数に等しくなり、

$$f'(z) = \frac{1}{2\pi i} \int_C \frac{f(p)}{(p - z)^2} dp \tag{9-3-10}$$

という公式が得られます。さらに、これを繰り返せば高階微分の公式も得られます[19]。

$$f''(z) = \frac{2!}{2\pi i} \int_{C_2} \frac{f(p)}{(p - z)^3} dp, \tag{9-3-11}$$

$$f^{(n)}(z) = \frac{n!}{2\pi i} \int_{C_2} \frac{f(p)}{(p - z)^{n+1}} dp. \tag{9-3-12}$$

つまり「$1/z^2 = e^{-2i\theta}$ を周回積分 ($\oint dz$) すれば積分値はゼロになるが、導関数が残る」のです。

【**例 9-3-1**】　公式 (9-3-11) は以下のような積分計算に使えます。

　(1) 同公式において $p = z$, $p_0 = 0$, $f(p) = e^z$ とおくと

$$\oint \frac{e^z}{z^3} dz = \frac{2\pi i}{2!} \frac{d^2}{dp^2} e^p |_{p=0} = \pi i. \tag{9-3-13}$$

　(2) 同公式において $p = 2z$, $p_0 = -i$, $f(p) = p^3$, $dp = 2dz$ とおくと

19)　寺澤寛一 著, 『自然科学者のための数学概論（増訂版）』, 5.14　Cauchy の積分表示, pp.198–199, 岩波書店 (1974).

$$\oint \frac{(2z)^3}{(2z+i)^3}(2dz) = \frac{2\pi i}{2!}\frac{d^2}{dp^2}p^3|_{p_0=-i} \quad \text{よって} \quad \oint \frac{z^3}{(2z+i)^3}dz = \frac{3\pi}{8}. \tag{9-3-14}$$

〈ノート〉　正弦積分関数の積分［2］

　第8章の最後では、正弦積分の無限大までの積分値を、複素積分を使わずに（面倒な積分計算を繰り返して）求めましたが、このコーシーの積分公式を使うと簡単に求まります。目標とする式は同じく以下の式です。

$$\int_0^\infty \frac{\sin x}{x}dx = \frac{\pi}{2}. \tag{9-3-15}$$

　まず関数 e^{iz}/z を図 9-3-6 に示す半円の扇形のような積分路に沿って積分することを考えます。この関数は $z=0$ 以外では正則（微分可能）なので、それを含まない積分路を周回積分すると、これはゼロになります。

$$\int_{c_r} \frac{e^{iz}}{z}dz + \int_r^R \frac{e^{ix}}{x}dx + \int_{C_R} \frac{e^{iz}}{z}dz + \int_{-R}^{-r} \frac{e^{ix}}{x}dx = 0. \tag{9-3-16}$$

ここで第1の積分は、原点を周回する e^{iz}/z の半周積分ですから、左回りに一周積分した

$$\int_C \frac{e^{iz}}{z}dz = 2\pi i \cdot e^{i\cdot 0} = 2\pi i \tag{9-3-17}$$

の半分ですが、まわり方が逆方向（右回り）なので

$$\int_{c_r} \frac{e^{iz}}{z}dz = -\pi i \tag{9-3-18}$$

となり、これは半径 r をゼロにならない範囲でいくら小さくしても同じです。一方、第3の積分は半径 R を無限大にするとゼロになります（証明は次のページ）。

$$\lim_{R\to\infty} \int_{C_R} \frac{e^{iz}}{z}dz = 0. \tag{9-3-19}$$

最後に第2と第4の積分を次のようにまとめます。

$$\begin{aligned}
\int_r^R \frac{e^{ix}}{x}dx + \int_{-R}^{-r} \frac{e^{ix}}{x}dx &= \int_r^R \frac{e^{ix}}{x}dx + \int_R^r \frac{e^{-ix}}{-x}(-dx) = \int_r^R \frac{e^{ix}}{x}dx - \int_r^R \frac{e^{-ix}}{x}dx \\
&= \int_r^R \frac{e^{ix}-e^{-ix}}{x}dx = 2i\int_r^R \frac{e^{ix}-e^{-ix}}{2ix}dx = 2i\int_r^R \frac{\sin x}{x}dx.
\end{aligned} \tag{9-3-20}$$

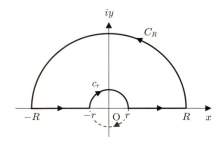

図 9-3-6　e^{iz}/z の積分路

よって、$r \to 0$, $R \to \infty$ としたときの式 (9-3-7) は次のようになります。

$$2i \int_0^\infty \frac{\sin x}{x} dx - i\pi = 0 \quad \text{つまり} \quad \int_0^\infty \frac{\sin x}{x} dx = \frac{\pi}{2}. \tag{9-3-21}$$

結局、正弦積分関数を無限大まで積分した値が、面倒な積分計算をすることなく求まりました。

式 (9-3-18) の証明[20]

　半円周 C_R の上では絶対値は R で一定なので、$z = R(\cos\theta + i\sin\theta) = Re^{i\theta}$ とおけます。すると、$dz = iRe^{i\theta}d\theta$ ですから、

$$\int_{C_R} \frac{e^{iz}}{z} dz = \int_0^\pi \frac{e^{iR(\cos\theta + i\sin\theta)}}{Re^{i\theta}} iRe^{i\theta} d\theta = i\int_0^\pi e^{iR(\cos\theta + i\sin\theta)} d\theta = i\int_0^\pi e^{-R\sin\theta} e^{iR\cos\theta} d\theta \tag{9-3-22}$$

となります。そこで、絶対値について着目すると、$\exp(iR\cos\theta)$ の絶対値は 1 ですから、

$$\left| \int_{C_R} \frac{e^{iz}}{z} dz \right| \leq \int_0^\pi e^{-R\sin\theta} d\theta = 2\int_0^{\pi/2} e^{-R\sin\theta} d\theta \tag{9-3-23}$$

となります。さて、$\frac{\sin\theta}{\theta}$ は閉区間 $\left[0, \frac{\pi}{2}\right]$ において連続で正の値をとります。そこでは図 9-3-7 に示すように $\sin\theta \geq \frac{2}{\pi}\theta$ なので、

$$\int_0^{\pi/2} e^{-R\sin\theta} d\theta \leq \int_0^{\pi/2} e^{-R\frac{2\theta}{\pi}} d\theta \leq \int_0^\infty e^{-R\frac{2\theta}{\pi}} d\theta = \frac{\pi}{-2R} \left[e^{-R\frac{2\theta}{\pi}} \right]_0^\infty = \frac{\pi}{2R} \tag{9-3-24}$$

が得られ、これを利用すると

$$\lim_{R\to\infty} \left| \int_{C_R} \frac{e^{iz}}{z} dz \right| \leq \lim_{R\to\infty} 2\int_0^{\pi/2} e^{-R\sin\theta} d\theta \leq \lim_{R\to\infty} \frac{\pi}{2R} = 0 \tag{9-3-25}$$

となり、R を無限大としたとき、C_R の部分の積分はゼロになることがわかります。　□

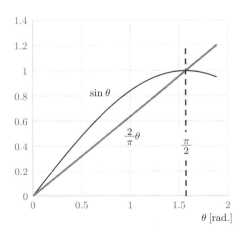

図 9-3-7　$\sin\theta \geq \frac{2}{\pi}\theta$

20)　高木貞治 著、『解析概論〔改訂第 3 版〕』、§62 定積分の計算（実変数）、pp.223-224、岩波書店 (1983).

9.4　ラプラス逆変換

コーシーの積分公式によれば、指数関数は解析的ですから、$f(p) = e^{pt}$ とおくと

$$\frac{1}{2\pi i} \int_C \frac{e^{pt}}{p-a} dp = e^{at} \tag{9-4-1}$$

のようにあっさりとラプラス逆変換が計算できます。ただし、この積分路 C が曲者です。思い出すと、ラプラス逆変換は次のように与えられるのでした（式 (9-1-6)）。

$$L^{-1}[F(p)] = \frac{1}{2\pi i} \int_{\alpha-i\infty}^{\alpha+i\infty} F(p)e^{pt} dt = f(t)U(t).$$

つまり、逆変換の積分路は $\alpha - i\infty < p < \alpha + i\infty$ であったのに対して、コーシーの積分公式では周回積分が求められています。これを実現するために、この虚軸に平行な積分路を周回積分路に含めて、その一部にすることを考えます。

　まず、図 9-4-1 を見てみましょう。ここでまたまた強力な「ジョルダン (Jordan) の定理」を紹介します。証明は章末の付録とします。

定理 9-4-1（ジョルダンの定理）　関数 $\Phi(s)$ が微分可能で、s の絶対値が大きくなると一様にゼロに収束するとき（例えば $1/z$）、以下が成立する。

$$\begin{aligned}
\lim_{R \to \infty} \int_{C_1} \Phi(s)e^{st} ds = 0 \quad (t < 0), \\
\lim_{R \to \infty} \int_{C_2} \Phi(s)e^{st} ds = 0 \quad (t > 0).
\end{aligned} \tag{9-4-2}$$

　これはつまり、$\Phi(s)$ の右側の半円路に沿った積分は、無限大の極限において時間 t が負のときにゼロ、t が正のときには左半円の積分路で積分するとゼロ、ということです（図 9-4-1）。この定理は、周回路の積分量と関数値が打ち消し合うのに対して、指数関数部分 e^{st} の減少が全体をゼロに近づけることを意味しています。これを、ラプラス逆変換式と合わせて考えます。

　ラプラス逆変換では、積分路が原点から正方向（右側）に α だけ移動した積分路に沿って、下 $(-i\infty)$ から上 $(+i\infty)$ まで積分するのですが、それを周回積分にするには 2 通りの可能性がありま

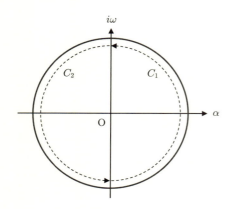

図 9-4-1　周回積分路の分割

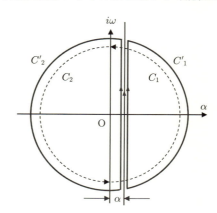

図 9-4-2　2 通りの周回積分路

す。それはつまり、右側 C_1' を通るルートと左側 C_2' を通るルートです（図 9-4-2）。

これを踏まえて式 (9-4-1) のラプラス逆変換を計算しましょう。C_1, C_2 について、異なる結果が得られます。

$$\frac{1}{2\pi i}\int_{C_1'}\frac{e^{pt}}{p-a}dp = 0 \qquad (t<0),$$
$$\frac{1}{2\pi i}\int_{C_2'}\frac{e^{pt}}{p-a}dp = e^{\alpha t} \qquad (t>0).$$

$$(9\text{-}4\text{-}3)$$

これは、右半面での周回積分が負の時間に、左半面での周回積分が正の時間に対応していることを意味しています。さらに、右半面の経路の中には極（分母 $=0$）がないから周回積分の値がゼロとなるのに対して、左半面の経路の中には $p=a$ という極を含むようにすることで、C_2 の経路の積分はゼロにならず、正の時間のみに存在していたもとの波形が逆変換で復元できたことを意味しています。これを用いて、像関数の積 $F_1(p)\cdot F_2(p)$ をラプラス逆変換してみましょう。

$$\begin{aligned}
L^{-1}[F_1(p)\cdot F_2(p)] &= \frac{1}{2\pi i}\int_{\gamma-i\infty}^{\gamma+i\infty}F_1(p)\cdot F_2(p)e^{pt}dp \\
&= \frac{1}{2\pi i}\int_{\gamma-i\infty}^{\gamma+i\infty}F_1(p)\cdot\left\{\int_0^\infty f_2(\tau)e^{-p\tau}d\tau\right\}e^{pt}dp \\
&= \int_0^\infty f_2(\tau)e^{-p\tau}d\tau\cdot\frac{1}{2\pi i}\int_{\gamma-i\infty}^{\gamma+i\infty}F_1(p)\cdot e^{p(t-\tau)}dp \\
&= \int_0^\infty f_2(\tau)e^{-p\tau}d\tau\cdot\frac{1}{2\pi i}\int_{C_2'}F_1(p)\cdot e^{p(t-\tau)}dp \\
&= \int_0^\infty f_2(\tau)f_1(t-\tau)\cdot U(t-\tau)d\tau.
\end{aligned}$$

$$(9\text{-}4\text{-}4)$$

ただし、$U(t-\tau)$ は $t-\tau<0$ でゼロなので、上の式 (9-4-4) での τ の上限は t です。これを考慮すると、

$$L^{-1}[F_1(p)\cdot F_2(p)]dp = \int_0^t f_1(t-\tau)f_2(\tau)d\tau = \int_0^t f_1(\tau)f_2(t-\tau)d\tau \qquad (9\text{-}4\text{-}5)$$

のように、たたみ込み積分に戻ることになります。

では、具体的な逆変換の計算をしてみましょう。主に使うのは部分分数展開です。

【例 9-4-1】　次の有理関数をラプラス逆変換します。以後、C_2' 閉曲線を C_2 と表記し、C_1' 側の積分は（$t<0$ で）ゼロなので省略します。

$$F(p) = \frac{p-1}{p^2+3p+2} = \frac{p-1}{(p+2)(p+1)}. \qquad (9\text{-}4\text{-}6)$$

これを部分分数に展開します。まず式 (9-4-6) を次のようにおきます。

$$\frac{p-1}{(p+2)(p+1)} = \frac{A}{p+2} + \frac{B}{p+1}. \qquad (9\text{-}4\text{-}7)$$

未定係数法を用いると

$$\frac{A}{p+2} + \frac{B}{p+1} = \frac{A(p+1)+B(p+2)}{(p+2)(p+1)} = \frac{(A+B)p+A+2B}{(p+2)(p+1)} \qquad (9\text{-}4\text{-}8)$$

となりますが、もとの式 (9-4-6) と比較すると、p の 1 次係数は 1、0 次係数は -1 ですから

$$A + B = 1, \quad A + 2B = -1$$

を解けばよいことになります。両辺を引き算すると $B = -2$ が求まり、それを第 1 式に代入して $A = 3$ を得ます。つまり、

$$\frac{p-1}{(p+2)(p+1)} = \frac{3}{p+2} - \frac{2}{p+1} \tag{9-4-9}$$

なので、$t > 0$ に対するラプラス逆変換は

$$
\begin{aligned}
f(t) = L^{-1}\left[\frac{3}{p+2} - \frac{2}{p+1}\right] &= \frac{1}{2\pi i}\int_{C_2}\left(\frac{3}{p+2} - \frac{2}{p+1}\right)e^{pt}dp \\
&= \frac{1}{2\pi i}\left(\int_{C_2}\frac{3e^{pt}}{p+2}dp - \int_{C_2}\frac{2e^{pt}}{p+1}dp\right) = 3e^{-2t} - 2e^{-t}
\end{aligned}
\tag{9-4-10}
$$

と求まりました。当然ですが、$t < 0$ に対しては $f(t) = 0$ です。

　ここで、別の解法も説明しておきましょう。まず、A を求めるために式 (9-4-7) の両辺に $p+2$ を掛けます。

$$\frac{(p-1)(p+2)}{(p+2)(p+1)} = \frac{A(p+2)}{p+2} + \frac{B(p+2)}{p+1}. \tag{9-4-11}$$

こうしておいて、p を -2 に近づけます。すると、右辺は A になりますが、左辺はどうでしょうか。こちらは、$p \to -2$ のとき $0/0$ の形になるので、このままではわかりません。そのときは、分子も分母も連続で微分可能なので、分子と分母をそれぞれ微分すればよいのでした（ロピタルの定理）。

右辺：$\displaystyle\lim_{p \to -2}\left(\frac{A(p+2)}{p+2} + \frac{B(p+2)}{p+1}\right) = A$

左辺：$\displaystyle\lim_{p \to -2}\frac{(p-1)(p+2)}{(p+2)(p+1)} = \lim_{p \to -2}\frac{(p-1)+(p+2)}{(p+2)+(p+1)} = \lim_{p \to -2}\frac{2p+1}{2p+3} = \frac{-4+1}{-4+3} = 3$ (9-4-12)

つまり、$A = 3$ と求まりました。B を求めるには、同様に、式 (9-4-7) の両辺に $p+1$ を掛けます。そうしておいて、p を -1 に近づけます。

右辺：$\displaystyle\lim_{p \to -1}\left(\frac{A(p+1)}{p+2} + \frac{B(p+1)}{p+1}\right) = B$ (9-4-13)

左辺：$\displaystyle\lim_{p \to -1}\frac{(p-1)(p+1)}{(p+2)(p+1)} = \lim_{p \to -1}\frac{(p-1)+(p+1)}{(p+2)+(p+1)} = \lim_{p \to -1}\frac{2p}{2p+3} = \frac{-2}{-2+3} = -2$

つまり、$B = -2$ ですから、式 (9-4-9) と同じ結果が得られました。どちらでもお好みの方法を使って、部分分数に展開しましょう。そうすれば、あとは暗算でラプラス逆変換は計算できます。

次のラプラス逆変換を求めてみましょう。ただし、$t \geq 0$ とします。

1. $F(p) = -\dfrac{4}{p}$

$$f(t) = \frac{1}{2\pi i} \int_{C_2} \frac{-4}{p} e^{pt} dp = -4e^{0 \cdot t} = -4. \tag{9-4-14}$$

2. $F(p) = \dfrac{1}{p+1}$

$$f(t) = \frac{1}{2\pi i} \int_{C_2} \frac{1}{p+1} e^{pt} dp = e^{-1 \cdot t} = e^{-t}. \tag{9-4-15}$$

3. $F(p) = \dfrac{1}{2p+1}$. $f(t) = \dfrac{1}{2\pi i} \displaystyle\int_{C_2} \frac{1}{2p+1} e^{pt} dp$ ですが、ここで $2p = s$ とおきます。すると、$dp = ds/2$ なので以下のように求まります。

$$f(t) = \frac{1}{2\pi i} \int_{C_2} \frac{1}{s+1} e^{\frac{s}{2}t} \frac{ds}{2} = \frac{1}{2} e^{-\frac{t}{2}}. \tag{9-4-16}$$

4. $F(p) = \dfrac{3}{p+4} - \dfrac{5}{p-2}$

$$\begin{aligned} f(t) &= \frac{1}{2\pi i} \int_{C_2} \left(\frac{3}{p+4} - \frac{5}{p-2} \right) e^{pt} dp \\ &= \frac{3}{2\pi i} \int_{C_2} \left(\frac{1}{p+4} \right) e^{pt} dp - \frac{5}{2\pi i} \int_{C_2} \left(\frac{1}{p-2} \right) e^{pt} dp = 3e^{-4t} - 5e^{2t}. \end{aligned} \tag{9-4-17}$$

5. $F(p) = \dfrac{\omega}{p^2 + \omega^2}$ も、虚数を用いると次のように部分分数に展開できます。

$$\frac{\omega}{p^2 + \omega^2} = \frac{\omega}{(p+i\omega)(p-i\omega)} = \frac{p - i\omega - (p+i\omega)}{-2i(p+i\omega)(p-i\omega)} = \frac{1}{2i} \left(\frac{1}{p - i\omega} - \frac{1}{p + i\omega} \right),$$

$$f(t) = \frac{1}{2\pi i} \int_{C_2} \frac{1}{2i} \left(\frac{1}{p - i\omega} - \frac{1}{p + i\omega} \right) e^{pt} dp = \frac{e^{i\omega t} - e^{-i\omega t}}{2i} = \sin \omega t. \tag{9-4-18}$$

6. $F(p) = \dfrac{1}{p^2}$ には微分の公式 (9-3-10) が役立ちます。

$$f'(z) = \frac{1}{2\pi i} \int_C \frac{f(p)}{(p-z)^2} dp \tag{9-3-10：再掲}$$

において、$f(p) = e^{pt}$, $z = 0$ とおくと、

$$\frac{\partial f(p)}{\partial p} = f'(p) = \frac{\partial e^{pt}}{\partial p} = te^{pt} \tag{9-4-19}$$

として、

$$\begin{aligned} f(t) &= \frac{1}{2\pi i} \int_{C_2} F(p) e^{pt} dp = \frac{1}{2\pi i} \int_{C_2} \frac{e^{pt}}{(p-0)^2} dp \\ &= \frac{1}{2\pi i} \int_{C_2} \left(\frac{1}{p^2} \right) e^{pt} dp = f'(t) \big|_{p=0} = \left(e^{pt} \right)' \big|_{p=0} = te^{pt} \big|_{p=0} = t \end{aligned} \tag{9-4-20}$$

と求まります。

原関数と像関数を表 9-4-1 にまとめておきます。

表 9-4-1　主な原関数と像関数[21]

$f(t),\, t>0$	$F(p)$	$f(t),\, t>0$	$F(p)$
1	$\dfrac{1}{p}$	$\cos(\omega t+\theta)$	$\dfrac{p\cos\theta-\omega\sin\theta}{p^2+\omega^2}$
$\delta(t)$	1	$\sin(\omega t+\theta)$	$\dfrac{p\sin\theta+\omega\cos\theta}{p^2+\omega^2}$
$e^{\alpha t}$	$\dfrac{1}{p-\alpha}$	$e^{-\alpha t}\cos(\omega t)$	$\dfrac{p+\alpha}{(p+\alpha)^2+\omega^2}$
t	$\dfrac{1}{p^2}$	$e^{-\alpha t}\sin(\omega t)$	$\dfrac{\omega}{(p+\alpha)^2+\omega^2}$
t^n	$\dfrac{n!}{p^{n+1}}$	$\cosh\alpha t$	$\dfrac{p}{p^2-\alpha^2}$
$te^{-\alpha t}$	$\dfrac{1}{(p+\alpha)^2}$	$\sinh\alpha t$	$\dfrac{\alpha}{p^2-\alpha^2}$
$\dfrac{1}{(n-1)!}t^{n-1}e^{-\alpha t}$	$\dfrac{1}{(p+\alpha)^n}$	$f'(t)=f^{(1)}(t)$	$pF(p)-f(0)$
$\dfrac{1}{a}(1-e^{-\alpha t})$	$\dfrac{1}{p(p+\alpha)}$	$\displaystyle\int f(t)dt=f^{(-1)}(t)$	$\dfrac{F(p)+f^{(-1)}(0)}{p}$

9.5　ラプラス変換の利用

　ラプラス変換を利用すると、微分方程式が p を変数とする代数方程式になるため、それを解いてから逆変換して時間変数に戻すことで微分方程式を解くことができます。これは、電気回路の動作解析にも用いられています。電圧、電流、電荷をそれぞれ $e(t),\, j(t),\, q(t)$、それらのラプラス変換を $E(p),\, J(p),\, Q(p)$ とすると、時間領域の原関数と像関数には次のような関係があります。

表 9-5-1　電気回路における変数とラプラス変換

	原関数	像関数
抵抗	$v(t)=Rj(t)$	$V(p)=RJ(p)$
コンデンサ〈静電容量〉 （キャパシタンス）	$v(t)=\frac{1}{C}q(t)$ $\frac{d}{dt}q(t)=j(t)$ $v(t)=\frac{1}{C}\int j(t)dt$	$V(p)=\frac{1}{C}Q(p)$ $pQ(p)-q(0)=J(p)$ Q を消去して $V(p)=\frac{1}{pC}\{J(p)+q(0)\}$
コイル〈線輪〉 （インダクタンス）	$v(t)=L\frac{dj(t)}{dt}$	$V(p)=pLJ(p)-Lj(0)$ $=pL\left\{J(p)-\frac{j(0)}{p}\right\}$

21)　安田一次 著,『線形回路理論—波形伝送と過渡現象—』, pp.85-93, 北海道大学図書刊行会 (1976).

【例 9-5-1】 図 9-5-1 のような $t = 0$ でスイッチを閉じる回路の動作は次のような微分方程式で表されます。

$$v(t) = L\frac{dj(t)}{dt} + Rj(t), \quad j(0) = 0. \tag{9-5-1}$$

これをラプラス変換すると、

$$\frac{V(p)}{p} = LpJ(p) + RJ(p) - Lj(0) \tag{9-5-2}$$

となり、これに初期値 $j(0) = 0$ を代入し、$J(p)$ について解くと

$$J(p) = \frac{V(p)}{p(Lp + R)} \tag{9-5-3}$$

となります。ここで $\alpha = R/L$ とおくと

$$J(p) = \frac{V}{Lp(p+\alpha)} = \frac{V}{L\alpha}\left(\frac{1}{p} - \frac{1}{p+\alpha}\right) = \frac{V}{R}\left(\frac{1}{p} - \frac{1}{p+\alpha}\right) \tag{9-5-4}$$

と部分分数に展開され、これを逆変換することで、時間波形が得られます。

$$j(t) = \frac{V_0}{R}(1 - e^{-\alpha t}). \tag{9-5-5}$$

グラフを図 9-5-2 に示します。

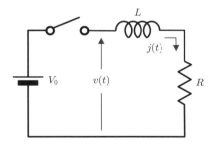

図 **9-5-1** $t = 0$ でスイッチを閉じる回路

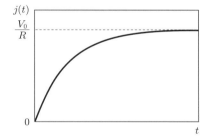

図 **9-5-2** 回路に流れる電流

9.6 伝達関数

フーリエ変換の波形とスペクトルの関係と同じような関係がラプラス変換にもあります。入力波形を $x(t)$、出力波形を $y(t)$、インパルス応答を $h(t)$ とし、それぞれの像関数を $X(p), Y(p), H(p)$ とすると、図 9-6-1 のような関係があり、この $H(p)$ は**伝達関数**とよばれます。

$$Y(p) = H(p) \cdot X(p). \tag{9-6-1}$$

つまり、時間の関数である原関数の世界では、たたみ込み積分をせねばならないところ、像関数の世界では単に積をとるだけでよいということです。その結果として得られた像関数をラプラス逆変換すれば、出力波形が得られるわけです（9.2 節 公式 8 参照）。また、$H_1(p)$ と $H_2(p)$ の回路を縦続接続すると、合成された伝達関数 $H(p)$ はそれらの積

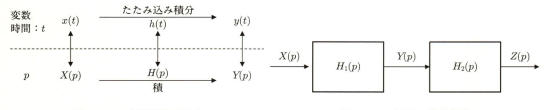

図 **9-6-1**   伝達関数 $H(p)$ 　　　　　　　　図 **9-6-2**   回路の縦続接続

$$H(p) = H_1(p) \cdot H_2(p) \tag{9-6-2}$$

で計算できます（図 9-6-2）。

　伝達関数に関する重要な点として、極と零点について整理しておきます。われわれの通常扱う範囲での伝達関数はせいぜい有理関数程度なので、次のように書けます。

$$H(p) = c\frac{(p - \beta_1)(p - \beta_2)\cdots}{(p - \alpha_1)(p - \alpha_2)\cdots}. \tag{9-6-3}$$

この $\alpha_1, \alpha_2, \ldots$ を伝達関数の**極**、$\beta_1, \beta_2, \ldots$ を伝達関数の**零点**とよんでいます。極は特に重要です。これは電気回路について方程式を立てた際、係数行列式をゼロと置いたときの方程式の解であり、回路の固有振動数において、過渡項が $A_i \exp(\alpha_i t)$ の形で現れます。抵抗、コンデンサ、インダクタで構成される回路では、過渡項が時間的に増大することはないため、α_i の実部が正になることはありません。

$$\mathrm{Re}[\alpha_i] \leq 0. \tag{9-6-4}$$

この、伝達関数の極が複素平面の右半平面にないという性質は、回路や装置の中で生じる振動が勝手に大きくならない（安定である）ことを意味する重要なものです。

【**例 9-6-1**】　図 9-6-3 の回路に次の波形を入力したときの出力電圧 $e_1(t)$ を求めましょう。

$$e_0(t) = \begin{cases} 0 & (t < 0) \\ e^{-\alpha t} & (t \geq 0) \end{cases} \tag{9-6-5}$$

これをラプラス変換すると

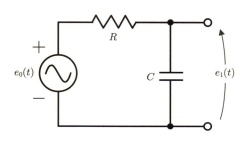

図 **9-6-3**   RC 回路

$$E_0(p) = \int_0^\infty e_0(t)e^{-pt}dt = \int_0^\infty e^{-\alpha t}e^{-pt}dt = \int_0^\infty e^{-(\alpha+p)t}dt = \frac{-1}{-(\alpha+p)} = \frac{1}{\alpha+p} \quad (9\text{-}6\text{-}6)$$

です。一方、伝達関数は直流電気回路と同様に、分圧をイメージして次のように像関数でも書かれます。

$$H(p) = \frac{\frac{1}{pC}}{R + \frac{1}{pC}} = \frac{1}{pCR+1} \quad (9\text{-}6\text{-}7)$$

ここで、$C = 1[\mathrm{F}]$, $R = 1[\Omega]$ とすると、出力 $E_1(p)$ は次のように積で計算されます。

$$E_1(p) = H(p)E_0(p) = \frac{1}{(p+1)}\frac{1}{(p+\alpha)} = \frac{A}{p+1} - \frac{B}{p+\alpha}. \quad (9\text{-}6\text{-}8)$$

最後の部分はこれを未定係数法で部分分数展開するために式変形しています。計算してみると

$$A = B, \; \alpha A - B = 1 \quad \text{より、} \quad A = \frac{1}{\alpha-1}$$

と求まります。これより

$$E_1(p) = \frac{1}{\alpha-1}\left(\frac{1}{p+1} - \frac{1}{p+\alpha}\right) \quad (9\text{-}6\text{-}9)$$

となり、これを表 9-4-1 を利用してラプラス逆変換していきます。α が 1 でないときは

$$e_1(t) = \frac{1}{\alpha-1}(e^{-t} - e^{-\alpha t}), \quad \alpha \neq 1 \quad (9\text{-}6\text{-}10)$$

です。一方、α が 1 のときは、式 (9-6-6) でそのようにおいて、

$$E_1(p)|_{\alpha=1} = H(p)E_0(p)|_{\alpha=1} = \frac{1}{(p+1)^2}, \quad (9\text{-}6\text{-}11)$$

$$e_1(t) = te^{-t}, \quad \alpha = 1 \quad (9\text{-}6\text{-}12)$$

となります。

【例 9-6-2】 ある回路に $x(t)$ を入力したところ、出力 $y(t)$ が得られたとします。このときの伝達関数 $H(p)$ と、インパルス応答 $h(t)$ を求めます。

$$x(t) = \begin{cases} 0 & (t<0) \\ e^{-t} & (t>0) \end{cases} \qquad y(t) = \begin{cases} 0 & (t<0) \\ 2e^{-t} + e^{-2t} & (t>0) \end{cases}$$

$$X(p) = \int_0^\infty e^{-t}e^{-pt}dt = \int_0^\infty e^{-(1+p)t}dt = \left[\frac{e^{-(1+p)t}}{-(1+p)}\right]_0^\infty = \frac{1}{1+p}, \quad (9\text{-}6\text{-}13)$$

$$Y(p) = \int_0^\infty \left(2e^{-t} + e^{-2t}\right)e^{-pt}dt = \int_0^\infty \left\{2e^{-(1+p)t} + e^{-(2+p)t}\right\}dt$$
$$= 2\left[\frac{e^{-(1+p)t}}{-(1+p)}\right]_0^\infty + \left[\frac{e^{-(2+p)t}}{-(2+p)}\right]_0^\infty = \frac{2}{1+p} + \frac{1}{2+p}. \quad (9\text{-}6\text{-}14)$$

これらより、伝達関数 $H(p)$ は次のように求まります。

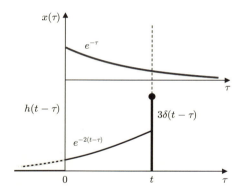

図 9-6-4　例 9-6-2 でのたたみ込み積分配置

$$H(p) = \frac{Y(p)}{X(p)} = \frac{\frac{2}{1+p} + \frac{1}{2+p}}{\frac{1}{1+p}} = 2 + \frac{1+p}{2+p} = \frac{3p+5}{p+2}. \tag{9-6-15}$$

インパルス応答 $h(t)$ も

$$
\begin{aligned}
h(t) &= \frac{1}{2\pi i} \int_{C_2} H(p)e^{pt}dp = \frac{1}{2\pi i} \int_{C_2} \frac{3p+5}{p+2}e^{pt}dp \\
&= \frac{1}{2\pi i} \int_{C_2} \left(3 - \frac{1}{p+2}\right) e^{pt}dp = 3\delta(t) - e^{-2t}
\end{aligned}
\tag{9-6-16}
$$

と求まります。

　これで一件落着なのですが、図 9-6-1 からわかるように、このインパルス応答 $h(t)$ と入力波形 $x(t)$ をたたみ込み積分すると、出力波形 $y(t)$ が求まるはずです。以下に検算してみましょう。

　定義式にそれぞれ $x(\tau), h(t-\tau)$ を代入します。図 9-6-4 に示すように τ の積分範囲は $0 \le \tau \le t$ です。

$$
\begin{aligned}
y(t) &= \int_0^\infty x(\tau)h(t-\tau)d\tau = \int_0^t e^{-\tau}\left\{3\delta\left(t-\tau\right) - e^{-2(t-\tau)}\right\}d\tau \\
&= \int_0^t e^{-\tau}\left\{3\delta\left(t-\tau\right)\right\}d\tau - \int_0^t e^{-\tau}\left\{e^{-2(t-\tau)}\right\}d\tau \\
&= 3e^{-t} - e^{-2t}\int_0^t e^{-\tau}e^{2\tau}d\tau = 3e^{-t} - e^{-2t}\int_0^t e^{\tau}d\tau = 3e^{-t} - e^{-2t}\left[e^{\tau}\right]_0^t \\
&= 3e^{-t} - e^{-2t}\left(e^t - 1\right) = 3e^{-t} - e^{-t} + e^{-2t} = 2e^{-t} + e^{-2t}.
\end{aligned}
$$

よって、例 9-6-2 で求めた出力波形がたたみ込み積分でも得られることがわかりました。

［付録］　ジョルダンの定理の証明

　解析関数 $\Phi(s)$ は、$|s|$ が増大すると一様にゼロに収束すると仮定します。まず時間 t が負なら

$$\lim_{R \to \infty} \int_{C_1} \Phi(s) e^{st} ds = 0, \quad t < 0 \tag{9-A-1}$$

を証明することになります。最初の仮定より、この関数は、$s = Re^{i\phi}$ とおいて R を十分大きくするとき、任意の小さな数 ε_0 に対して

$$|\Phi(s)| < \varepsilon_0 \tag{9-A-2}$$

とできます。このとき $ds = dRe^{i\phi} + iRd\phi e^{i\phi} = (dR + iRd\phi)e^{i\phi}$ なので、R が十分大きいときは第1項は第2項に比べて充分小さく、

$$|ds| \cong |iRe^{i\phi} d\phi| = R d\phi$$

となり、また、

$$|e^{st}| = |\exp(R(\cos\phi + i\sin\phi)t)| = \sqrt{\exp(R(\cos\phi + i\sin\phi)t) \cdot \exp\left(R(\cos\phi - i\sin\phi)t\right)}$$
$$= \sqrt{\exp\left(R(\cos\phi + i\sin\phi)t + R(\cos\phi - i\sin\phi)t\right)} = \sqrt{\exp\left(2Rt\cos\phi\right)} = e^{Rt\cos\phi}$$

ですから、右半円 C_1 上では

$$I_1 = \int_{C_1} \Phi(s) e^{st} ds \leq \varepsilon_0 R \int_{-\pi/2}^{\pi/2} e^{tR\cos\phi} d\phi = 2\varepsilon_0 R \int_0^{\pi/2} e^{tR\cos\phi} d\phi \tag{9-A-3}$$

になります。最後の変形は $\cos\phi$ が偶関数であることを利用しています。

ここで $\phi = -\phi' + \frac{\pi}{2}$ と変数変換します。すると、$\phi' = -\phi + \frac{\pi}{2}$ ですから図 9-A-1 に示すように $\cos\phi = \cos\left(-\phi' + \frac{\pi}{2}\right) = \sin\phi'$ で、微分は $d\phi = -d\phi'$、積分範囲は右のように変わります。

$$I_1 = \int_{C_1} \Phi(s) e^{st} ds \leq 2\varepsilon_0 R \int_0^{\pi/2} e^{tR\cos\phi} d\phi \tag{9-A-4}$$

$$= 2\varepsilon_0 R \int_{\pi/2}^0 e^{tR\sin\phi'}(-d\phi') = 2\varepsilon_0 R \int_0^{\pi/2} e^{tR\sin\phi} d\phi$$

ϕ	$0 \to \frac{\pi}{2}$
ϕ'	$\frac{\pi}{2} \to 0$

となります。ここで、時間 t が負 $(t < 0)$ であることを思い出すと、$tR\sin\varphi$ は負なので、R を大

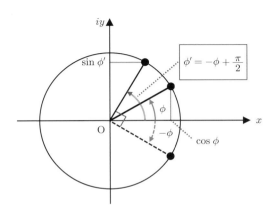

図 **9-A-1**　$\cos\phi$ から $\sin\phi'$ への変数変換

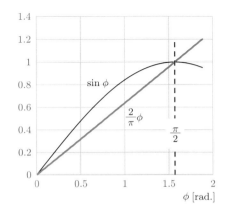

図 **9-A-2**　$0 \leq \phi \leq \frac{\pi}{2}$ では $\sin\phi \geq \frac{2}{\pi}\phi$ である

きくしていくと、積分 I_1 はどんどん小さくなります。さらに、$0 \leq \phi \leq \pi/2$ の領域では図 9-A-2 に示すように、

$$\sin \phi \geq \frac{2\phi}{\pi}$$

ですから、t が負であることを思い出すと、

$$I_1 \leq 2\varepsilon_0 R \int_0^{\pi/2} e^{tR\sin\phi}d\phi < 2\varepsilon_0 R \int_0^{\pi/2} e^{tR\frac{2}{\pi}\phi}d\phi$$

となります。この最後の積分は容易に

$$\int_0^{\pi/2} e^{tR\frac{2}{\pi}\phi}d\phi = \left[\frac{1}{tR\frac{2}{\pi}}e^{tR\frac{2}{\pi}\phi}\right]_0^{\pi/2} = \frac{\pi}{2tR}(e^{tR}-1) < -\frac{\pi}{2|t|R}e^{tR}$$

となるため、

$$I_1 \leq 2\varepsilon_0 R \int_0^{\pi/2} e^{tR\sin\phi}d\phi < 2\varepsilon_0 R \cdot \frac{\pi}{2|t|R} = \frac{\varepsilon_0 \pi}{|t|} \tag{9-A-5}$$

となります。ここで、$R \to \infty$ とすると、$\varepsilon_0 \to 0$ とできるため（式 (9-A-2) 参照）

$$\lim_{R\to\infty} \int_{C_1} \Phi(s)e^{st}ds = 0, \quad t < 0$$

が示されたことになります。

　一方、$t > 0$ のときは、同じようにして C_2 上を積分することになり、

$$I_2 = \int_{C_2} \Phi(s)e^{st}ds \leq \varepsilon_0 R \int_{\pi/2}^{3\pi/2} e^{tR\cos\phi}d\phi \tag{9-A-6}$$

φ	$\frac{\pi}{2} \to \frac{3\pi}{2}$
φ'	$-\frac{\pi}{2} \to \frac{\pi}{2}$

となりますが、ここで $\phi = \phi' - \pi$ と変数変換します。すると、微分は $d\phi = d\phi'$、積分範囲は右のように変わります。I_2 は

$$I_2 \leq \varepsilon_0 R \int_{\pi/2}^{3\pi/2} e^{tR\cos\phi}d\phi = \varepsilon_0 R \int_{-\pi/2}^{\pi/2} e^{tR\cos(\phi-\pi)}d\phi'$$

$$= \varepsilon_0 R \int_{-\pi/2}^{\pi/2} e^{-tR\cos\phi'}d\phi' = 2\varepsilon_0 R \int_0^{\pi/2} e^{-tR\cos\phi'}d\phi' \tag{9-A-7}$$

となり、これは式 (9-A-3) と同じ形で指数の符号だけが異なっています。こちらは $t > 0$ の場合なので、結局同じことになり、

$$\lim_{R\to\infty} \int_{C_2} \Phi(s)e^{st}ds = 0, \quad t > 0$$

といえます。つまり、

$$t < 0 \quad \text{なら} \quad \frac{1}{2\pi i}\int_{C_1}\frac{e^{st}}{s}ds = 0,$$

$$t > 0 \quad \text{なら} \quad \frac{1}{2\pi i}\int_{C_2}\frac{e^{st}}{s}ds = 0$$

が成り立ちます。

フーリエ変換の拡張：相関関数[22]

　通信や制御で重要なのは**通報** (message) の流れです。通報とは聞き慣れない言葉かもしれません。通報といわれて、通信における音声や映像、数値データなどはまだ思いつきやすいと思いますが、制御における製造プロセスの温度変動、レーダを用いた自動追尾システムにおける飛翔体の不規則な軌跡なども通報の一種とされます。これらに共通して重要なのは、つねに**雑音** (noise) を伴うということです。

　雑音とは、回路の中で重畳してくる熱雑音やショット雑音など電気的なものに限らず、われわれにとって不要な通報が重畳していても雑音と考えられます。ある伝送チャネルの信号が他のチャネルに入り込んでくることを混信やクロストークといいますが、あるチャネルでは通報であっても他のチャネルで不要であればそこでは雑音として扱われます。通報と雑音は、通信や制御においては中心的な役割を果たしますから、これらを適切に取り扱うことは最も重要です。

　雑音に限らず通報も、多くの場合は周期的でも過渡的でもありません。このような、将来における値を完全に予測することができない現象を**不規則過程** (random process)、そこで得られる波形などを**不規則関数** (random function) とよびます。通報と雑音を確率的概念と考える学問体系は、20 世紀に大きく二つに分かれて発展しました。一つめは、ウィーナーによって確立されたといえる**統計的通信理論**で、**相関** (correlation) を中心として、信号検出や統計的フィルタリング（濾波）と予測を取り扱います。いま一つは、シャノンによって創始された**情報理論**で、情報の発生、伝達、受信に伴う基本概念の定量的な取り扱いを基礎とするものです。本章では、相関とそれに関連する概念について学びます。

10.1　周期関数の自己相関関数

　同一の基本周波数 ω_1 をもつ周期関数 $f_1(t)$, $f_2(t)$ の**相関関数**は次のように定義されます。

$$\phi_{12}(\tau) = \frac{1}{T_1} \int_{-T_1/2}^{T_1/2} f_1(t)f_2(t+\tau)dt \tag{10-1-1}$$

ここで、τ は区間 $(-\infty, \infty)$ の連続変数で時間的な移動量（推移）を表し、t とは無関係です。相関関数の計算は、① $f_2(t)$ を τ だけシフトさせ、② $f_1(t)f_2(t+\tau)$ の積をとり、③すべての時間 t にわたって積分するという 3 段階で行われます。これにより、その τ での値が求まるので、次の τ

---

22)　この章は Y. W. リー 著, 宮川 洋・今井秀樹 訳,『不規則信号論 上』, 第 1, 2 章, 東京大学出版会 (1973) を参考にしています。ただし、同書ではフーリエ変換の定義式 (10-2-4) に係数 $1/2\pi$ がかかるとされています。

での相関値を求めるためにはまたこの計算を繰り返す必要があります。

　この ϕ_{12} のフーリエ変換を考えましょう。$f_1(t)$, $f_2(t)$ をそれぞれのフーリエ展開で表します。基本周波数は共通で ω_1 ですから、

$$f_1(t) = \sum_{n=-\infty}^{\infty} F_1(n)e^{in\omega_1 t}, \quad f_2(t) = \sum_{n=-\infty}^{\infty} F_2(n)e^{in\omega_1 t} \tag{10-1-2}$$

となります。ここで、複素スペクトル F_1, F_2 は次のように定義されます。

$$F_1(n) = \frac{1}{T_1}\int_{-T_1/2}^{T_1/2} f_1(t)e^{-in\omega_1 t}dt, \quad F_2(n) = \frac{1}{T_1}\int_{-T_1/2}^{T_1/2} f_2(t)e^{-in\omega_1 t}dt. \tag{10-1-3}$$

相関を定義した式 (10-1-1) の $f_2(t+\tau)$ をフーリエ展開で書けば

$$\phi_{12}(\tau) = \frac{1}{T_1}\int_{-T_1/2}^{T_1/2} f_1(t)f_2(t+\tau)dt = \frac{1}{T_1}\int_{-T_1/2}^{T_1/2} f_1(t)\sum_{n=-\infty}^{\infty} F_2(n)e^{in\omega_1(t+\tau)}dt \tag{10-1-4}$$

となり、総和と積分の順序を入れ替えると、

$$\phi_{12}(\tau) = \sum_{n=-\infty}^{\infty} F_2(n)e^{in\omega_1\tau}\frac{1}{T_1}\int_{-T_1/2}^{T_1/2} f_1(t)e^{in\omega_1 t}dt = \sum_{n=-\infty}^{\infty} F_2(n)e^{in\omega_1\tau}F_1^*(n)$$

となるため、結局次のように書けることになります。

$$\phi_{12}(\tau) = \frac{1}{T_1}\int_{-T_1/2}^{T_1/2} f_1(t)f_2(t+\tau)dt = \sum_{n=-\infty}^{\infty} F_1^*(n)F_2(n)e^{in\omega_1\tau}. \tag{10-1-5}$$

つまり

$$\frac{1}{T_1}\int_{-T_1/2}^{T_1/2} f_1(t)f_2(t+\tau)dt \quad \leftrightarrow \quad F_1^*(n)F_2(n) \tag{10-1-6}$$

というフーリエ変換対の関係がわかります。これを**相関定理**といいます。スペクトルは基本角周波数が ω_1 の整数倍にだけ、離散的に値があります。

　ここで、$f_1(t) = f_2(t)$ の場合は特に重要です。このとき、式 (10-1-5) は

$$\phi_{11}(\tau) = \frac{1}{T_1}\int_{-T_1/2}^{T_1/2} f_1(t)f_1(t+\tau)dt = \sum_{n=-\infty}^{\infty} F_1^*(n)F_1(n)e^{in\omega_1\tau} = \sum_{n=-\infty}^{\infty} |F_1(n)|^2 e^{in\omega_1\tau} \tag{10-1-7}$$

となります。特に、$\tau = 0$ のときには

$$\phi_{11}(0) = \frac{1}{T_1}\int_{-T_1/2}^{T_1/2} f_1^2(t)dt = \sum_{n=-\infty}^{\infty} |F_1(n)|^2 = \sum_{n=-\infty}^{\infty} \Phi_{11}(n) \tag{10-1-8}$$

という関係が得られます。これは、周期 T_1 内の $f_1(t)$ の**自乗平均値** (mean square value) が、スペクトルの自乗をすべての調波について加え合わせたものに等しいことを示しており、周期関

数に関する**パーセバルの定理**とよばれます。式 (10-1-7) の左辺は**自己相関関数** (autocorrelation function) とよばれ、そのフーリエスペクトル $\Phi_{11}(n)$ は**電力スペクトル** (power spectrum) とよばれます。整理すると、

$$\phi_{11}(\tau) = \sum_{n=-\infty}^{\infty} \Phi_{11}(n)e^{in\omega_1\tau}, \tag{10-1-9}$$

$$\Phi_{11}(n) = \frac{1}{T_1} \int_{-T_1/2}^{T_1/2} \phi_{11}(\tau)e^{-in\omega_1\tau}d\tau \tag{10-1-10}$$

となり、周期関数の自己相関関数 $\phi_{11}(\tau)$ と電力スペクトル $\Phi_{11}(n)$ は互いにフーリエ変換の関係にあることを示しています。

式 (10-1-8) の右半分は、電力スペクトルが複素スペクトルの絶対値の自乗であること、すなわち電力スペクトルの各調波の位相はすべてゼロであることを意味しています。つまり、自己相関関数 $\phi_{11}(\tau)$ は、与えられた関数 $f_1(t)$ と同一の調波成分のみから構成され、それ以外の成分は含まないこと、さらに調波の位相成分は失われていることがわかります。言い換えれば、周期関数においては、その振幅が同一ならば位相が異なっていても自己相関関数と電力スペクトルはすべて同じになるということです。

自己相関関数は τ に関して偶関数になります。それを示すために、式 (10-1-7) の左半分に注目し、τ を $-\tau$ に変えてみます。すると

$$\phi_{11}(-\tau) = \frac{1}{T_1} \int_{-T_1/2}^{T_1/2} f_1(t)f_1(t-\tau)dt$$

となり、ここで $x = t - \tau$ と変数を変換すると積分範囲は右のようになるので

下界	上界
$-T_1/2$	$T_1/2$
$-T_1/2-\tau$	$T_1/2-\tau$

$$\phi_{11}(-\tau) = \frac{1}{T_1} \int_{-T_1/2-\tau}^{T_1/2-\tau} f_1(x+\tau)f_1(x)dx$$

です。しかし、周期 T_1 の周期関数では 1 周期分の積分範囲を移動させても結果は変わらないことから

$$\phi_{11}(-\tau) = \frac{1}{T_1} \int_{-T_1/2}^{T_1/2} f_1(x+\tau)f_1(x)dx = \phi_{11}(\tau) \tag{10-1-11}$$

であることがわかります。つまり、自己相関関数 $\phi_{11}(\tau)$ は偶関数といえます。

偶関数はコサイン級数で展開できるので

$$\phi_{11}(\tau) = \sum_{n=-\infty}^{\infty} \Phi_{11}(n) \cos n\omega_1\tau \tag{10-1-12}$$

であり、

$$\Phi_{11}(n) = \frac{1}{T_1} \int_{-T_1/2}^{T_1/2} \phi_{11}(\tau) \cos n\omega_1 \tau \, d\tau \tag{10-1-13}$$

という関係が得られます。ここで整数 n は負の場合も含んでいることに注意しましょう。

　次に、周期関数 $f_1(t)$ のフーリエ級数展開係数で自己相関関数を表してみましょう。整数 n をゼロと正の場合に限ると、式 (10-1-12) は

$$\phi_{11}(\tau) = \Phi_{11}(0) + 2 \sum_{n=1}^{\infty} \Phi_{11}(n) \cos n\omega_1 \tau \tag{10-1-14}$$

となり、$f_1(t),\ F_1(n)$ は

$$f_1(t) = \frac{a_{10}}{2} + \sum_{n=1}^{\infty} (a_{1n} \cos n\omega_1 t + b_{1n} \sin n\omega_1 t), \tag{10-1-15}$$

$$F_1(n) = \frac{1}{2}(a_{1n} - ib_{1n}) \tag{10-1-16}$$

から

$$\Phi_{11}(n) = |F_1(n)|^2 = \frac{1}{2}(a_{1n} - ib_{1n}) \cdot \frac{1}{2}(a_{1n} + ib_{1n}) = \frac{1}{4}(a_{1n}^2 + b_{1n}^2) \tag{10-1-17}$$

ですから

$$\phi_{11}(\tau) = \frac{a_{10}^2}{4} + \frac{1}{2} \sum_{n=1}^{\infty} \left(a_{1n}^2 + b_{1n}^2\right) \cos n\omega_1 \tau \tag{10-1-18}$$

となります。ここで、初項 $a_{10}^2/4$ は周期関数 $f_1(t)$ の直流成分の自乗平均値です。同様に、$(a_{1n}^2 + b_{1n}^2)/2$ はその第 n 次高調波の自乗平均値となっています。さらに、

$$C_{10}^2 = \frac{a_{10}^2}{4}, \quad C_{1n}^2 = \frac{a_{1n}^2 + b_{1n}^2}{2} \quad (n > 0)$$

とおけば、式 (10-1-18) は

$$\varphi_{11}(\tau) = \sum_{n=0}^{\infty} C_{1n}^2 \cos n\omega_1 \tau \tag{10-1-19}$$

と書けることになります。例をみてみましょう。

【例 10-1-1】　次の余弦波を考えます（図 10-1-1）。

$$f_1(t) = A \cos(\omega_1 t + \theta). \tag{10-1-20}$$

これを式 (10-1-7) の左半分に代入すると、三角関数の積和の公式を思い出して、

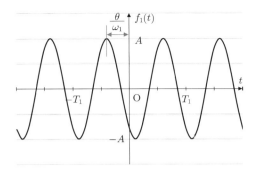

図 10-1-1 余弦波（コサイン波）

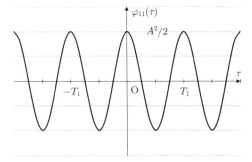

図 10-1-2 余弦波（図 10-1-1）の自己相関

$$\phi_{11}(\tau) = \frac{1}{T_1} \int_{-T_1/2}^{T_1/2} A\cos(\omega_1 t + \theta) A\cos(\omega_1(t+\tau) + \theta)dt$$

$$= \frac{A^2}{2T_1}\left\{\int_{-T_1/2}^{T_1/2}\cos(2\omega_1 t + 2\theta + \omega_1\tau)dt + \int_{-T_1/2}^{T_1/2}\cos(\omega_1\tau)dt\right\} \quad (10\text{-}1\text{-}21)$$

$$= \frac{A^2}{2T_1}\cos(\omega_1\tau)\int_{-T_1/2}^{T_1/2}1dt = \frac{A^2}{2}\cos(\omega_1\tau)$$

となります（図 10-1-2）。一方、この結果を周波数空間で考えてみますと、周波数成分は振幅 A の ω_1 成分だけですから、式 (10-1-18) より直接的に同じ結論に到達することもできます。

また、電力スペクトルは ± 1 次に等分配されるので

$$\Phi_{11}(\pm 1) = \frac{A^2}{4} \quad (10\text{-}1\text{-}22)$$

で与えられ、その単位は電力 $[W]$ です。元の波形の位相は自己相関関数には表れてこないので、もとの関数が正弦波（サイン波）でも、それから位相が $\pi/2$ だけずれた余弦波（コサイン波）でも、振幅が同じであれば結果も同じことに注意しましょう。図 10-1-1 に示す波形はそれ自体が単一の周波数しかもっていませんから、自己相関関数もそれと同じ周波数の成分のみをもつ余弦波になります（図 10-1-2 参照）。

いま一つ、例を挙げましょう。図 10-1-3 に示すように、周期 T_1、幅 b で値が 0 か E_m の値をとる周期的な矩形パルス列です。これの自己相関関数を求めるために、複素フーリエスペクトルで展開します。そのためにまず単一パルスのスペクトル C_n を求め、これが周期 T_1 で並んでいると考えます。

$$C_n = \frac{1}{T_1}\int_0^b E_m e^{-in\omega_1 t}dt = \frac{E_m}{T_1}\left[\frac{e^{-in\omega_1 t}}{-in\omega_1}\right]_0^b = \frac{E_m}{-in\omega_1 T_1}\left(e^{-in\omega_1 b} - e^0\right)$$

$$= \frac{E_m}{-in\omega_1 T_1}\left(e^{-i\frac{n\omega_1 b}{2}} - e^{i\frac{n\omega_1 b}{2}}\right)e^{-i\frac{n\omega_1 b}{2}} = \frac{2E_m}{n\omega_1 T_1}\frac{e^{i\frac{n\omega_1 b}{2}} - e^{-i\frac{n\omega_1 b}{2}}}{2i}e^{-i\frac{n\omega_1 b}{2}} \quad (10\text{-}1\text{-}23)$$

$$= \frac{E_m b}{T_1}\frac{\sin\frac{n\omega_1 b}{2}}{\frac{n\omega_1 b}{2}}e^{-i\frac{n\omega_1 b}{2}} = \frac{E_m b}{T_1}\frac{\sin\frac{n\pi b}{T_1}}{\frac{n\pi b}{T_1}}e^{-i\frac{n\omega_1 b}{2}}$$

パルス列波形 $f(t)$ としては、これをフーリエ係数とする角周波数 ω_1 の周期波形ですから、次の

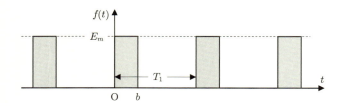

図 10-1-3　周期 T_1、幅 b で E_m の値をとる周期的な矩形パルス列

ようなフーリエ級数になります。

$$f(t) = \sum_{n=-\infty}^{\infty} C_n e^{in\omega_1 t} = \sum_{n=-\infty}^{\infty} \frac{E_m b}{T_1} \frac{\sin \frac{n\pi b}{T_1}}{\frac{n\pi b}{T_1}} e^{-i\frac{n\omega_1 b}{2}} e^{in\omega_1 t} = \sum_{n=-\infty}^{\infty} \frac{E_m b}{T_1} \frac{\sin \frac{n\pi b}{T_1}}{\frac{n\pi b}{T_1}} e^{in\omega_1 \left(t - \frac{b}{2}\right)}$$

$$(10\text{-}1\text{-}24)$$

ここで、パルス幅 b が周期の半分である場合 $(b = T_1/2)$ に限定すると、

$$f(t) = \sum_{n=-\infty}^{\infty} \frac{E_m}{2} \frac{\sin \frac{n\pi}{2}}{\frac{n\pi}{2}} \exp\left\{in\omega_1\left(t - \frac{T_1}{4}\right)\right\}$$

$$= \frac{E_m}{2} + \frac{2E_m}{\pi}\left\{\cos\omega_1\left(t - \frac{T_1}{4}\right) - \frac{1}{3}\cos 3\omega_1\left(t - \frac{T_1}{4}\right) + \frac{1}{5}\cos 5\omega_1\left(t - \frac{T_1}{4}\right) - \cdots\right\}$$

$$(10\text{-}1\text{-}25)$$

となりますから、これを式 (10-1-18) に適用すると、奇関数になっている今の場合 $a_{1n} = 0$ なので

$$\phi_{11}(\tau) = \frac{a_{10}^2}{4} + \frac{1}{2}\sum_{n=1}^{\infty}\left(a_{1n}^2 + b_{1n}^2\right)\cos n\omega_1 \tau$$

$$= \frac{E_m^2}{4} + \frac{2E_m^2}{\pi^2}\left(\cos\omega_1\tau + \frac{1}{3^2}\cos 3\omega_1\tau + \frac{1}{5^2}\cos 5\omega_1\tau + \cdots\right)$$

$$(10\text{-}1\text{-}26)$$

が得られます。これを n が 3 までと、n が 21 までについてプロットしたのが図 10-1-4 です（ただし、n は奇数のみ）。三角波になるのがわかりますが、n を 21 まで加えた計算をしても、n が 3 までとの違いは尖ったところのわずかな部分のみです。むしろ、図で考えることで波形から直接計算した方が簡単といえます。

　では、波形から自己相関関数を計算してみましょう。図 10-1-5 を見てください。

　一周期を考えれば十分で、あとは繰り返しなので、原点付近のパルスのみに注目してこれを $f(t)$ と考えます（太線）。これに対して t 軸の負の方向 τ だけずれたパルスが $f(t + \tau)$ です（破線）。高さが E_m のこれらを掛け合わせるのですから、この場合、高さ方向は E_m^2 になります。重なった部分の幅は $b - \tau$ なので、結局、相関としては定義式 (10-1-1) どおりに周期 T_1 で割って $E_m^2(b - \tau)/T_1$ となります。時間移動量 $\tau = 0$ のときは $b = T_1/2$ であったことを思い出すと、これは $E_m^2/2$ となります。重なる面積は時間移動量に比例し、$\tau = b$ のときはゼロになることから、自己相関関数 $0 < \tau < b$ の部分は $(0, E_m^2/2)$ と $(b, 0)$ を結ぶ直線となります。自己相関関数は偶関数であるため、τ が負の部分は y 軸に関して線対称になります。以上の操作は結局、図 10-1-4 の一周期分を線分で手書きしたことになります。あとは周期 T_1 で繰り返すので、まさに図 10-1-4 が描かれます。

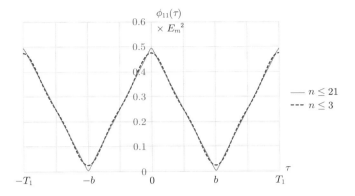

図 10-1-4 矩形パルス列の自己相関関数

式 (10-1-26) を計算したもの、ただし $b = T_1/2$.

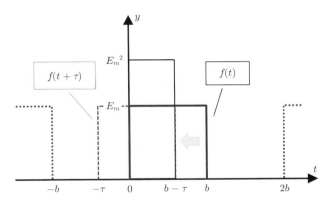

図 10-1-5 矩形パルスの自己相関計算 $(2b = T_1)$

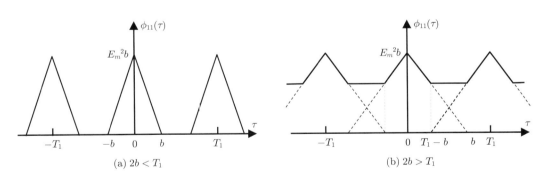

(a) $2b < T_1$ (b) $2b > T_1$

図 10-1-6 矩形パルス列の自己相関関数

　以上、パルス幅が周期の半分 $(b = T_1/2)$ の場合に限定してきましたが、それ以外のケースについても図 10-1-6 に示しておきます。(a) 周期の半分よりパルス幅が狭いときは容易に理解できると思います。(b) パルス幅が広いときは、相関をとる一方のパルスをずらしていくと、隣の周期のパルスと重なることになるため、山と山の間に平らな部分が出てきます。

10.2　孤立関数の自己相関関数

前節で議論した周期関数の周期 T_1 を無限大に伸ばせば、関数は一つだけになり、孤立（非同期）関数となります。これをフーリエ解析で扱うためには、その関数 $f(t)$ について

$$\int_{-\infty}^{\infty} |f(t)| dt \tag{10-2-1}$$

が有限である必要があります。この場合、孤立関数の相関は次式で定義されます。

$$\phi_{12}(\tau) = \int_{-\infty}^{\infty} f_1(t) f_2(t+\tau) dt. \tag{10-2-2}$$

周期関数のとき（式 (10-2-1)）には周期 T_1 で割ってあったのに、今回は割ってありません。無限大の時間で割ると、ゼロになってしまうからです。このため、スペクトルは「単位時間あたりのエネルギー（電力）」ではなく、「エネルギー」を表すことになります。当然ながら f_1, f_2 はそれぞれ有限です。それらのフーリエ変換を $F_1(\omega)$, $F_2(\omega)$ としましょう。つまり、$i=1$ または $i=2$ として、

$$f_i(t) = \frac{1}{2\pi} \int_{-\infty}^{\infty} F_i(\omega) e^{i\omega t} d\omega, \tag{10-2-3}$$

$$F_i(\omega) = \int_{-\infty}^{\infty} f_i(t) e^{-i\omega t} dt, \quad F_i^*(\omega) = \int_{-\infty}^{\infty} f_i(t) e^{i\omega t} dt \tag{10-2-4}$$

です。このとき、

$$\int_{-\infty}^{\infty} f_1(t) f_2(t+\tau) dt \quad \leftrightarrow \quad \frac{1}{2\pi} F_1^*(\omega) F_2(\omega) \tag{10-2-5}$$

を示すことができます。

それにはまず、式 (10-2-2) の中の $f_2(t+\tau)$ を、フーリエ変換 $F_2(\omega)$ を用いて表します。すると

$$f_2(t+\tau) = \frac{1}{2\pi} \int_{-\infty}^{\infty} F_2(\omega) e^{i\omega(t+\tau)} d\omega$$

ですから

$$\int_{-\infty}^{\infty} f_1(t) f_2(t+\tau) dt = \frac{1}{2\pi} \int_{-\infty}^{\infty} f_1(t) dt \int_{-\infty}^{\infty} F_2(\omega) e^{i\omega(t+\tau)} d\omega \tag{10-2-6}$$

となります。ここで積分の順序を入れ替え、さらに式 (10-2-4) を使うと

$$\int_{-\infty}^{\infty} f_1(t) f_2(t+\tau) dt = \frac{1}{2\pi} \int_{-\infty}^{\infty} F_2(\omega) e^{i\omega\tau} d\omega \int_{-\infty}^{\infty} f_1(t) e^{i\omega t} dt$$

$$= \left(\frac{1}{2\pi}\right)^2 \int_{-\infty}^{\infty} F_1^*(\omega) F_2(\omega) e^{i\omega\tau} d\omega \tag{10-2-7}$$

となり、式 (10-2-5) の関係が示されました。この逆変換は、式 (10-2-4) の 2 式を掛け合わせると

$$F_1^*(\omega) F_2(\omega) = \int_{-\infty}^{\infty} f_1(t) e^{i\omega t} dt \cdot \int_{-\infty}^{\infty} f_2(t+\tau) e^{-i\omega(t+\tau)} dt$$

$$= \int_{-\infty}^{\infty} e^{-i\omega\tau} d\tau \int_{-\infty}^{\infty} f_1(t) f_2(t+\tau) dt = \int_{-\infty}^{\infty} \phi_{12}(\tau) e^{-i\omega\tau} d\tau \tag{10-2-8}$$

となり、やはり式 (10-2-5) の関係が示されます。これを孤立関数に対する**相関定理**とよびます。

式 (10-2-7) で $\tau = 0$ とすると、

$$\int_{-\infty}^{\infty} f_1(t)f_2(t)dt = \left(\frac{1}{2\pi}\right)^2 \int_{-\infty}^{\infty} F_1^*(\omega)F_2(\omega)d\omega \tag{10-2-9}$$

という関係が得られます。これは孤立関数に対する**パーセバルの定理**とよばれる重要な関係です。二つの関数が同一の場合には、式 (10-2-7) と式 (10-2-8) は

$$\int_{-\infty}^{\infty} f_1(t)f_1(t+\tau)dt = \left(\frac{1}{2\pi}\right)^2 \int_{-\infty}^{\infty} F_1^*(\omega)F_1(\omega)e^{i\omega\tau}d\omega = \left(\frac{1}{2\pi}\right)^2 \int_{-\infty}^{\infty} |F_1(\omega)|^2 e^{i\omega\tau}d\omega,$$
$$\tag{10-2-10}$$

$$F_1^*(\omega)F_1(\omega) = |F_1(\omega)|^2 = \int_{-\infty}^{\infty} e^{-i\omega\tau}d\tau \int_{-\infty}^{\infty} f_1(t)f_1(t+\tau)dt = \int_{-\infty}^{\infty} \phi_{11}(\tau)e^{-i\omega\tau}d\tau$$
$$\tag{10-2-11}$$

となり、ここで

$$\phi_{11}(\tau) = \int_{-\infty}^{\infty} f_1(t)f_1(t+\tau)dt \tag{10-2-12}$$

を孤立関数 $f_1(t)$ の**自己相関関数**とよびます。また、

$$\Phi_{11}(\omega) = |F_1(\omega)|^2 \tag{10-2-13}$$

は $f_1(t)$ の**エネルギー密度スペクトル** (energy density spectrum) とよびます。式 (10-2-10) で $\tau = 0$ とおけば、そうよばれる理由がわかります。

$$\int_{-\infty}^{\infty} f_1^2(t)dt = \left(\frac{1}{2\pi}\right)^2 \int_{-\infty}^{\infty} |F_1(\omega)|^2 d\omega. \tag{10-2-14}$$

このとき、$f_1(t)$ を電圧 V あるいは電流 I の波形とし、電力 $P = IV = V^2/R = I^2 R$ において負荷 R が $1\,\Omega$ の純抵抗とすると、式 (10-2-14) の左辺は抵抗で消費される電力を時間で積分して求まるエネルギーであることがわかります。一方、右辺は角周波数 ω について積分したエネルギーですから、被積分関数は単位角周波数あたりのエネルギー、すなわちエネルギー密度を表していることになります。エネルギーは実空間（例えば時間を変数とする電圧波形）で求める左辺と周波数空間でエネルギースペクトルを積分して得られる右辺は等しいということです。

以上をまとめると

$$\phi_{11}(\tau) = \int_{-\infty}^{\infty} \Phi_{11}(\omega)e^{i\omega\tau}d\omega, \tag{10-2-15}$$

$$\Phi_{11}(\omega) = \frac{1}{2\pi} \int_{-\infty}^{\infty} \phi_{11}(\tau)e^{-i\omega\tau}d\tau \tag{10-2-16}$$

となります。これらは孤立関数の自己相関関数とそのエネルギー密度スペクトルが互いにフーリエ変換の関係にあることを示しています（**自己相関定理**）。ただ、もとの波形（f_1 など）が物理的な波形でなく、エネルギーという言葉が不適当な場合は、孤立関数の自己相関関数とそのスペクトルとの間のフーリエ変換関係とよぶのがふさわしいでしょう。

周期関数の自己相関関数と同じく、孤立関数でも $\phi_{11}(\tau)$ は偶関数です。これは、式 (10-2-12)

において τ を $-\tau$ と交換すればわかります。$t - \tau = x$ とおくと、

$$\phi_{11}(-\tau) = \int_{-\infty}^{\infty} f_1(t)f_1(t - \tau)dt = \int_{-\infty}^{\infty} f_1(x + \tau)f_1(x)dx = \phi_{11}(\tau) \qquad (10\text{-}2\text{-}17)$$

となりますから、$\tau = 0$ を中心として対称、すなわち偶関数といえます。偶関数はフーリエ余弦変換できるので、式 (10-2-16) と式 (10-2-17) は次のようにも表すことができます。

$$\phi_{11}(\tau) = \int_{-\infty}^{\infty} \Phi_{11}(\omega) \cos \omega \tau d\omega, \qquad (10\text{-}2\text{-}18)$$

$$\Phi_{11}(\omega) = \frac{1}{2\pi} \int_{-\infty}^{\infty} \phi_{11}(\tau) \cos \omega \tau d\tau. \qquad (10\text{-}2\text{-}19)$$

ここで、重要な性質として、$\tau = 0$ の自己相関関数の値 $\phi_{11}(0)$ は孤立関数の自乗積分値に等しいことがあります。つまり、式 (10-2-12) に $\tau = 0$ を代入すると

$$\phi_{11}(\tau)|_{\tau=0} = \phi_{11}(0) = \int_{-\infty}^{\infty} f_1(t)f_1(t + \tau)dt \bigg|_{\tau=0} = \int_{-\infty}^{\infty} f_1^2(t)dt \qquad (10\text{-}2\text{-}20)$$

が得られ、これは $f_1(t)$ の全エネルギーです。ここで周期関数のときには $\phi_{11}(0)$ は平均電力であったことを思い出しましょう。

孤立関数の自己相関関数のスペクトルは、式 (10-2-13) より

$$\Phi_{11}(\omega) = |F_1(\omega)|^2$$

ですから、フーリエスペクトル $F(\omega)$ の絶対値の自乗、すなわち $F(\omega)$ とその複素共役 $F^*(\omega)$ の積です。逆にいえば、自己相関関数のスペクトルを平方に開くことで孤立関数の振幅スペクトル $|F(\omega)|$ が求められます。

一方、位相スペクトルは絶対値の自乗をとった際に失われています。それは、スペクトル $F(\omega)$ を振幅 r と位相 θ で

$$F(\omega) \cdot F^*(\omega) = re^{i\theta} \cdot re^{-i\theta} = r^2$$

のように表して計算すると、位相 θ が打ち消しあっていることから理解できます。周期関数のときの離散スペクトルで位相が消失するのと同じように、孤立関数のときの連続スペクトルでも同様に位相スペクトルは消失します。ですから、振幅スペクトルが同じなら自己相関関数は同じになります。

いま一つ重要な性質として、自己相関関数は原点で最大値 $\phi_{11}(0)$ をとり、それ以外での自己相関関数はその絶対値が $\phi_{11}(0)$ よりも必ず小さくなるということがあります。それを示すために、次式について考えてみましょう。

$$\int_{-\infty}^{\infty} [f_1(t) \pm f_1(t + \tau)]^2 dt = \int_{-\infty}^{\infty} f_1^2(t)dt + \int_{-\infty}^{\infty} f_1^2(t + \tau)dt \pm 2 \int_{-\infty}^{\infty} f_1(t)f_1(t + \tau)dt.$$

$$(10\text{-}2\text{-}21)$$

これは、絶対値の自乗を積分したものですから $\tau = 0$ ではもともと $f_1(t) - f_1(t) = 0$ を積分するのでゼロになりますが、それ以外では正です。さらに右辺第 1 項と第 2 項は同じものなので、結局

$$\int_{-\infty}^{\infty} f_1^2(t)dt > \pm \int_{-\infty}^{\infty} f_1(t)f_1(t+\tau)dt \tag{10-2-22}$$

となります。これを自己相関関数 $\phi_{11}(\tau)$ で表すと

$$\phi_{11}(0) > \pm\phi_{11}(\tau) \quad (\tau \neq 0) \tag{10-2-23}$$

となります。これはつまり、

$$\phi_{11}(0) > |\phi_{11}(\tau)| \quad (\tau \neq 0) \tag{10-2-24}$$

ということを意味しています。結局、自己相関関数は原点で最大値 $\phi_{11}(0)$ をとり、それ以外での自己相関関数の絶対値は $\phi_{11}(0)$ よりも必ず小さくなることが示されました。

では例として、周期関数のときと同じように非周期矩形パルスの自己相関関数を求めてみましょう。ただし、今度は図 10-2-1 に示すような幅 b の孤立パルスです。自己相関をとる操作を図 10-2-2 に示します。周期的でないことを除けば、前節の例と同じです。相関をとる $f(t)$ と $f(t+\tau)$ のパルスの高さがどちらも E_m ですから、その積は E_m^2 で、重なった部分の幅が $b-\tau$ ですから、時間差 τ における自己相関関数 $\phi(\tau)$ は $E_m^2(b-\tau)$ となります。自己相関関数は偶関数なので、時間差 τ は正でも負でも同じ結果になります。結局、すべての τ についてまとめると、次のようになります。

$$\phi_{11}(\tau) = \begin{cases} E_m^2(b-|\tau|) & (0 \leq \tau \leq b) \\ 0 & (\tau < -b, \ \tau > b) \end{cases} \tag{10-2-25}$$

これを図 10-2-3 に図示します。図 10-2-1 は原点 $t=0$ で立ち上がるパルスですが、原点以外で立ち上がっても自己相関関数 $\phi_{11}(\tau)$ は同じになることに注意しましょう。このパルスが電圧または電流のパルスを表しているとき、そのエネルギー密度スペクトルは式 (10-2-25) のフーリエ余弦変換で求まります。

もともと時間差変数 τ は $(-b, b)$ ですが、これを正に限って $(0, b)$ としてから積分値を2倍すればよいのでした。

$$\Phi_{11}(\omega) = \frac{1}{2\pi}\int_{-b}^{b} E_m^2(b-|\tau|)\cos\omega\tau d\tau = \frac{2E_m^2}{2\pi}\int_0^b (b-\tau)\cos\omega\tau d\tau. \tag{10-2-26}$$

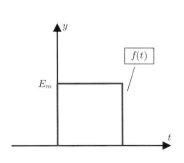

図 **10-2-1** 矩形パルス（幅 b）

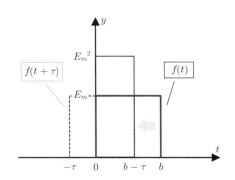

図 **10-2-2** 矩形パルスの自己相関操作

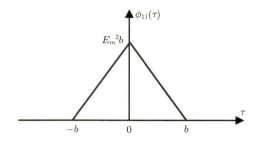

図 10-2-3　矩形孤立パルスの自己相関関数

これを部分積分します。

$$\Phi_{11}(\omega) = \frac{E_m^2}{\pi} \int_0^b (b-\tau) \left(\frac{\sin \omega\tau}{\omega} \right)' d\tau = \frac{E_m^2}{\pi} \left\{ \left[(b-\tau) \frac{\sin \omega\tau}{\omega} \right]_0^b - \int_0^b (b-\tau)' \frac{\sin \omega\tau}{\omega} d\tau \right\}$$

$$= \frac{E_m^2}{\pi} \int_0^b \frac{\sin \omega\tau}{\omega} d\tau = \frac{E_m^2}{\omega\pi} \left[-\frac{\cos \omega\tau}{\omega} \right]_0^b = -\frac{E_m^2}{\omega^2\pi} \left\{ \cos(\omega b) - 1 \right\}. \qquad (10\text{-}2\text{-}27)$$

ここで、半角の公式（右の囲み参照）を使うと

$$\Phi_{11}(\omega) = -\frac{E_m^2}{\omega^2\pi} \{ \cos(\omega b) - 1 \}$$

$$= \frac{2E_m^2}{\omega^2\pi} \sin^2(\omega b/2)$$

$$= \frac{2E_m^2}{\omega^2\pi} \left(\frac{\omega b}{2} \right)^2 \frac{\sin^2(\omega b/2)}{(\omega b/2)^2}$$

$$= \frac{E_m^2 b^2}{2\pi} \left\{ \frac{\sin(\omega b/2)}{\omega b/2} \right\}^2 \qquad (10\text{-}2\text{-}28)$$

$$\cos(\alpha + \beta) = \cos\alpha \cos\beta - \sin\alpha \cos\beta$$
$$-) \quad \cos(\alpha - \beta) = \cos\alpha \cos\beta + \sin\alpha \cos\beta$$
$$\overline{\cos(\alpha + \beta) - \cos(\alpha - \beta) = -2\sin\alpha \cos\beta}$$

ここで $\alpha = \beta$ とおくと

$$\cos(2\alpha) - \cos(0) = -2\sin^2 \alpha$$
$$-(\cos(2\alpha) - 1) = 2\sin^2 \alpha$$
$$-(\cos(\alpha) - 1) = 2\sin^2 \frac{\alpha}{2}$$

と求められます。

　ここで、式 (10-2-13) を見ると、これは振幅スペクトルを自乗しても求められるはずです。念のため確認してみましょう。図 10-2-1 のスペクトルを求めます。

$$F(\omega) = \frac{1}{2\pi} \int_{-\infty}^{\infty} f(t) e^{-i\omega t} dt = \frac{1}{2\pi} \int_0^b E_m e^{-i\omega t} dt$$

$$= \frac{E_m}{2\pi} \left[\frac{e^{-i\omega t}}{-i\omega} \right]_0^b = \frac{E_m}{2\pi} \cdot \frac{e^{-i\omega b} - 1}{-i\omega} = \frac{E_m}{-\pi\omega} e^{-i\frac{\omega b}{2}} \frac{e^{-i\frac{\omega b}{2}} - e^{i\frac{\omega b}{2}}}{2i} \qquad (10\text{-}2\text{-}29)$$

$$= \frac{E_m b}{2\pi} e^{-i\frac{\omega b}{2}} \frac{e^{i\frac{\omega b}{2}} - e^{-i\frac{\omega b}{2}}}{2i \frac{\omega b}{2}} = \frac{E_m b}{2\pi} e^{-i\frac{\omega b}{2}} \frac{\sin \frac{\omega b}{2}}{\frac{\omega b}{2}}.$$

スペクトルの絶対値が振幅スペクトルですから、それは

$$|F(\omega)| = \frac{E_m b}{2\pi} \left| \frac{\sin \omega b/2}{\omega b/2} \right| \qquad (10\text{-}2\text{-}30)$$

となります。$\exp(i\omega b/2)$ の絶対値は 1 なので、見えなくなっています。よって

$$\Phi_{11}(\omega) = 2\pi \cdot |F(\omega)|^2 = 2\pi \frac{E_m^2 b^2}{(2\pi)^2} \left(\frac{\sin \omega b/2}{\omega b/2} \right)^2 \qquad (10\text{-}2\text{-}31)$$

となり、式 (10-2-28) と一致します。矩形孤立パルス（幅 b）のエネルギー密度スペクトル $\Phi_{11}(\omega)$ とスペクトル $F(\omega)$ の $\exp(i\omega b/2)$ を除いた部分を図 10-2-4 に示します。

また、これらをまとめた関係を図 10-2-5 に示しますが、ここではパルス幅が T となっていますのでご注意ください。要するに、スペクトルが $F(\omega)$ である波形 $f(t)$ の自己相関関数 ϕ_{11} のスペクトル Φ_{11} は「$F(\omega)$ の絶対値の自乗」になっているということです。

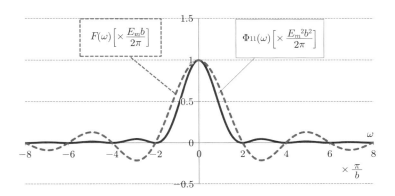

図 10-2-4　矩形パルスのフーリエ変換 $F(\omega)$ とエネルギー密度スペクトル $\Phi_{11}(\omega)$

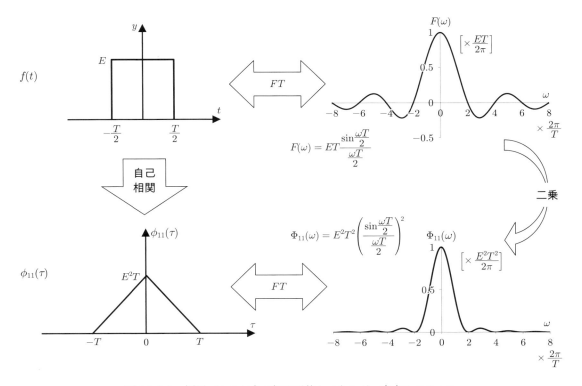

図 10-2-5　矩形パルスの自己相関関数とエネルギー密度スペクトル

ここで "FT" は「フーリエ変換対」であることを示します。

10.3 相互相関関数

次に、相関をとる二つの関数 $f_1(t),\ f_2(t)$ が異なる場合について考えてみましょう。相互相関関数は $\phi_{12}(\tau)$ で表されます。

$$\phi_{12}(\tau) = \int_{-\infty}^{\infty} f_1(t)f_2(t+\tau)dt. \tag{10-3-1}$$

エネルギー密度スペクトルと同様に、**相互エネルギー密度スペクトル** (cross-energy density spectrum) $\Phi_{12}(\omega)$ が

$$\Phi_{12}(\omega) = 2\pi F_1^*(\omega)F_2(\omega) \tag{10-3-2}$$

で定義されます。自己相関関数の場合と同じように、**エネルギー**という用語が混乱をまねくおそれがある場合は単に $\phi_{12}(\tau)$ の**スペクトル**とよびましょう。

フーリエ変換の関係は次のようになります。

$$\phi_{12}(\tau) = \int_{-\infty}^{\infty} \Phi_{12}(\omega)e^{i\omega\tau}d\omega, \tag{10-3-3}$$

$$\Phi_{12}(\omega) = \frac{1}{2\pi}\int_{-\infty}^{\infty} \phi_{12}(\tau)e^{-i\omega\tau}d\tau. \tag{10-3-4}$$

この可逆関係を孤立関数に対する**相互相関定理**とよんでいます。関数 $f_2(t)$ の代わりに $f_1(t)$ に時間推移 τ を与えると、次のようになります。

$$\phi_{21}(\tau) = \int_{-\infty}^{\infty} f_2(t)f_1(t+\tau)dt. \tag{10-3-5}$$

ここで、実際の計算例を見てみましょう。三角形が二つ並んだ波形を $f_1(t)$ とします。これに対して幅が 5 [時間単位] の矩形パルスを f_2 として相互相関を計算します。

図 10-3-1 を見てください。時間差 $\tau = 0$ である右のパルスから τ を増やしながら（矩形を左方向に動かしながら）f_1 と重なる部分の面積が $\phi_{12}(\tau)$ となります。例えば同図では、時間差 $\tau = 24$ [時間単位] の f_2 パルスとの重なりを示しています。

この相互相関関数 $\phi_{12}(\tau)$ をプロットしたのが図 10-3-2 です。この図の中で特に示した値 (24, 0.6) は前図の斜線部分の面積値に相当します。時間をずらして（推移）、掛け算をして（乗算）、足し合わせた（積分）結果が相関関数になるというプロセスが理解できるでしょう。

ここで、時間推移を入れ替えると相関関数は折り返されます。つまり、変数を $x = t - \tau$ と変換すると、$\phi_{12}(\tau)$ は

$$\phi_{12}(-\tau) = \int_{-\infty}^{\infty} f_1(t)f_2(t-\tau)dt = \int_{-\infty}^{\infty} f_1(x+\tau)f_2(x)dx = \int_{-\infty}^{\infty} f_2(x)f_1(x+\tau)dx = \phi_{21}(\tau) \tag{10-3-6}$$

となりますから、結局

$$\phi_{12}(-\tau) = \phi_{21}(\tau) \tag{10-3-7}$$

なる関係が得られます。これは相互相関関数のグラフが τ 軸の正の部分と負の部分が折り返され

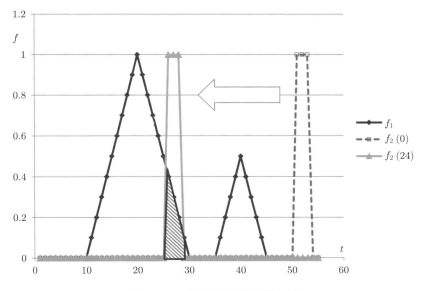

図 10-3-1 相互相関関数計算の例

斜線部分の面積が $\phi_{12}(24)$ に相当。

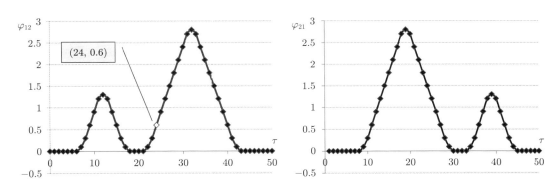

図 10-3-2 図 10-3-1 の相互相関関数　　　　**図 10-3-3** 時間推移を逆転した場合の相互相関関数

示した値 $(24, 0.6)$ は図 10-3-1 の斜線部分の面積値に相当。

た関係になっていることを示しています。図 10-3-1 でいえば、矩形パルスを左から右へシフトさせながら重なり部分の面積をプロットしたことに相当します。具体的に計算した例を図 10-3-3 に示します。図 10-3-2 と比べると、左右が反転していることがわかるでしょう。

10.4　不規則信号の自己相関関数

　これまで扱ってきた周期関数と孤立関数は、装置のスイッチを入れれば同じように変動する波形として観測されます。例えば、正常な波形発生器からは必ず正弦波や矩形波が得られ、雑音を気にしなければ常に同一の波形が得られます。複数の波形発生器のスイッチを入れたとき、そのタイミングが違えば波形も違うといえますが、時間遅れを除いて考えれば同一波形が得られたといえるで

しょう。

　これに対して、本質的に同じ条件の下で実験したとき、時間遅れを考えても同一の結果が得られ
ない場合、われわれは不規則な現象を見ていることになります。これは、観測している量の変動が
時間の関数として厳密には予測できないことを示しています。

　まず、この不規則関数は、実際に計算するときはその一部を取り出すのですが、無限の過去から
未来へ続くものと仮定します。次に、通信などの問題では、ただ一つの不規則関数だけが対象とな
るのではなく、同じような送信源からの不規則関数の集合が解析の対象となります。同じデジタ
ル信号を取り扱うにしても、ある瞬間を切り取ると「1」が多かったり、逆に「0」連続や「1010」
交番などが多かったりしますが、どれに対してもシステムは正常に働かなければなりません。ま
た、それらの信号には雑音などの妨害信号も重畳してきます。

　つまり、本質的に同一の条件の下で、同じような性質の発生源から得られるすべての雑音を含む
通報波形の集合や雑音波形の集合は無限の不規則関数の集合を形成することになります。そのよう
な通報や雑音の集合を**確率集合**（アンサンブル ensemble）とよびます。特に、確率集合のなかの
特定の関数を指定するときには、その**見本関数** (member function) とよぶことにします。確率集
合を記述するには、見本関数すべてに共通する平均的な量を見出す必要があります。そのときに特
に重要となるのは自己相関関数 (autocorrelation function) です。

　図 10-4-1 のような不規則波形（関数）は雑音を観測するときなどによく出会うもので、一定の
条件で実験を行っても同一の波形は得られません。この場合、無限時間区間を考えるとエネルギー
は無限に発散してしまうという困難を回避するために、単位時間あたりについて考えることにしま
す。観測の対象を有限の時間間隔 $2T$ に限定して、まず観測時間内の平均電力 P_T を考えます。図
10-4-2 に示すように、観測時間 $2T$ 以外はゼロとなる波形（截断波形 truncated function）$g_T(t)$
を用いると、

$$P_T = \frac{1}{2T} \int_{-T}^{T} |g(t)|^2 dt = \frac{1}{2T} \int_{-\infty}^{\infty} |g_T(t)|^2 dt \tag{10-4-1}$$

と書くことができます。絶対値が T より大きい時間 t に波形 $g(t)$ はないので、$g(t)$ の自己相関関
数は

$$\phi_{11}(\tau) = \frac{1}{2T} \int_{-T}^{T} g_1(t) g_1(t+\tau) dt \tag{10-4-2}$$

と表されます。ここで重要なのは、確率集合に含まれるすべての見本関数は同じ自己相関関数をも

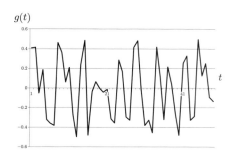

図 10-4-1　非周期波形の例

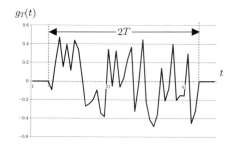

図 10-4-2　截断された非周期波形例

つと仮定することです。

前節までで見てきたように、周期関数や孤立関数の自己相関関数は偶関数でした。不規則関数でもこれが成立することが考えられます。具体的に見るために時間推移 τ を反転させてみましょう。

$$\phi_{11}(-\tau) = \lim_{T \to \infty} \frac{1}{2T} \int_{-T}^{T} g_1(t) g_1(t - \tau) dt. \tag{10-4-3}$$

ここで、$x = t - \tau$ とおくと

$$\phi_{11}(-\tau) = \lim_{T \to \infty} \frac{1}{2T} \int_{-T-\tau}^{T-\tau} g_1(x + \tau) g_1(x) dx$$

となります。しかし積分範囲 $2T$ を固定したまま平行移動しても、結局は $T \to \infty$ の極限操作をとると違いはなくなりますから

$$\phi_{11}(-\tau) = \lim_{T \to \infty} \frac{1}{2T} \int_{-T}^{T} g_1(x) g_1(x + \tau) dx \tag{10-4-4}$$

と書いても同じです。つまり、

$$\phi_{11}(-\tau) = \phi_{11}(\tau) \tag{10-4-5}$$

が成り立つため、この不規則関数に対する自己相関関数 ϕ_{11} も偶関数であるといえます。

ここで周期関数に対する自己相関定理に立ち戻って、その極限を求めることで不規則関数に関するウィーナーの定理を導いてみましょう。周期関数に関する式 (10-1-9)、式 (10-1-10) を再掲すると

$$\phi_{11}(\tau) = \sum_{n=-\infty}^{\infty} \Phi_{11}(n) e^{in\omega_1 \tau}, \tag{10-4-6}$$

$$\Phi_{11}(n) = \frac{1}{T_1} \int_{-T_1/2}^{T_1/2} \phi_{11}(\tau) e^{-in\omega_1 \tau} d\tau \tag{10-4-7}$$

です。これらより

$$\phi_{11}(\tau) = \sum_{n=-\infty}^{\infty} e^{in\omega_1 \tau} \frac{1}{T_1} \int_{-T_1/2}^{T_1/2} \phi_{11}(\mu) e^{-in\omega_1 \mu} d\mu \tag{10-4-8}$$

が得られ、これは周期関数 $f_1(t)$ の自己相関関数 $\phi_{11}(\tau)$ のフーリエ表現です。ここで、$\phi_{11}(\tau)$ の定義を思い出すと、

$$\phi_{11}(\tau) = \lim_{T \to \infty} \frac{1}{T_1} \int_{-T_1/2}^{T_1/2} f_1(t) f_1(t + \tau) dt \tag{10-4-9}$$

でしたから、ここで周期 T_1 を限りなく大きくしていけば、周期関数 $f_1(t)$ は不規則関数 $g_1(t)$ に近づきます。式 (10-4-8) の $1/T_1$ は角周波数の微分 $d\omega/2\pi$ に近づき、$n\omega_1$ は連続的な角周波数変数 ω となり、総和は積分範囲 $(-\infty, \infty)$ での積分になります。つまり

$$\int_{-\infty}^{\infty} |\phi_{11}(\tau)| d\tau \tag{10-4-10}$$

が有限である限り、

$$\phi_{11}(\tau) = \frac{1}{2\pi} \int_{-\infty}^{\infty} e^{in\omega\mu} \int_{-\infty}^{\infty} \phi_{11}(\mu) e^{-in\omega\mu} d\mu \tag{10-4-11}$$

と表されることがわかります。

この後半の積分を

$$\Phi_{11}(\omega) = \frac{1}{2\pi} \int_{-\infty}^{\infty} \phi_{11}(\tau) e^{-i\omega\tau} d\tau \tag{10-4-12}$$

と書けば、$\phi_{11}(\tau)$ が非周期関数ですから $\Phi_{11}(\omega)$ は連続スペクトルです。さらに式 (10-4-12) は

$$\phi_{11}(\tau) = \int_{-\infty}^{\infty} \Phi_{11}(\omega) e^{i\omega\tau} d\omega \tag{10-4-13}$$

と書けることがわかります。さらに $\phi_{11}(\tau)$ が実数の偶関数であることを利用すると、余弦変換でこれらが表されます。

$$\Phi_{11}(\omega) = \frac{1}{2\pi} \int_{-\infty}^{\infty} \phi_{11}(\tau) \cos\omega\tau d\tau, \tag{10-4-14}$$

$$\phi_{11}(\tau) = \int_{-\infty}^{\infty} \Phi_{11}(\omega) \cos\omega\tau d\omega. \tag{10-4-15}$$

さらに時間差 $\tau = 0$ では

$$\phi_{11}(0) = \int_{-\infty}^{\infty} \Phi_{11}(\omega) d\omega$$

なる関係が得られます。これは不規則関数 $g_1(t)$ の自乗平均値であることは式 (10-4-9) からも明らかです。

$$\phi_{11}(0) = \lim_{T\to\infty} \frac{1}{2T} \int_{-T}^{T} g_1^2(t) dt = \int_{-\infty}^{\infty} \Phi_{11}(\omega) d\omega.$$

負荷が $1\,\Omega$ の純抵抗で、この波形が電圧または電流を表すときには、これは $g_1(t)$ の平均電力を表します。ただし、ここで $g_1(t)$ には交流（周期）成分や直流成分は含まれないものと仮定します。

$g_T(t)$ のフーリエ変換を $G_T(\omega)$ とすると、パーセバルの等式は次のようになります。

$$P_T = \int_{-\infty}^{\infty} \frac{|g_T(t)|^2}{T} dt = \frac{1}{2\pi} \int_{-\infty}^{\infty} \frac{|G_T(\omega)|^2}{T} d\omega. \tag{10-4-16}$$

ここで観測時間 T を無限に大きくすると、$g_T(t)$ は $g(t)$ に近づき、$G_T(\omega)$ は $G(\omega)$ に限りなく近づくことになりますから、不規則波形の平均電力を次式で確定できます。

$$P = \int_{-\infty}^{\infty} \lim_{T\to\infty} \frac{|g_T(t)|^2}{T} dt = \frac{1}{2\pi} \int_{-\infty}^{\infty} \lim_{T\to\infty} \frac{|G_T(\omega)|^2}{T} d\omega. \tag{10-4-17}$$

そこで、次のようにおけば $W(\omega)$ は単位周波数あたりの平均電力（平均電力密度）に相当します。

$$\lim_{T\to\infty} \frac{|G_T(\omega)|^2}{T} = \Phi_{11}(\omega). \tag{10-4-18}$$

これを（非規則波形の）**電力密度スペクトル** (power density spectrum) あるいは単に**電力スペクトル（パワースペクトル）** とよび、その単位はワット/ヘルツ（[W/Hz]）です。つまり、「単位時間あたりのエネルギー」である電力 [W] に対応する周波数空間での電力は単位角周波数あたりの電

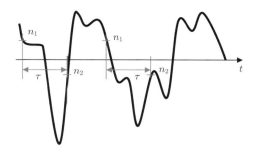

図 10-4-3 間隔が τ という条件のもとで $n(t)$ が (n_1, n_2) の値を
とる条件付き同時確率 $p(n_1, n_2|\tau)$

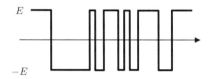

図 10-4-4 二つの可能な値 E, $-E$ をもつ不規則関数

力であることがわかります。

不規則信号は観測するたびに波形が異なるため、波形ではとらえられないのですが、その統計的
な性質が一定であれば解析することができます。統計的性質とは、例えば「時刻 t における値 $n(t)$
と、それを時間 τ だけ遅らせて観測される $n(t-\tau)$ の積の平均値は一定」というようなもので、
この場合は自己相関関数が定まることになります。ここで、間隔が τ という条件のもとで $n(t)$ が
(n_1, n_2) の値をとる条件付き同時確率を $p(n_1, n_2|\tau)$ とすると（図 10-4-3）、$n(t)n(t-\tau)$ の平均は、
時間 τ だけ離れた 2 点での $n(t)$ の積の平均ですから $n_1 n_2 p(n_1, n_2|\tau)$ を n_1, n_2 について積分した
もので与えられることになります。つまり不規則信号 $n(t)$ の自己相関関数は

$$\phi_{11}(\tau) = \int_{-\infty}^{\infty} \int_{-\infty}^{\infty} n_1 \cdot n_2 p(n_1, n_2|\tau) dn_1 dn_2 \tag{10-4-19}$$

となります。

図 10-4-4 に示すように、E と $-E$ の値だけしかとらないが、それが切り換わる時間間隔がポア
ソン分布 (Poisson distribution) に従う 2 値雑音波形を考えることにします。これは「τ 時間あた
り平均 λ 回起こるようなランダムなイベントが、τ 時間に n 回発生する確率」が次式で与えられ
る過程です。

$$p(n, \tau) = \frac{(\lambda\tau)^n}{n!} e^{-\lambda\tau}. \tag{10-4-20}$$

具体例を挙げておきましょう。光パルスがあるとして、その中に含まれる平均光子数が N 個
（$N = \lambda\tau$ として）のときに実際に観測されたパルスの光子数が n である確率がポアソン分布に
従う場合について、図 10-4-5 にプロットします。平均光子数 N が 1 のときには結構な確率（$\sim$
0.37）で光子数 n がゼロになっていることは、光パルスを送信しているはずなのに実際にはなに
も送られていない確率が 37% 程度あることを意味しています。また、平均光子数が 10 以上にな

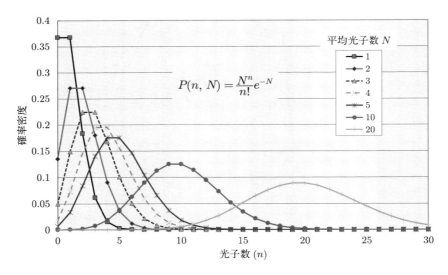

図 **10-4-5** ポアソン分布に従う光パルスの例

るとガウス分布に似てくることも特徴です。

さて本題に戻って、時間 τ [s] 中に E と $-E$ の間を切り換わる回数が n である確率がポアソン分布

$$\phi_{11}(\tau) = \int_{-\infty}^{\infty} \int_{-\infty}^{\infty} n_1 \cdot n_2 p(n_1, n_2 | \tau) dn_1 dn_2 \qquad \text{(10-4-19：再掲)}$$

において、s_1^+ は n_1 が E をとること、s_1^- は n_1 が $-E$ をとることを意味するとします。するとポアソン分布は連続関数でないことから積分を和で表すと、E と $-E$ の 4 通りの組合せの和として次のようになります。

$$\phi_{11}(\tau) = s_1^+ \cdot s_2^+ p(s_1^+, s_2^+ | \tau) + s_1^+ \cdot s_2^- p(s_1^+, s_2^- | \tau) + s_1^- \cdot s_2^+ p(s_1^-, s_2^+ | \tau) + s_1^- \cdot s_2^- p(s_1^-, s_2^- | \tau).$$
$$\text{(10-4-21)}$$

ただ、s_1^+ と s_1^- とが互いに独立なので

$$p(s_1^+, s_2^+ | \tau) = p(s_1^+) p(s_2^+ | \tau)$$

とおけて、それぞれ 1/2 の等しい確率で起こる $(p(s_1^+) = p(s_1^-) = 1/2)$ とすると、この不規則波形の自己相関関数（式 (10-4-20)）は

$$\begin{aligned}
\phi_{11}(\tau) &= E^2 \left\{ p(s_1^+) p(s_2^+ | \tau) + p(s_1^+) p(s_2^- | \tau) + p(s_1^-) p(s_2^+ | \tau) + p(s_1^-) p(s_2^- | \tau) \right\} \\
&= \frac{E^2}{2} \left\{ p(s_2^+ | \tau) + p(s_2^- | \tau) + p(s_2^+ | \tau) + p(s_2^- | \tau) \right\} \\
&= E^2 \left\{ p(s_2^+ | \tau) + p(s_2^- | \tau) \right\}
\end{aligned} \qquad \text{(10-4-22)}$$

と簡単になります。

ところで、s_1^+ だった状態が τ 時間後に s_2^+ である確率 $p(s_2^+ | \tau)$ は、τ 間隔内に切り替わる回数が

$0, 2, 4, \ldots$ という偶数回起こる確率に相当しますから

$$p(s_2^+ \mid \tau) = \sum_{n=0,2,4,\ldots} \frac{(\lambda\tau)^n}{n!} e^{-\lambda\tau} \tag{10-4-23}$$

に限定されることになります。

一方、切り替わる回数が奇数回の場合は積 $(s_1^+ \cdot s_1^- = E \cdot -E)$ は負になりますから、偶数回（非反転）では相関は加算、奇数回（反転）では減算されることになります。つまり、

$$\begin{aligned}
\phi_{11}(\tau) &= E^2 \left\{ \sum_{n=0,2,4,\ldots} \frac{(\lambda\tau)^n}{n!} e^{-\lambda\tau} - \sum_{n=1,3,5,\ldots} \frac{(\lambda\tau)^n}{n!} e^{-\lambda\tau} \right\} \\
&= E^2 e^{-\lambda\tau} \left\{ \sum_{n=0,2,4,\ldots} \frac{(\lambda\tau)^n}{n!} - \sum_{n=1,3,5,\ldots} \frac{(\lambda\tau)^n}{n!} \right\}
\end{aligned} \tag{10-4-24}$$

となります。ここで次のような公式を利用します。

$$\sum_{n=0}^{\infty} \frac{x^{2n}}{2n!} = \frac{e^x + e^{-x}}{2}, \quad \sum_{n=0}^{\infty} \frac{x^{2n+1}}{(2n+1)!} = \frac{e^x - e^{-x}}{2}. \tag{10-4-25}$$

これらの差を求めると、

$$\sum_{n=0}^{\infty} \frac{x^{2n}}{2n!} - \sum_{n=0}^{\infty} \frac{x^{2n+1}}{(2n+1)!} = \frac{e^x + e^{-x}}{2} - \frac{e^x - e^{-x}}{2} = e^{-x}. \tag{10-4-26}$$

したがって、E と $-E$ の値だけしかとらないが、それらが切り換わる時間間隔がポアソン分布に従う波形の自己相関関数は

$$\phi_{11}(\tau) = E^2 e^{-\lambda\tau} \cdot e^{-\lambda\tau} = E^2 e^{-2\lambda\tau} \tag{10-4-27}$$

で与えられることがわかりました。

ここで、自己相関関数は偶関数なので、負の変数 τ を含めると

$$\phi_{11}(\tau) = E^2 e^{-2\lambda|\tau|} \tag{10-4-28}$$

となります。この自己相関関数を図 10-4-6 に図示します。

この関数は $\tau = 0$ において最大値 E^2 をもつ偶関数で、τ が無限大に近づくにつれて自己相関関数はゼロに近づいていきます。すなわち、ゼロ以外の時間差 τ に関して

$$\phi_{11}(0) > \pm\phi_{11}(\tau), \quad \phi_{11}(0) > |\phi_{11}(\tau)| \tag{10-4-29}$$

が成立します。

ウィーナーの定理の応用例を考えてみましょう。例として図 10-4-4 に示したような 2 値の不規則波形を取りあげます。自己相関関数が式 (10-4-28) で与えられているので、式 (10-4-14) を用いてフーリエ変換すれば、電力密度スペクトル $\Phi_{11}(\omega)$ が求められます。すなわち、

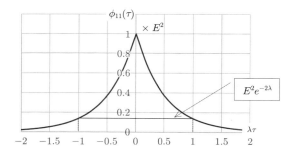

図 10-4-6 　2 値雑音 $[E, -E]$ の自己相関関数

$$\Phi_{11}(\omega) = \frac{1}{2\pi} \int_{-\infty}^{\infty} \phi_{11}(\tau) \cos \omega\tau \, d\tau = \frac{1}{2\pi} \int_{-\infty}^{\infty} E^2 e^{-2\lambda|\tau|} \cos \omega\tau \, d\tau$$

$$= \frac{2E^2}{2\pi} \int_{0}^{\infty} e^{-2\lambda\tau} \cos \omega\tau \, d\tau = \frac{E^2}{\pi} \int_{0}^{\infty} e^{-2\lambda\tau} \left(\frac{e^{i\omega\tau} + e^{-i\omega\tau}}{2} \right) d\tau$$

$$= \frac{E^2}{2\pi} \int_{0}^{\infty} \left(e^{-(2\lambda-i\omega)\tau} + e^{-(2\lambda+i\omega)\tau} \right) d\tau = \frac{E^2}{2\pi} \lim_{b \to \infty} \left[-\frac{e^{-(2\lambda-i\omega)\tau}}{2\lambda - i\omega} - \frac{e^{-(2\lambda+i\omega)\tau}}{2\lambda + i\omega} \right]_{0}^{b}$$

$$= \frac{E^2}{2\pi} \lim_{b \to \infty} \left\{ -\frac{e^{-(2\lambda-i\omega)b} - 1}{2\lambda - i\omega} - \frac{e^{-(2\lambda+i\omega)b} - 1}{2\lambda + i\omega} \right\}$$

$$= \frac{E^2}{2\pi} \left(\frac{1}{2\lambda - i\omega} + \frac{1}{2\lambda + i\omega} \right) = \frac{E^2}{2\pi} \left\{ \frac{2\lambda + i\omega}{(2\lambda - i\omega)(2\lambda + i\omega)} + \frac{2\lambda - i\omega}{(2\lambda - i\omega)(2\lambda + i\omega)} \right\}$$

$$= \frac{E^2}{2\pi} \cdot \frac{4\lambda}{(2\lambda)^2 + \omega^2} = \frac{E^2}{\pi} \cdot \frac{2\lambda}{(2\lambda)^2 + \omega^2} = \frac{E^2}{2\pi\lambda} \cdot \frac{1}{1^2 + (\omega/2\lambda)^2} \qquad (10\text{-}4\text{-}30)$$

と計算されます。周波数 ω を 2λ で規格化した変数を横軸にとって、これを図 10-4-7 にプロット
します。

　原点での頂点の高さは

$$\Phi_{11}(0) = \frac{E^2}{2\pi\lambda}$$

で、その半分の高さになる角周波数 $\omega_{1/2}$ は $\pm 2\lambda$ であることを同図に示しておきます。この不規則

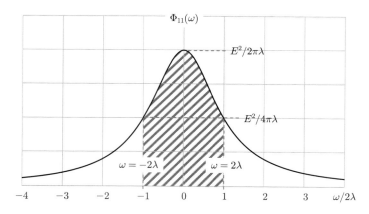

図 10-4-7 　減少指数関数を相関関数にもつ不規則関数の電力密度
スペクトル

信号の全電力が $\phi_{11}(0) = E^2$ であるのに対して、この周波数帯域 $(-2\lambda, 2\lambda)$ に含まれる電力はその半分になります。この部分（図 10-4-7 の斜線部分）の電力は次のように示すことができます。

$$
\begin{aligned}
\int_{-2\lambda}^{2\lambda} \Phi_{11}(\omega)d\omega &= \frac{E^2}{2\pi\lambda} \int_{-2\lambda}^{2\lambda} \frac{1}{1+\left(\frac{\omega}{2\lambda}\right)^2} d\omega = \frac{E^2}{2\pi\lambda} \int_{-1}^{1} \frac{2\lambda}{1+\Omega^2} d\Omega \\
&= \frac{E^2}{\pi} \int_{-\pi/4}^{\pi/4} \frac{\sec^2\theta}{1+\tan^2\theta} d\theta = \frac{E^2}{\pi} \int_{-\pi/4}^{\pi/4} 1 \cdot d\theta \qquad (10\text{-}4\text{-}31) \\
&= \frac{E^2}{\pi} \left\{ \frac{\pi}{4} - \left(-\frac{\pi}{4}\right) \right\} = \frac{E^2}{2}.
\end{aligned}
$$

そしてこの周波数の逆数で与えられる時間差 $1/2\lambda$ を自己相関関数の式 (10-4-28) に代入すると

$$
\phi_{11}(\tau) = E^2 e^{-2\lambda|\tau|}, \qquad (10\text{-}4\text{-}27：再掲)
$$

$$
\frac{\phi_{11}(1/2\lambda)}{\phi_{11}(0)} = \frac{E^2 e^{-2\lambda/2\lambda}}{E^2 e^{-2\lambda \cdot 0}} = \exp\left(-\frac{2\lambda}{2\lambda}\right) = e^{-1} = \frac{1}{e}
$$

となります。この、相関が $1/e$ となる時間差は**相関時間** (coherence time) とよばれています。

11

離散フーリエ変換

11.1 フーリエ変換の離散化

　前節までのフーリエ変換は、空間座標や時間座標である実数を変数とした積分変換の一つとして、周波数スペクトルを手計算で求める作業でした。しかし、これを計算機（コンピュータ）で楽に行いたいと思うのは人の常でしょう。そのためにはまず、複素フーリエ級数展開まで戻る必要があります。

　基本周期 T をもつ関数（波形と考えてもよいです）に対する複素フーリエ級数 c_n と、それを用いた級数展開によって、$f(t)$ は次式のように表されるのでした（第 6 章参照）。

$$c_n = \frac{1}{T} \int_{-T/2}^{T/2} f(t) e^{-i\frac{2\pi}{T}nt} dt,$$

$$f(t) = \sum_{n=-\infty}^{\infty} c_n e^{i\frac{2\pi}{T}nt} \tag{11-1-1}$$

　いま、波形の 1 周期（時間）T [sec] を N 等分すると、そのステップは当然 $T_0 = T/N$ [sec] です。このとき、その第 m 番目の点 mT_0 での波形 $f(t)$ の標本値は $f(mT_0)$ になります（図 11-1-1 参照）。すると

$$f(mT_0) = \sum_{n=-\infty}^{\infty} c_n e^{i\frac{2\pi}{T}nmT_0} = \sum_{n=-\infty}^{\infty} c_n e^{i\frac{2\pi}{T}nm\frac{T}{N}} = \sum_{n=-\infty}^{\infty} c_n e^{i\frac{2\pi}{N}nm} = \sum_{n=-\infty}^{\infty} c_n W_N^{nm} \tag{11-1-2}$$

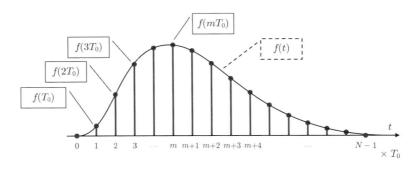

図 11-1-1　連続関数 $f(t)$ を T_0 ごとに標本化する

となりますが、ここで**回転演算子** W_N なるものを導入しています。それは

$$W_N = e^{i\frac{2\pi}{N}} \tag{11-1-3}$$

で定義される部分です。次節でこれについて考えてみましょう。

11.2　回転演算子

　回転演算子は、絶対値が 1 の複素数です。複素平面上には、半径 1 の円を N 等分した点として表されます。例えば、$N = 3$ とすると、$2\pi/3$ [rad.] $= 120°$ ごとに点が置かれることになるため、図 11-2-1 のように

$$W_3^0 = 1, \quad W_3^1 = \frac{-1 + i\sqrt{3}}{2}, \quad W_3^2 = \frac{-1 - i\sqrt{3}}{2} \tag{11-2-1}$$

の 3 点ですべて表されます。この三つを少し説明しておきますが、難なく式 (11-2-1) が理解できる読者は次の段落を飛ばして読み進めてください。

　直角三角形 ABC を見ると、図 11-2-2 に示すように角 C は $\pi - (2\pi/3) = \pi/3$ [rad] $= 60°$ です。これはよく知られた三角形で、3 辺の長さの比は $\overline{AC} : \overline{BC} : \overline{AB} = 2 : 1 : \sqrt{3}$ でした。いま、$\overline{AC} = 1$ なので、全体を 2 で割って $\overline{BC} = 1/2, \overline{AB} = \sqrt{3}/2$ となります。この点 A の座標は普通の x, y 座標で表すと $(-1/2, \sqrt{3}/2)$ ですから、複素平面では $(-1/2 + i\sqrt{3}/2)$ と表されることになり、これは結局 W_3^1 に相当します。

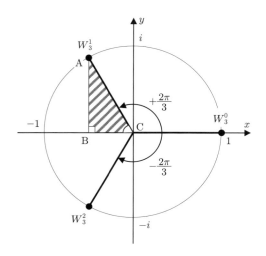

図 11-2-1　回転演算子 W_3

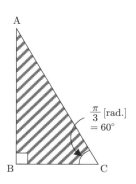

図 11-2-2　回転演算子 W_3 に現れた直角三角形

$$W_3^0 = e^{i\frac{2\pi}{3}\cdot 0} = e^0 = 1,$$

$$W_3^1 = \left(e^{i\frac{2\pi}{3}}\right)^1 = e^{i\frac{2\pi}{3}\cdot 1} = -\frac{1}{2} + i\frac{\sqrt{3}}{2},$$

$$W_3^2 = \left(e^{i\frac{2\pi}{3}}\right)^2 = e^{i\frac{2\pi}{3}\cdot 2} = e^{i\frac{4\pi}{3}} = -\frac{1}{2} - i\frac{\sqrt{3}}{2},$$

$$W_3^3 = e^{i\frac{2\pi}{3}\cdot 3} = e^{i2\pi} = 1, \tag{11-2-2}$$

$$W_3^{-1} = \left(e^{i\frac{2\pi}{3}}\right)^{-1} = e^{-i\frac{2\pi}{3}\cdot 1} = -\frac{1}{2} - i\frac{\sqrt{3}}{2},$$

$$W_3^{-2} = \left(e^{i\frac{2\pi}{3}}\right)^{-2} = e^{-i\frac{2\pi}{3}\cdot 2} = -\frac{1}{2} + i\frac{\sqrt{3}}{2}.$$

さて、複素数を n 乗するとその絶対値は n 乗されますが、偏角は n 倍になるのでした（第 2 章参照）。つまり $z = re^{i\theta}$ を n 乗すると $z^n = (re^{i\theta})^n = r^n e^{in\theta}$ です。ただ、回転演算子 W_N の絶対値は 1 $(r=1)$ ですから、これは n 乗しても 1 のままです。つまり W_N は何乗しても、絶対値は 1 のままで単位円の上をぐるぐる回るだけなので「回転演算子」とよばれるのです。偏角についていえば、n 乗の n が正であれば偏角は反時計回りに増えていき、n が負であれば時計回りに増えていくのが決まりでした。ただ、どちらから回っても、結局は同じ半径 1 の円の上をぐるぐる回るだけですから、一連の式 (11-2-2) を見ればわかるように、$W_3^2 = W_3^{-1}$ であり、$W_3^{-2} = W_3^1$ です。さらに、k を任意の整数とすると、

$$W_3^{-1} = W_3^2 = W_3^5 = \cdots = W_3^{3k+2},$$

$$W_3^{-2} = W_3^1 = W_3^4 = \cdots = W_3^{3k+1},$$

$$W_3^0 = W_3^6 = W_3^6 = \cdots = W_3^{3k} = 1$$

であることもすぐわかります。$N = 3$ の回転演算子は式 (11-2-1) の三つしかありません。

他の例も見ておきましょう。$N = 4$ の場合はどうでしょう。図 11-2-3 を見てください。$W_N = e^{i\frac{2\pi}{N}}$ に $N = 4$ を代入すると

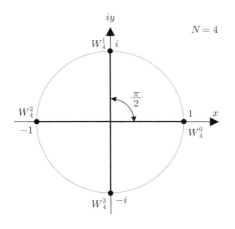

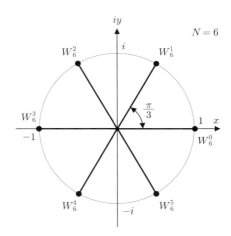

図 **11-2-3** 回転演算子 W_4 図 **11-2-4** 回転演算子 W_6

$$W_4 = e^{i\frac{2\pi}{4}} = e^{i\frac{\pi}{2}} = i, \qquad W_4^2 = \left(e^{i\frac{\pi}{2}}\right)^2 = e^{i\pi} = -1,$$
$$W_4^3 = \left(e^{i\frac{\pi}{2}}\right)^3 = e^{i\frac{3\pi}{2}} = -i, \quad W_4^4 = \left(e^{i\frac{\pi}{2}}\right)^4 = e^{i\frac{4\pi}{2}} = e^{i2\pi} = 1 \tag{11-2-3}$$

となります。実軸上の ±1 と虚軸上の $\pm i$ の四つの値をとるだけなので、この方がわかりやすいかもしれません。$N = 6$ の場合はどうでしょう。同様に

$$W_6 = e^{i\frac{2\pi}{6}} = e^{i\frac{\pi}{3}} = \frac{1 + i\sqrt{3}}{2}, \qquad W_6^2 = \left(e^{i\frac{\pi}{3}}\right)^2 = e^{i\frac{2\pi}{3}} = \frac{-1 + i\sqrt{3}}{2},$$
$$W_6^3 = \left(e^{i\frac{\pi}{3}}\right)^3 = e^{i\pi} = -1, \qquad W_6^4 = \left(e^{i\frac{\pi}{3}}\right)^4 = e^{i\frac{4\pi}{3}} = \frac{-1 - i\sqrt{3}}{2},$$
$$W_6^5 = \left(e^{i\frac{\pi}{3}}\right)^5 = e^{i\frac{5\pi}{3}} = \frac{1 - i\sqrt{3}}{2}, \quad W_6^6 = \left(e^{i\frac{\pi}{3}}\right)^6 = e^{i\frac{6\pi}{3}} = e^{i2\pi} = 1 \tag{11-2-4}$$

のように求まります（図 11-2-4 参照）。あとは何乗しても、すなわち何回まわっても同じ値が出てくるだけです。これを一般化すると次のように表せます。式 (11-1-2) の最後に現れた W_N^{nm} について考えます。任意の整数 n は k $(0 \le k \le N-1)$ と整数 r を用いて $n = k + rN$ と書くと、これは回転演算子 W_N が r 回まわって残りが少し (W_N^{km}) ということを意味します。また、$W_N^{rN} = 1$ は一周まわってもとに戻ることを意味しますから、数式で書くと

$$W_N^{nm} = W_N^{(k+rN)m} = W_N^{km} W_N^{rNm} = W_N^{km} \tag{11-2-5}$$

となります。

11.3 離散フーリエ変換

では、式 (11-1-2) に戻りましょう。8.9 節で見たように、時間領域で周期的にサンプリングする（つまり等間隔デルタ関数パルス列との積をとる）と周波数スペクトルは周波数空間に等間隔に並ぶことになります（図 11-3-1 の破線参照）。そう考えると、複素フーリエ係数 c_n の番号 n は $-\infty$ から $+\infty$ まで考える必要はなく、1 周期分（N 個）考えれば十分であることがわかります。図 11-3-1 を横目に見ながら式 (11-2-5) を適用すると

$$f(mT_0) = \sum_{n=-\infty}^{\infty} c_n W_N^{nm} = \sum_{k=0}^{N-1} \sum_{r=-\infty}^{\infty} c_{k+rN} W_N^{km} \tag{11-3-1}$$

と書き換えられます。よく見ると W_N^{km} には r は入っていませんから、別々に足し算できて

$$f(mT_0) = \sum_{k=0}^{N-1} W_N^{km} \sum_{r=-\infty}^{\infty} c_{k+rN} \tag{11-3-2}$$

となります。ここで、後半部分を

$$F(k) = N \sum_{r=-\infty}^{\infty} c_{k+rN} \tag{11-3-3}$$

と定義すれば、式 (11-1-2) は

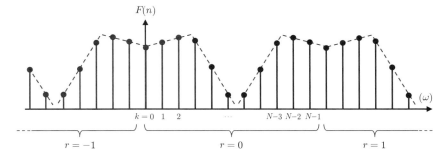

図 11-3-1 c_n $(-\infty < n < \infty)$ から c_{k+rN} $(-\infty < r < \infty,$ $0 \le k \le N-1)$ に番号を振り直す

$$f(mT_0) = \frac{1}{N} \sum_{k=0}^{N-1} F(k)W_N^{km} \quad (m = 0, 1, \ldots, N-1) \tag{11-3-4}$$

のように有限の N 項の和で書けることになります。図 11-3-1 の通り、c_n と同等の $F(k)$ は $F(0)$ から $F(N-1)$ の項ですべてで、あとは同じ値が繰り返し現れるだけなのです。数式で表すと、それぞれの k について $F(k) = F(k+N)$ が成り立つことになり、式 (11-3-3) のように表せることがわかります。

式 (11-3-4) がフーリエ逆変換の式なら、フーリエ変換の式も必要です。これは次のように求められます。まず、簡単のために今後は $f(mT_0)$ を単に $f(m)$ と表記します。すると、式 (11-3-4) は

$$f(m) = \frac{1}{N} \sum_{k=0}^{N-1} F(k)W_N^{km} \quad (m = 0, 1, \ldots, N-1) \tag{11-3-5}$$

となります。この両辺に W_N^{-nm} を掛けて、m について 0 から $N-1$ まで総和をとります。すると

$$\begin{aligned}
\sum_{m=0}^{N-1} f(m)W_N^{-nm} &= \frac{1}{N} \sum_{m=0}^{N-1} W_N^{-nm} \sum_{k=0}^{N-1} F(k)W_N^{km} \\
&= \frac{1}{N} \sum_{k=0}^{N-1} F(k) \sum_{m=0}^{N-1} W_N^{m(k-n)}
\end{aligned} \tag{11-3-6}$$

となり、後半部分をよく見ると、初項 1、公比 W_N^{k-n} の等比級数になっています。となれば、高校で習った等比級数の和の公式が使えます。つまり、

$$\begin{aligned}
\sum_{m=0}^{N-1} W_N^{m(k-n)} &= W_N^{0(k-n)} + W_N^{1(k-n)} + W_N^{2(k-n)} + \cdots + W_N^{(N-1)(k-n)} \\
&= 1 + W_N^{(k-n)} + W_N^{2(k-n)} + \cdots + W_N^{(N-1)(k-n)} \\
&= \frac{1 - W_N^{(k-n)N}}{1 - W_N^{(k-n)}} = \frac{1 - e^{i\frac{2\pi}{N}(k-n)N}}{1 - e^{i\frac{2\pi}{N}(k-n)}} = \frac{1 - e^{i2\pi(k-n)}}{1 - e^{i\frac{2\pi}{N}(k-n)}}
\end{aligned} \tag{11-3-7}$$

ですが、ここで止まってはもったいない。$k \ne n$ のとき、$e^{i2\pi(k-n)} = 1$ ですから分子はゼロにな

るのに対して、分母はゼロになりませんから総和はゼロです。しかし、$k = n$ のときは分母もゼロになってしまうので、いわゆる 0/0 型になってしまいます。そこで $k - n = x$ とおいて、$x \to 0$ の極限を考えてみましょう。指数関数のマクローリン展開（第 2 項まで）を用いると、

$$\lim_{x \to 0} \frac{1 - e^{i2\pi x}}{1 - e^{i\frac{2\pi}{N}x}} = \lim_{x \to 0} \frac{1 - (1 + i2\pi x)}{1 - \left(1 + i\frac{2\pi}{N}x\right)} = \frac{1}{\frac{1}{N}} = N \tag{11-3-8}$$

となるため、$k \neq n$ のときは式 (11-3-6) の総和はゼロ、$k = n$ のときだけ N です。式 (11-3-5) の頭に $1/N$ が掛かっていましたので、式 (11-3-5) は結局、クロネッカーのデルタ δ_{kn} を用いて

$$\sum_{m=0}^{N-1} f(m) W_N^{-nm} = \sum_{k=0}^{N-1} F(k) \delta_{kn} = F(n) \tag{11-3-9}$$

となります。つまりこれが**離散フーリエ変換** (Discrete Fourier Transform: DFT) を与える式です。あらためて

$$F(n) = \sum_{m=0}^{N-1} f(m) W_N^{-nm} = \sum_{m=0}^{N-1} f(m) e^{-i\frac{2\pi}{N}nm} \tag{11-3-10}$$

で離散フーリエ変換が定義されました。フーリエ積分と同様に回転演算子の指数の部分が負になっていることに気がつきます。

　ここで、比較のためにもフーリエ変換と離散フーリエ変換の式をまとめておきましょう。

フーリエ変換 (Fourier Transform)	$F(\omega) = \displaystyle\int_{-\infty}^{\infty} f(t) e^{-i\omega t} dt$	(11-3-11)[a]
フーリエ逆変換 (Inverse Fourier Transform)	$f(t) = \dfrac{1}{2\pi} \displaystyle\int_{-\infty}^{\infty} F(\omega) e^{i\omega t} d\omega$	(11-3-11)[b]
離散フーリエ変換 (Discrete Fourier Transform)	$F(n) = \displaystyle\sum_{m=0}^{N-1} f(m) e^{-i\frac{2\pi}{N}nm}$	(11-3-11)[c]
離散フーリエ逆変換 (Inverse Discrete Fourier Transform)	$f(m) = \dfrac{1}{N} \displaystyle\sum_{n=0}^{N-1} F(n) e^{i\frac{2\pi}{N}nm}$	(11-3-11)[d]

　これがすべてなのですが、この離散フーリエ変換計算をよく見てみましょう。フーリエ解析したい波形（関数）f を N 分割して、m について 0 から $N - 1$ まで変化させつつ $\exp(-i2\pi nm/N)$ を掛けて、時間について N 個の総和を計算します。周波数についても N 項あるので、和をとる総数は全部で N^2 個になります。面倒くさそうですね。実は計算をぐっと簡単にできる技があり、それは $\exp(-i2\pi nm/N)$ の部分をよくよく見ればわかります。

　例えば、$N = 4$ の場合を考えてみましょう。このとき、フーリエスペクトル $F(n)$ は m を 0 から 3 までの 4 項、周波数 n も 0 から 3 までの 4 項で表現することになります。n と m を実際に順番に変化させて代入すると、次式 (11-3-12) になります。

$$
\begin{pmatrix} F(0) \\ F(1) \\ F(2) \\ F(3) \end{pmatrix} = \begin{pmatrix} e^{-i2\pi\frac{0\cdot0}{4}} & e^{-i2\pi\frac{0\cdot1}{4}} & e^{-i2\pi\frac{0\cdot2}{4}} & e^{-i2\pi\frac{0\cdot3}{4}} \\ e^{-i2\pi\frac{1\cdot0}{4}} & e^{-i2\pi\frac{1\cdot1}{4}} & e^{-i2\pi\frac{1\cdot2}{4}} & e^{-i2\pi\frac{1\cdot3}{4}} \\ e^{-i2\pi\frac{2\cdot0}{4}} & e^{-i2\pi\frac{2\cdot1}{4}} & e^{-i2\pi\frac{2\cdot2}{4}} & e^{-i2\pi\frac{2\cdot3}{4}} \\ e^{-i2\pi\frac{3\cdot0}{4}} & e^{-i2\pi\frac{3\cdot1}{4}} & e^{-i2\pi\frac{3\cdot2}{4}} & e^{-i2\pi\frac{3\cdot3}{4}} \end{pmatrix} \begin{pmatrix} f(0) \\ f(1) \\ f(2) \\ f(3) \end{pmatrix}
$$

$$
= \begin{pmatrix} e^{-i2\pi\cdot0} & e^{-i2\pi\cdot0} & e^{-i2\pi\cdot0} & e^{-i2\pi\cdot0} \\ e^{-i2\pi\cdot0} & e^{-i\pi\cdot\frac{1}{2}} & e^{-i\pi} & e^{-i\pi\frac{3}{2}} \\ e^{-i2\pi\cdot0} & e^{-i\pi} & e^{-i2\pi} & e^{-i3\pi} \\ e^{-i2\pi\cdot0} & e^{-i\pi\frac{3}{2}} & e^{-i3\pi} & e^{-i\pi\frac{9}{2}} \end{pmatrix} \begin{pmatrix} f(0) \\ f(1) \\ f(2) \\ f(3) \end{pmatrix} \tag{11-3-12}
$$

ここで、$\exp(-i2\pi 0\cdot 0) = e^0 = 1$ はもちろん、他もよく見てみると次のようなことがわかります。

$$
e^{i2\pi} = e^{-i\pi\cdot0} = 1, \quad e^{-i3\pi} = e^{-i\pi} = -1, \quad e^{-i\pi\frac{3}{2}} = i, \quad e^{-i\pi\frac{9}{2}} = e^{-i\pi\frac{1}{2}} = -i. \tag{11-3-13}
$$

これらは前節で述べたような回転演算子の性質で、これらを代入すると式 (11-3-12) は次のように簡単になり、あと波形 $f(m)$ さえ与えられれば計算は自動的に、計算機でもフーリエスペクトル $F(m)$ を求められます。念のため、回転演算子も含めて計算の経過を記します。

$$
\begin{pmatrix} F(0) \\ F(1) \\ F(2) \\ F(3) \end{pmatrix} = \begin{pmatrix} W_4^0 & W_4^0 & W_4^0 & W_4^0 \\ W_4^0 & W_4^{-1} & W_4^{-2} & W_4^{-3} \\ W_4^0 & W_4^{-2} & W_4^{-4} & W_4^{-6} \\ W_4^0 & W_4^{-3} & W_4^{-6} & W_4^{-9} \end{pmatrix} \begin{pmatrix} f(0) \\ f(1) \\ f(2) \\ f(3) \end{pmatrix} = \begin{pmatrix} W_4^0 & W_4^0 & W_4^0 & W_4^0 \\ W_4^0 & W_4^{-1} & W_4^{-2} & W_4^{-3} \\ W_4^0 & W_4^{-2} & W_4^0 & W_4^{-2} \\ W_4^0 & W_4^{-3} & W_4^{-2} & W_4^{-1} \end{pmatrix} \begin{pmatrix} f(0) \\ f(1) \\ f(2) \\ f(3) \end{pmatrix}
$$

$$
= \begin{pmatrix} e^{i\frac{\pi}{2}0} & e^{i\frac{\pi}{2}0} & e^{i\frac{\pi}{2}0} & e^{i\frac{\pi}{2}0} \\ e^{i\frac{\pi}{2}0} & e^{i\frac{\pi}{2}\times-1} & e^{i\frac{\pi}{2}\times-2} & e^{i\frac{\pi}{2}\times-3} \\ e^{i\frac{\pi}{2}0} & e^{i\frac{\pi}{2}\times-2} & e^{i\frac{\pi}{2}\times0} & e^{i\frac{\pi}{2}\times-2} \\ e^{i\frac{\pi}{2}0} & e^{i\frac{\pi}{2}\times-3} & e^{i\frac{\pi}{2}\times-2} & e^{i\frac{\pi}{2}\times-1} \end{pmatrix} \begin{pmatrix} f(0) \\ f(1) \\ f(2) \\ f(3) \end{pmatrix} = \begin{pmatrix} 1 & 1 & 1 & 1 \\ 1 & -i & -1 & i \\ 1 & -1 & 1 & -1 \\ 1 & i & -1 & -i \end{pmatrix} \begin{pmatrix} f(0) \\ f(1) \\ f(2) \\ f(3) \end{pmatrix}
$$

$$
= \begin{pmatrix} f(0) + f(1) + f(2) + f(3) \\ f(0) - i\cdot f(1) - f(2) + i\cdot f(3) \\ f(0) - f(1) + f(2) - f(3) \\ f(0) + i\cdot f(1) - f(2) - i\cdot f(3) \end{pmatrix}. \tag{11-3-14}
$$

【例 11-3-1】 数値例 1: $N = 4$, $f(0) = 1$, $f(1) = 2$, $f(2) = 3$, $f(3) = 4$ を代入します。

$$
\begin{pmatrix} F(0) \\ F(1) \\ F(2) \\ F(3) \end{pmatrix} = \begin{pmatrix} 1 & 1 & 1 & 1 \\ 1 & -i & -1 & i \\ 1 & -1 & 1 & -1 \\ 1 & i & -1 & -i \end{pmatrix} \begin{pmatrix} f(0) \\ f(1) \\ f(2) \\ f(3) \end{pmatrix} = \begin{pmatrix} 1 & 1 & 1 & 1 \\ 1 & -i & -1 & i \\ 1 & -1 & 1 & -1 \\ 1 & i & -1 & -i \end{pmatrix} \begin{pmatrix} 1 \\ 2 \\ 3 \\ 4 \end{pmatrix}
$$

$$
= \begin{pmatrix} 1 + 2 + 3 + 4 \\ 1 - i\cdot2 - 3 + i\cdot4 \\ 1 - 2 + 3 - 4 \\ 1 + i\cdot2 - 3 - i\cdot4 \end{pmatrix} = \begin{pmatrix} 10 \\ -2 + 2i \\ -2 \\ -2 - 2i \end{pmatrix} \tag{11-3-15}
$$

【例 11-3-2】 数値例 2: $N = 4$ として $f(0) = 1$, $f(1) = -1$, $f(2) = 1$, $f(3) = -1$ とします。これは交流波形を表すものとみることができ、その周波数成分 $F(2)$ のみが値をもち、あとはすべてゼロとなります。

$$\begin{pmatrix} F(0) \\ F(1) \\ F(2) \\ F(3) \end{pmatrix} = \begin{pmatrix} 1 & 1 & 1 & 1 \\ 1 & -i & -1 & i \\ 1 & -1 & 1 & -1 \\ 1 & i & -1 & -i \end{pmatrix} \begin{pmatrix} f(0) \\ f(1) \\ f(2) \\ f(3) \end{pmatrix} = \begin{pmatrix} 1 & 1 & 1 & 1 \\ 1 & -i & -1 & i \\ 1 & -1 & 1 & -1 \\ 1 & i & -1 & -i \end{pmatrix} \begin{pmatrix} 1 \\ -1 \\ 1 \\ -1 \end{pmatrix}$$

$$= \begin{pmatrix} 1-1+1-1 \\ 1+i-1-i \\ 1+1+1+1 \\ 1-i-1+i \end{pmatrix} = \begin{pmatrix} 0 \\ 0 \\ 4 \\ 0 \end{pmatrix} \tag{11-3-16}$$

【例 11-3-3】 数値例 3: $N = 4$, $f(0) = 1$, $f(1) = 1$, $f(2) = 1$, $f(3) = 1$ とします。これは波形が一定値（すなわち直流）の場合に相当します。結果も直流成分 $F(0)$ のみが値をもちます。

$$\begin{pmatrix} F(0) \\ F(1) \\ F(2) \\ F(3) \end{pmatrix} = \begin{pmatrix} 1 & 1 & 1 & 1 \\ 1 & -i & -1 & i \\ 1 & -1 & 1 & -1 \\ 1 & i & -1 & -i \end{pmatrix} \begin{pmatrix} 1 \\ 1 \\ 1 \\ 1 \end{pmatrix} = \begin{pmatrix} 1+1+1+1 \\ 1-i\cdot1-1+i\cdot1 \\ 1-1+1-1 \\ 1+i\cdot1-1-i\cdot1 \end{pmatrix} = \begin{pmatrix} 4 \\ 0 \\ 0 \\ 0 \end{pmatrix} \tag{11-3-17}$$

【例 11-3-4】 数値例 4: $N = 3$, $f(0) = 1$, $f(1) = 1$, $f(2) = 1$ とします。これも直流の例で、$N = 3$ でも同じ結果が得られます。

$$\begin{pmatrix} F(0) \\ F(1) \\ F(2) \end{pmatrix} = \begin{pmatrix} W_3^0 & W_3^0 & W_3^0 \\ W_3^0 & W_3^{-1} & W_3^{-2} \\ W_3^0 & W_3^{-2} & W_3^{-4} \end{pmatrix} \begin{pmatrix} f(0) \\ f(1) \\ f(2) \end{pmatrix} = \begin{pmatrix} W_3^0 & W_3^0 & W_3^0 \\ W_3^0 & W_3^{-1} & W_3^{-2} \\ W_3^0 & W_3^{-2} & W_3^{-1} \end{pmatrix} \begin{pmatrix} f(0) \\ f(1) \\ f(2) \end{pmatrix}$$

$$= \begin{pmatrix} \left(e^{i\frac{2\pi}{3}}\right)^0 & \left(e^{i\frac{2\pi}{3}}\right)^0 & \left(e^{i\frac{2\pi}{3}}\right)^0 \\ \left(e^{i\frac{2\pi}{3}}\right)^0 & \left(e^{i\frac{2\pi}{3}}\right)^{-1} & \left(e^{i\frac{2\pi}{3}}\right)^{-2} \\ \left(e^{i\frac{2\pi}{3}}\right)^0 & \left(e^{i\frac{2\pi}{3}}\right)^{-2} & \left(e^{i\frac{2\pi}{3}}\right)^{-1} \end{pmatrix} \begin{pmatrix} f(0) \\ f(1) \\ f(2) \end{pmatrix} = \begin{pmatrix} 1 & 1 & 1 \\ 1 & -\frac{1}{2}-\frac{\sqrt{3}}{2}i & -\frac{1}{2}+\frac{\sqrt{3}}{2}i \\ 1 & -\frac{1}{2}+\frac{\sqrt{3}}{2}i & -\frac{1}{2}-\frac{\sqrt{3}}{2}i \end{pmatrix} \begin{pmatrix} f(0) \\ f(1) \\ f(2) \end{pmatrix}$$

$$= \begin{pmatrix} f(0)+f(1)+f(2) \\ f(0)-\left(\frac{1}{2}+\frac{\sqrt{3}}{2}i\right)f(1)-\left(\frac{1}{2}-\frac{\sqrt{3}}{2}i\right)f(2) \\ f(0)-\left(\frac{1}{2}-\frac{\sqrt{3}}{2}i\right)f(1)-\left(\frac{1}{2}+\frac{\sqrt{3}}{2}i\right)f(2) \end{pmatrix} = \begin{pmatrix} 1+1+1 \\ 1-\left(\frac{1}{2}+\frac{\sqrt{3}}{2}i\right)-\left(\frac{1}{2}-\frac{\sqrt{3}}{2}i\right) \\ 1-\left(\frac{1}{2}-\frac{\sqrt{3}}{2}i\right)-\left(\frac{1}{2}+\frac{\sqrt{3}}{2}i\right) \end{pmatrix} = \begin{pmatrix} 3 \\ 0 \\ 0 \end{pmatrix} \tag{11-3-18}$$

11.4 高速フーリエ変換

前節で述べた離散フーリエ変換は計算機でのフーリエ変換計算を可能にしたのですが、実際の業務においては 100 以上の分割数 N がすぐに必要となり、計算機といえども時間がかかることが問題でした。なにせ、$N \times N = N^2$ 個の回転演算子のうち 1 行 N 列分を N 行 1 列の入力波形データと掛け算して総和を求めるという過程を回転演算子 N 行にわたって繰り返すのですから。

これに対し、分割数が 2 の累乗 $(N = 2^n)$ の場合には桁違いの高速計算が可能であることがクーリーとチューキーによって 1965 年に発表されました。チューキーが創案した計算法のもとになる考え方に基づいて、クーリーがプログラムを書き上げたそうです[23]。このアルゴリズムを**高速フーリエ変換** (Fast Fourier Transform: FFT) とよんでいます。実用的に使われているデジタルフーリエ変換器はこの革命的なアルゴリズムを用いています。

本節では、簡単な例を用いてその考え方を説明します。いま、$N = 2^3 = 8$ としましょう。このとき、フーリエ変換、フーリエ逆変換、回転演算子 W_8 はそれぞれ次のようになります。ただし、$w_8 = W_8^{-1}$ を多用します。

$$F(n) = \sum_{k=0}^{7} f(m)e^{-i\frac{\pi}{4}mn} = \sum_{k=0}^{7} f(m)W^{-mn} = \sum_{k=0}^{7} f(m)w^{mn}, \tag{11-4-1}$$

$$f(m) = \frac{1}{8}\sum_{m=0}^{N-1} F(n)W^{mn}, \tag{11-4-2}$$

$$W_8^{-1} = w_8 = e^{-i\frac{2\pi}{8}} = e^{-i\frac{\pi}{4}} = \cos\frac{\pi}{4} - i\sin\frac{\pi}{4} = \frac{\sqrt{2}}{2} - i\frac{\sqrt{2}}{2} = \frac{(1-i)}{\sqrt{2}}. \tag{11-4-3}$$

この $N = 8$ の回転演算子を計算します（図 11-4-1）。

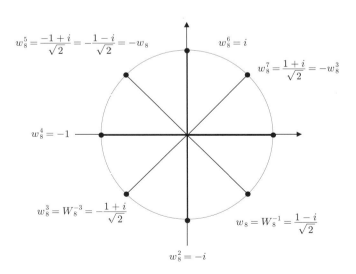

図 11-4-1 回転演算子 $w_8 = W_8^{-1}$

23) E. O. Bringham 著, 宮川 洋・今井秀樹 訳, 『高速フーリエ変換』, 序論, p.9, 科学技術出版社 (1979).

$$W_8^0 = W_8^{-8} = W_8^{-16} = W_8^{-24} = W_8^{-32} = W_8^{-40} = W_8^{-48} = e^{-i\frac{\pi}{4}\cdot 0} = e^0 = 1,$$

$$W_8^{-1} = W_8^{-9} = W_8^{-17} = W_8^{-25} = W_8^{-33} = W_8^{-41} = W_8^{-49} = e^{-i\frac{\pi}{4}\cdot 1} = \frac{1-i}{\sqrt{2}} = w_8,$$

$$W_8^{-2} = W_8^{-10} = W_8^{-18} = W_8^{-26} = W_8^{-34} = W_8^{-42} = e^{-i\frac{\pi}{4}\cdot 2} = e^{-i\frac{\pi}{2}\cdot} = -i,$$

$$W_8^{-3} = W_8^{-11} = W_8^{-19} = W_8^{-27} = W_8^{-35} = W_8^{-43} = e^{-i\frac{\pi}{4}\cdot 3} = \frac{-1-i}{\sqrt{2}} = w_8^3,$$

$$W_8^{-4} = W_8^{-12} = W_8^{-20} = W_8^{-28} = W_8^{-36} = W_8^{-44} = e^{-i\frac{\pi}{4}\cdot 4} = e^{-i\pi} = -1,$$

$$W_8^{-5} = W_8^{-13} = W_8^{-21} = W_8^{-29} = W_8^{-37} = W_8^{-45} = e^{-i\frac{\pi}{4}\cdot 5} = \frac{(-1+i)}{\sqrt{2}} = -w_8,$$

$$W_8^{-6} = W_8^{-14} = W_8^{-22} = W_8^{-30} = W_8^{-38} = W_8^{-46} = e^{-i\frac{\pi}{4}\cdot 6} = e^{-i\frac{\pi}{2}\cdot 3} = i,$$

$$W_8^{-7} = W_8^{-15} = W_8^{-23} = W_8^{-31} = W_8^{-39} = W_8^{-47} = e^{-i\frac{\pi}{4}\cdot 7} = e^{i\frac{\pi}{4}} = \frac{(1+i)}{\sqrt{2}} = -w_8^3.$$

$$(11\text{-}4\text{-}4)$$

これを用いると、式 (11-4-1) の行列計算は次のように書けます。

$$[F] = \begin{pmatrix} F_0 \\ F_1 \\ F_2 \\ F_3 \\ F_4 \\ F_5 \\ F_6 \\ F_7 \end{pmatrix} = \begin{pmatrix} W_8^0 & W_8^0 & W_8^0 & W_8^0 & W_8^0 & W_8^0 & W_8^0 & W_8^0 \\ W_8^0 & W_8^{-1} & W_8^{-2} & W_8^{-3} & W_8^{-4} & W_8^{-5} & W_8^{-6} & W_8^{-7} \\ W_8^0 & W_8^{-2} & W_8^{-4} & W_8^{-6} & W_8^{-8} & W_8^{-10} & W_8^{-12} & W_8^{-14} \\ W_8^0 & W_8^{-3} & W_8^{-6} & W_8^{-9} & W_8^{-12} & W_8^{-15} & W_8^{-18} & W_8^{-21} \\ W_8^0 & W_8^{-4} & W_8^{-8} & W_8^{-12} & W_8^{-16} & W_8^{-20} & W_8^{-24} & W_8^{-28} \\ W_8^0 & W_8^{-5} & W_8^{-10} & W_8^{-15} & W_8^{-20} & W_8^{-25} & W_8^{-30} & W_8^{-35} \\ W_8^0 & W_8^{-6} & W_8^{-12} & W_8^{-18} & W_8^{-24} & W_8^{-30} & W_8^{-36} & W_8^{-42} \\ W_8^0 & W_8^{-7} & W_8^{-14} & W_8^{-21} & W_8^{-28} & W_8^{-35} & W_8^{-42} & W_8^{-49} \end{pmatrix} \begin{pmatrix} f(0) \\ f(1) \\ f(2) \\ f(3) \\ f(4) \\ f(5) \\ f(6) \\ f(7) \end{pmatrix}$$

$$= \begin{pmatrix} 1 & 1 & 1 & 1 & 1 & 1 & 1 & 1 \\ 1 & w_8 & -i & w_8^3 & -1 & -w_8 & i & -w_8^3 \\ 1 & -i & -1 & i & 1 & -i & -1 & i \\ 1 & w_8^3 & i & w_8 & -1 & -w_8^3 & -i & -w_8 \\ 1 & -1 & 1 & -1 & 1 & -1 & 1 & -1 \\ 1 & -w_8 & -i & -w_8^3 & -1 & w_8 & i & w_8^3 \\ 1 & i & -1 & -i & 1 & i & -1 & -i \\ 1 & -w_8^3 & i & -w_8 & -1 & w_8^3 & -i & w_8 \end{pmatrix} \begin{pmatrix} f(0) \\ f(1) \\ f(2) \\ f(3) \\ f(4) \\ f(5) \\ f(6) \\ f(7) \end{pmatrix}.$$

$$(11\text{-}4\text{-}5)$$

ここでは、± 1 と $\pm i$ を除いて、見た目にややこしそうなものは w_8 で表記しています。さらに、これをそれぞれの行に分割すると次式 (11-4-6) のように表すこともできます。

$$[F] = \begin{pmatrix} 1 \\ 1 \\ 1 \\ 1 \\ 1 \\ 1 \\ 1 \\ 1 \end{pmatrix} f(0) + \begin{pmatrix} 1 \\ w_8 \\ -i \\ w_8 \\ -1 \\ -w_8 \\ i \\ -w_8^3 \end{pmatrix} f(1) + \begin{pmatrix} 1 \\ -i \\ -1 \\ i \\ 1 \\ -i \\ -1 \\ i \end{pmatrix} f(2) + \begin{pmatrix} 1 \\ w_8^3 \\ i \\ w_8 \\ -1 \\ -w_8^3 \\ -i \\ -w_8 \end{pmatrix} f(3)$$

$$+ \begin{pmatrix} 1 \\ -1 \\ 1 \\ -1 \\ 1 \\ -1 \\ 1 \\ -1 \end{pmatrix} f(4) + \begin{pmatrix} 1 \\ -w_8 \\ -i \\ -w_8^3 \\ -1 \\ w_8 \\ i \\ w_8^3 \end{pmatrix} f(5) + \begin{pmatrix} 1 \\ i \\ -1 \\ -i \\ 1 \\ i \\ -1 \\ -i \end{pmatrix} f(6) + \begin{pmatrix} 1 \\ -w_8^3 \\ i \\ -w_8 \\ -1 \\ w_8^3 \\ -i \\ w_8 \end{pmatrix} f(7)$$

$$= \begin{pmatrix} 1 \\ 1 \\ 1 \\ 1 \\ 1 \\ 1 \\ 1 \\ 1 \end{pmatrix} f(0) + \begin{pmatrix} 1 \\ -i \\ -1 \\ i \\ 1 \\ -i \\ -1 \\ i \end{pmatrix} f(2) + \begin{pmatrix} 1 \\ -1 \\ 1 \\ -1 \\ 1 \\ -1 \\ 1 \\ -1 \end{pmatrix} f(4) + \begin{pmatrix} 1 \\ i \\ -1 \\ -i \\ 1 \\ i \\ -1 \\ -i \end{pmatrix} f(6)$$

$$+ \begin{pmatrix} 1 \\ w_8 \\ -i \\ w_8 \\ -1 \\ -w_8 \\ i \\ -w_8^3 \end{pmatrix} f(1) + \begin{pmatrix} 1 \\ w_8^3 \\ i \\ w_8 \\ -1 \\ -w_8^3 \\ -i \\ -w_8 \end{pmatrix} f(3) + \begin{pmatrix} 1 \\ -w_8 \\ -i \\ -w_8^3 \\ -1 \\ w_8 \\ i \\ w_8^3 \end{pmatrix} f(5) + \begin{pmatrix} 1 \\ -w_8^3 \\ i \\ -w_8 \\ -1 \\ w_8^3 \\ -i \\ w_8 \end{pmatrix} f(7) \tag{11-4-6}$$

この式の上段から下段への変形は似たようなものを揃える並べ替えが行われていて、$f(m)$ の前半の偶数要素と後半の奇数要素がそれぞれまとまっていることに注意しましょう。ここでさらに w_8^3 についてよく見ると、次のようになります。

$$w_8^3 = \left(\frac{1-i}{\sqrt{2}}\right)^3 = e^{-i\frac{\pi}{4}\cdot 3} = \left(\frac{-1-i}{\sqrt{2}}\right) = -\left(\frac{1+i}{\sqrt{2}}\right),$$

$$-iw_8 = -i\cdot\left(\frac{1-i}{\sqrt{2}}\right) = \left(\frac{-i+i^2}{\sqrt{2}}\right) = \left(\frac{-1-i}{\sqrt{2}}\right) = -\left(\frac{1+i}{\sqrt{2}}\right).$$

これより、$-iw_8 = w_8^3$ と書けるため、この両辺に i を掛けて $w_8 = iw_8^3$ であることもわかります。これを適用すると、

$$[F] = \begin{pmatrix} 1 \\ 1 \\ 1 \\ 1 \\ 1 \\ 1 \\ 1 \\ 1 \end{pmatrix} f(0) + \begin{pmatrix} 1 \\ -i \\ -1 \\ i \\ 1 \\ -i \\ -1 \\ i \end{pmatrix} f(2) + \begin{pmatrix} 1 \\ -1 \\ 1 \\ -1 \\ 1 \\ -1 \\ 1 \\ -1 \end{pmatrix} f(4) + \begin{pmatrix} 1 \\ i \\ -1 \\ -i \\ 1 \\ i \\ -1 \\ -i \end{pmatrix} f(6)$$

$$+ \begin{pmatrix} 1 \\ w_8 \\ -i \\ w_8 \\ -1 \\ -w_8 \\ i \\ -w_8^3 \end{pmatrix} f(1) + \begin{pmatrix} 1 \\ -iw_8 \\ i \\ iw_8^3 \\ -1 \\ iw_8 \\ -i \\ -iw_8^3 \end{pmatrix} f(3) + \begin{pmatrix} 1 \\ -w_8 \\ -i \\ -w_8^3 \\ -1 \\ w_8 \\ i \\ w_8^3 \end{pmatrix} f(5) + \begin{pmatrix} 1 \\ iw_8 \\ i \\ -iw_8^3 \\ -1 \\ -iw_8 \\ -i \\ iw_8^3 \end{pmatrix} f(7) \qquad (11\text{-}4\text{-}7)$$

となり、この式を偶数部と奇数部にまとめてからよく見ると、さらに面白いことに気がつきます。

$$[F] = \begin{pmatrix} 1 & 1 & 1 & 1 \\ 1 & -i & -1 & i \\ 1 & -1 & 1 & -1 \\ 1 & i & -1 & -i \\ \hline 1 & 1 & 1 & 1 \\ 1 & -i & -1 & i \\ 1 & -1 & 1 & -1 \\ 1 & i & -1 & -i \end{pmatrix} \begin{pmatrix} f(0) \\ f(2) \\ f(4) \\ f(6) \end{pmatrix} + \begin{pmatrix} 1 & 1 & 1 & 1 \\ w_8 & -iw_8 & -w_8 & iw_8 \\ -i & i & -i & i \\ w_8^3 & iw_8^3 & -w_8^3 & -iw_8^3 \\ \hline -1 & -1 & -1 & -1 \\ -w_8 & iw_8 & w_8 & -iw_8 \\ i & -i & i & -i \\ -w_8^3 & -iw_8^3 & w_8^3 & iw_8^3 \end{pmatrix} \begin{pmatrix} f(1) \\ f(3) \\ f(5) \\ f(7) \end{pmatrix}.$$

$$(11\text{-}4\text{-}8)$$

わかりますか？ 偶数部（第1項）の方は上半分と下半分が ± 1 と $\pm i$ のみからなる同型の4行4列で、奇数部（第2項）の方は w_8 が加わるものの上下で符号のみが逆転している同形です。そこで、この基本の行列を $[X]$ として定義して、さらに $[D]$ を次のように定義します。

$$[X] = \begin{pmatrix} 1 & 1 & 1 & 1 \\ 1 & -i & -1 & i \\ 1 & -1 & 1 & -1 \\ 1 & i & -1 & -i \end{pmatrix}, \tag{11-4-9}$$

$$\begin{pmatrix} D_0 \\ D_1 \\ D_2 \\ D_3 \end{pmatrix} = [X] \begin{pmatrix} f_0 \\ f_2 \\ f_4 \\ f_6 \end{pmatrix} \quad \begin{pmatrix} D_4 \\ D_5 \\ D_6 \\ D_7 \end{pmatrix} = [X] \begin{pmatrix} f_1 \\ f_3 \\ f_5 \\ f_7 \end{pmatrix}. \tag{11-4-10}$$

すると、式 (11-4-8) の行列の上半分は次のように表されることになります。

$$\begin{pmatrix} 1 & 1 & 1 & 1 \\ 1 & -i & -1 & i \\ 1 & -1 & 1 & -1 \\ 1 & i & -1 & -i \end{pmatrix} \begin{pmatrix} f(0) \\ f(2) \\ f(4) \\ f(6) \end{pmatrix} = [X] \begin{pmatrix} f(0) \\ f(2) \\ f(4) \\ f(6) \end{pmatrix} = \begin{pmatrix} D_0 \\ D_1 \\ D_2 \\ D_3 \end{pmatrix}, \tag{11-4-11}$$

$$\begin{pmatrix} 1 & 1 & 1 & 1 \\ w_8 & -iw_8 & -w_8 & iw_8 \\ -i & i & -i & i \\ w_8^3 & iw_8^3 & -w_8^3 & -iw_8^3 \end{pmatrix} \begin{pmatrix} f(1) \\ f(3) \\ f(5) \\ f(7) \end{pmatrix} = \begin{pmatrix} D_4 \\ w_8 D_5 \\ -i D_6 \\ w_8^3 D_7 \end{pmatrix}. \tag{11-4-12}$$

下半分の偶数部は上半分と同形なので省略します。一方、奇数部は符号を反転させればよいので、

$$\begin{pmatrix} -1 & -1 & -1 & -1 \\ -w_8 & iw_8 & w_8 & -iw_8 \\ i & -i & i & -i \\ -w_8^3 & -iw_8^3 & w_8^3 & iw_8^3 \end{pmatrix} \begin{pmatrix} f(1) \\ f(3) \\ f(5) \\ f(7) \end{pmatrix} = \begin{pmatrix} -D_4 \\ -w_8 D_5 \\ i D_6 \\ -w_8^3 D_7 \end{pmatrix} \tag{11-4-13}$$

と書けるため、結局 [F] は次のように計算できます。

$$[F] = \begin{bmatrix} D_0 + D_4 \\ D_1 + w_8 D_5 \\ D_2 - i D_6 \\ D_3 + w_8^3 D_7 \\ D_0 - D_4 \\ D_1 - w_8 D_5 \\ D_2 + i D_6 \\ D_3 - w_8^3 D_7 \end{bmatrix}. \tag{11-4-14}$$

かなり簡単になってきました。しかし、これで終わりではありません。行列 [X] の第 2 列と第 3 列を入れ替えてみます。すると次のようになります。

$$[X] = \begin{pmatrix} 1 & 1 & 1 & 1 \\ 1 & -i & -1 & i \\ 1 & -1 & 1 & -1 \\ 1 & i & -1 & -i \end{pmatrix} \quad \rightarrow \quad \begin{pmatrix} 1 & 1 & 1 & 1 \\ 1 & -1 & -i & i \\ 1 & 1 & -1 & -1 \\ 1 & -1 & i & -i \end{pmatrix}.$$

これに後ろから掛かる 4 行 1 列の $f(k)$ の 2 行目と 3 行目を入れ替えておけば、計算結果はもとと同じになりますから

$$\begin{pmatrix} D_0 \\ D_1 \\ D_2 \\ D_3 \end{pmatrix} = \begin{pmatrix} 1 & 1 & 1 & 1 \\ 1 & -1 & -i & i \\ 1 & 1 & -1 & -1 \\ 1 & -1 & i & -i \end{pmatrix} \begin{pmatrix} f(0) \\ f(4) \\ f(2) \\ f(6) \end{pmatrix} = \begin{pmatrix} \begin{pmatrix} 1 & 1 \\ 1 & -1 \end{pmatrix} \begin{pmatrix} f(0) \\ f(4) \end{pmatrix} + \begin{pmatrix} 1 & 1 \\ -i & i \end{pmatrix} \begin{pmatrix} f(2) \\ f(6) \end{pmatrix} \\ \begin{pmatrix} 1 & 1 \\ 1 & -1 \end{pmatrix} \begin{pmatrix} f(0) \\ f(4) \end{pmatrix} + \begin{pmatrix} -1 & -1 \\ i & -i \end{pmatrix} \begin{pmatrix} f(2) \\ f(6) \end{pmatrix} \end{pmatrix},$$

$$\begin{pmatrix} D_4 \\ D_5 \\ D_6 \\ D_7 \end{pmatrix} = \begin{pmatrix} 1 & 1 & 1 & 1 \\ 1 & -1 & -i & i \\ 1 & 1 & -1 & -1 \\ 1 & -1 & i & -i \end{pmatrix} \begin{pmatrix} f(1) \\ f(5) \\ f(3) \\ f(7) \end{pmatrix} = \begin{pmatrix} \begin{pmatrix} 1 & 1 \\ 1 & -1 \end{pmatrix} \begin{pmatrix} f(1) \\ f(5) \end{pmatrix} + \begin{pmatrix} 1 & 1 \\ -i & i \end{pmatrix} \begin{pmatrix} f(3) \\ f(7) \end{pmatrix} \\ \begin{pmatrix} 1 & 1 \\ 1 & -1 \end{pmatrix} \begin{pmatrix} f(1) \\ f(5) \end{pmatrix} + \begin{pmatrix} -1 & -1 \\ i & -i \end{pmatrix} \begin{pmatrix} f(3) \\ f(7) \end{pmatrix} \end{pmatrix}$$

$$\tag{11-4-15}$$

のように書けます。ここで、最後の右辺は通常の記法ではありませんが、対応関係がわかりやすいようにあえて書いたものです。すると、この式 (11-4-15) に次の直交行列が基本パターンのように現れていることがわかります。そこで、

$$[Y] = \begin{pmatrix} 1 & 1 \\ 1 & -1 \end{pmatrix} \tag{11-4-16}$$

とおいて

$$[Y] \begin{pmatrix} f(0) \\ f(4) \end{pmatrix} = \begin{pmatrix} 1 & 1 \\ 1 & -1 \end{pmatrix} \begin{pmatrix} f(0) \\ f(4) \end{pmatrix} = \begin{pmatrix} E_0 \\ E_1 \end{pmatrix}, \quad [Y] \begin{pmatrix} f(2) \\ f(6) \end{pmatrix} = \begin{pmatrix} 1 & 1 \\ 1 & -1 \end{pmatrix} \begin{pmatrix} f(2) \\ f(6) \end{pmatrix} = \begin{pmatrix} E_4 \\ E_5 \end{pmatrix}$$

$$[Y] \begin{pmatrix} f(1) \\ f(5) \end{pmatrix} = \begin{pmatrix} 1 & 1 \\ 1 & -1 \end{pmatrix} \begin{pmatrix} f(1) \\ f(5) \end{pmatrix} = \begin{pmatrix} E_2 \\ E_3 \end{pmatrix}, \quad [Y] \begin{pmatrix} f(3) \\ f(7) \end{pmatrix} = \begin{pmatrix} 1 & 1 \\ 1 & -1 \end{pmatrix} \begin{pmatrix} f(3) \\ f(7) \end{pmatrix} = \begin{pmatrix} E_6 \\ E_7 \end{pmatrix}$$

$$\tag{11-4-17}$$

と書くと、

$$\begin{pmatrix} 1 & 1 \\ -i & i \end{pmatrix} \begin{pmatrix} f(2) \\ f(6) \end{pmatrix} = \begin{pmatrix} E_4 \\ -iE_5 \end{pmatrix}, \quad \begin{pmatrix} 1 & 1 \\ -i & i \end{pmatrix} \begin{pmatrix} f(3) \\ f(7) \end{pmatrix} = \begin{pmatrix} E_6 \\ -iE_7 \end{pmatrix}$$

などと表されますから、式 (11-4-15) の各要素は

$$\begin{pmatrix} 1 & 1 \\ 1 & -1 \end{pmatrix} \begin{pmatrix} f(0) \\ f(4) \end{pmatrix} + \begin{pmatrix} 1 & 1 \\ -i & i \end{pmatrix} \begin{pmatrix} f(2) \\ f(6) \end{pmatrix} = \begin{pmatrix} E_0 \\ E_1 \end{pmatrix} + \begin{pmatrix} E_4 \\ -iE_5 \end{pmatrix} = \begin{pmatrix} D_0 \\ D_1 \end{pmatrix}$$

$$(11\text{-}4\text{-}18)[\text{a}]$$

$$\begin{pmatrix} 1 & 1 \\ 1 & -1 \end{pmatrix} \begin{pmatrix} f(0) \\ f(4) \end{pmatrix} + \begin{pmatrix} -1 & -1 \\ i & -i \end{pmatrix} \begin{pmatrix} f(2) \\ f(6) \end{pmatrix} = \begin{pmatrix} E_0 \\ E_1 \end{pmatrix} + \begin{pmatrix} -E_4 \\ iE_5 \end{pmatrix} = \begin{pmatrix} D_2 \\ D_3 \end{pmatrix}$$

$$(11\text{-}4\text{-}18)[\text{b}]$$

$$\begin{pmatrix} 1 & 1 \\ 1 & -1 \end{pmatrix} \begin{pmatrix} f(1) \\ f(5) \end{pmatrix} + \begin{pmatrix} 1 & 1 \\ -i & i \end{pmatrix} \begin{pmatrix} f(3) \\ f(7) \end{pmatrix} = \begin{pmatrix} E_2 \\ E_3 \end{pmatrix} + \begin{pmatrix} E_6 \\ -iE_7 \end{pmatrix} = \begin{pmatrix} D_4 \\ D_5 \end{pmatrix}$$

$$(11\text{-}4\text{-}18)[\text{c}]$$

$$\begin{pmatrix} 1 & 1 \\ 1 & -1 \end{pmatrix} \begin{pmatrix} f(1) \\ f(5) \end{pmatrix} + \begin{pmatrix} -1 & -1 \\ i & -i \end{pmatrix} \begin{pmatrix} f(3) \\ f(7) \end{pmatrix} = \begin{pmatrix} E_2 \\ E_3 \end{pmatrix} + \begin{pmatrix} -E_6 \\ iE_7 \end{pmatrix} = \begin{pmatrix} D_6 \\ D_7 \end{pmatrix}$$

$$(11\text{-}4\text{-}18)[\text{d}]$$

と書けることがわかります。結局

$$\begin{pmatrix} E_0 \\ E_1 \\ E_2 \\ E_3 \\ E_4 \\ E_5 \\ E_6 \\ E_7 \end{pmatrix} = \begin{pmatrix} f(0) + f(4) \\ f(0) - f(4) \\ f(1) + f(5) \\ f(1) - f(5) \\ f(2) + f(6) \\ f(2) - f(6) \\ f(3) + f(7) \\ f(3) - f(7) \end{pmatrix} \quad (11\text{-}4\text{-}19), \qquad \begin{pmatrix} D_0 \\ D_1 \\ D_2 \\ D_3 \\ D_4 \\ D_5 \\ D_6 \\ D_7 \end{pmatrix} = \begin{pmatrix} E_0 + E_4 \\ E_1 - iE_5 \\ E_0 - E_4 \\ E_1 + iE_5 \\ E_2 + E_6 \\ E_3 - iE_7 \\ E_2 - E_6 \\ E_3 + iE_7 \end{pmatrix} \quad (11\text{-}4\text{-}20)$$

のように $[E]$, $[D]$ が求まり、これを式 (11-4-14) に代入することで、スペクトルが求められます。

$$[F] = \begin{bmatrix} D_0 + D_4 \\ D_1 + w_8 D_5 \\ D_2 - iD_6 \\ D_3 + w_8^3 D_7 \\ D_0 - D_4 \\ D_1 - w_8 D_5 \\ D_2 + iD_6 \\ D_3 - w_8^3 D_7 \end{bmatrix} = \begin{bmatrix} E_0 + E_4 + E_2 + E_6 \\ E_1 - iE_5 + w_8 (E_3 - iE_7) \\ E_0 - E_4 - i (E_2 - E_6) \\ E_1 + iE_5 + w_8^3 (E_3 + iE_7) \\ E_0 + E_4 - E_2 - E_6 \\ E_1 - iE_5 - w_8 (E_3 - iE_7) \\ E_0 - E_4 + i (E_2 - E_6) \\ E_1 + iE_5 - w_8^3 (E_3 + iE_7) \end{bmatrix}. \qquad (11\text{-}4\text{-}21)$$

図 11-4-2 にこの計算の流れを示します。

　要するに、計算式に現われる同形の繰り返しパターンを見つけ出し、計算の効率化を徹底して追求したアルゴリズムが「高速フーリエ変換 (FFT)」であるといえるでしょう。分割数 N が 2 の累乗のとき、高速フーリエ変換は、離散フーリエ変換において N^2 に比例する計算時間を $N \log_2 N$ に比例する計算時間に短縮してくれます[24]。たとえば、$N = 1024 = 2^{10}$ のときの計算時間は 200 分の 1 以上に効率化されるという点で、高速フーリエ変換は圧倒的に支持されているのです。

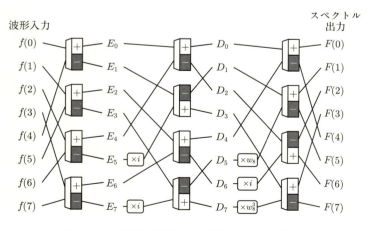

図 11-4-2　FFT 計算の流れ（データ数 8 の場合）

---

[24]　E. O. Bringham 著, 宮川 洋・今井秀樹 訳, 『高速フーリエ変換』, 序論, p.8, 科学技術出版社 (1979).

索　引

memo

memo

memo

memo

〈著者紹介〉

山林由明 (やまばやし よしあき)
1981 年 北海道大学工学研究科応用物理学専攻博士前期課程 修了
現　　在 公立千歳科学技術大学理工学部情報システム工学科 特任教授
　　　　 博士 (工学)
専　　門 光通信，レーザー計測

はじめてのフーリエ解析・ラプラス変換

A Beginners' Introduction for Fourier Analysis

2025 年 4 月 25 日　初版 1 刷発行

検印廃止
NDC 413.66, 413.56

ISBN 978-4-320-11582-8

著　者　山林由明　ⓒ 2025

発行者　南條光章

発行所　**共立出版株式会社**
東京都文京区小日向 4-6-19
電話　03-3947-2511 (代表)
郵便番号　112-0006
振替口座　00110-2-57035
www.kyoritsu-pub.co.jp

印　刷　大日本法令印刷

製　本　ブロケード

一般社団法人
自然科学書協会
会員

Printed in Japan

数学のかんどころ

編集委員会：飯高 茂・中村 滋・岡部恒治・桑田孝泰

数学理解の要点ともいえる"かんどころ"を懇切丁寧にレクチャー。ワンテーマ完結＆コンパクト＆リーズナブル主義の現代的な数学ガイドシリーズ。

【各巻：A5判・並製・税込価格】

www.kyoritsu-pub.co.jp　　　共立出版　　（価格は変更される場合がございます）